コード・ブレーカー

下

生命科学革命と人類の未来

ウォルター・アイザックソン 著
西村美佐子 野中香方子 訳

文藝春秋

The Code Breaker
Jennifer Doudna, Gene Editing, and the Future of the Human Race

コード・ブレーカー——生命科学革命と人類の未来　下巻　目次

第四部　クリスパー作動

第五部　市民科学者

第六部　クリスパー・ベビー誕生

第七部　モラルの問題

第八部

前線で起きていること

第九部

コロナウイルス

・本文中、訳注は［　］で示した。

コード・ブレーカー——生命科学革命と人類の未来　上巻　目次

Dr. Jennifer Doudna ©Jeff Gilbert / Alamy

コード・ブレーカー

——生命科学革命と人類の未来

下巻

ウォルター・アイザックソン

第四部

クリスパー作動

CRISPR in Action

これまで人間は、病気になっても防御のすべがなく
――癒しの食べ物も、軟膏も、飲み物もなく――
薬がないため、やせ衰えていくのみだったが、
わたしは彼らに薬の作り方を教えた
――プロメテウス
アイスキュロス『縛られたプロメテウス』より

第32章 治療を試みる

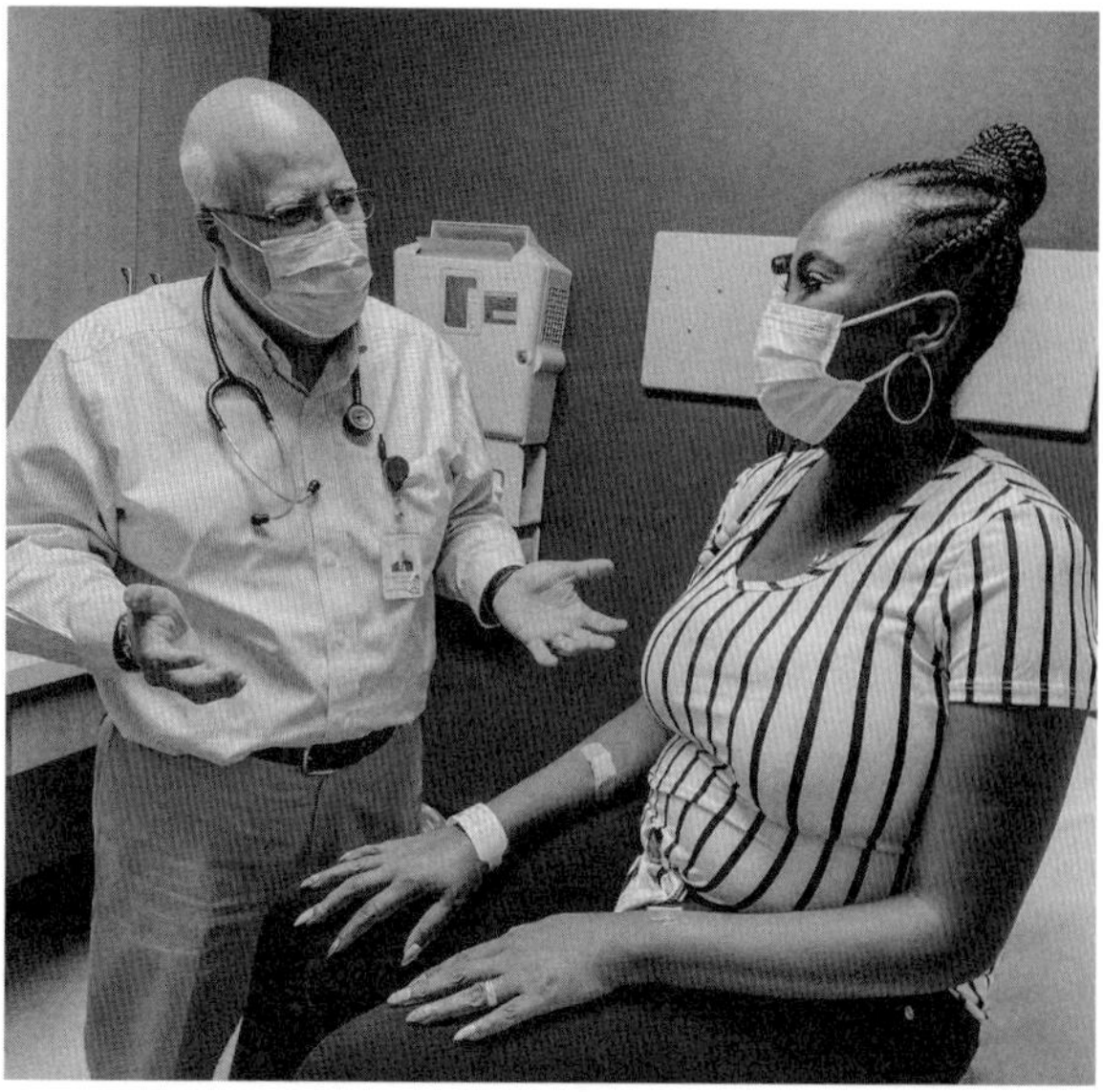

アメリカで初めてクリスパー・ゲノム編集ツールによる治療が行われた。
ナッシュビルのサラ・キャノン・リサーチ・インスティテュートの医師
ハイダー・フランゴウル（左）と
鎌状赤血球貧血症患者ヴィクトリア・グレイ（右）

鎌状赤血球貧血症の治療——患者の細胞を取り出し、ゲノム編集を施し戻す

二〇一九年七月、ナッシュビルの病院で一人の医師が、ミシシッピ州中部の小さな町に暮らす三四歳のアフリカ系アメリカ人女性の腕に太い注射針を刺した。

彼女の血液から抽出した幹細胞をクリスパー・キャス9によって編集し、注入したのである。幼い頃から彼女を痛みで苦しめ消耗させてきた鎌状《かまじょう》赤血球貧血症の治療を試みるためだ。こうして、四児の母であるヴィクトリア・グレイは、アメリカで初めてクリスパー・ゲノム編集ツールによる治療を施された。

この臨床試験を率いたのは、エマニュエル・シャルパンティエが設立したクリスパー・セラピューティクスだ。注射された時、グレイは心拍数が上がり、しばらく呼吸困難に陥った。「少し怖くて、つらい瞬間でした」と、彼女は追跡取材を許可されたNPR［アメリカの公共ラジオ放送］の記者、ロブ・ステインに語った。「その後、わたしは泣きました。でも、それはうれし涙でした」(1)。

今日、クリスパーが注目されているのは、それを使えば、次世代に受け継がれる（生殖細胞系列の）編集をヒトゲノムに施すことができるからだ。編集されたゲノムは将来の子孫の全細胞に継承され、やがては人類という種を変える可能性さえある。

この遺伝性の編集は、生殖細胞か初期の胚［受精卵］で行われる。すでに二〇一八年には中国で双子のクリスパー・ベビーが誕生した。

この物議を醸《かも》すテーマについては後の章で詳述するが、この章では、少なくとも今のところ最も一般的で歓迎されているクリスパーの使い方に焦点をあてよう。それは、ヴィクトリア・グレイの事例のように、クリスパーで患者の体細胞の一部を編集し、遺伝しない変更を加えることだ。それには、患者から細胞を取り出し、ゲノム編集を施して戻す方法（生体外《エクスビボ》）と、クリスパー編集ツールを患者の体内の細胞へ運ぶ方法（生体内《インビボ》）がある。

鎌状赤血球貧血症にゲノム編集医療が期待される理由

鎌状赤血球貧血症は赤血球に関わる疾患だ。赤血球を生産する幹細胞は、容易に患者から採取して、再び患者の体内に戻すことができるので、鎌状赤血球貧血症は生体外《エクスビボ》でゲノム編集するのに最適な候補になっている。この病気は、ヒトＤＮＡの三〇億以上ある塩基対《えんきつい》の一文字が変異し、ヘモグロビンタンパク質が変形することで発症する。正常なヘモグロビンタンパク質は丸く滑らかな赤血球を形成し、それらは血管内を容易に移動して、肺から全身に酸素を運ぶ。しかし、変異がもたらす変形したヘモグロビンタンパク質は、互いと結合してヒモ状になり、さらに結晶化して繊維状になるため、赤血球が鎌形になる。そのせいで血管が詰まり、酸素が組織や器官に行き渡らず、激しい痛みを引き起こす。この病気を持つ人の大半は、五〇歳までに死に至る。全世界で四〇〇万人以上が罹患しており、およそ八〇パーセントはサブサハラ・アフリカの人々だ。合衆国ではアフリカ系アメリカ人を中心に、約九万人が罹患している。

遺伝子異常の単純さと、症状の重篤《じゅうとく》さから、この病気はゲノム編集での治療が大いに期待されている。ヴィクトリア・グレイの場合、医師は彼女の血液から幹細胞を抽出し、そのゲノムをクリスパーで編集して、通常は胎児期にしか生成されない胎児型ヘモグロビンを生成する遺伝子を活性化した。胎児型ヘモグロビンは健康なので、遺伝子の修正が成功していれば、グレイは自力で良い血液を生成し始めるはずだ。

娘たちの成長を見守ることができる、と喜ぶ患者

編集された造血幹細胞を注射された数か月後、グレイは治療が成功したかどうかを調べるために、車でナッシュビルの病院へやって来た。彼女は楽観していた。編集された細胞を注入されて以来、輸血を必要とせず、疼痛発作も起きなかったからだ。看護師が彼女の腕から採血した血を複数の試験管に入れた。不安を感じながら待機していると、主治医が結果を知らせに来た。「エキサイティングな結果が出たよ」と、彼は言った。「あなたは、胎児型ヘモグロビンを生成し始めているようだ。わたしたちにとっても、非常に喜ばしいことだ」。彼女の血液のおよそ半分が、健康な胎児型ヘモグロビンを含むものになっていた。

二〇二〇年六月、グレイはさらに心躍る知らせを受け取った。治療の効果は続いていると彼女は感じていた。治療から九か月たったが、疼痛発作は起きず、輸血も必要としなかった。そして検査結果は、彼女の骨髄の造血幹細胞の八一パーセントが健康な胎児型ヘモグロビンを生成していることを示した。つまり、ゲノム編集が持続していたのだ。(2)「娘たちの高校の卒業式、大学の卒業式、結婚、孫の誕生――そのどれも見られないと思っていましたが、きっとわたしは娘たちがウエディングドレスを選ぶのを手伝えるでしょう」と、彼女はその知らせを受けた後に語った。(3)驚くべき出来事だった。クリスパーは明らかに人間の遺伝性疾患を治療したのだ。ベルリンでシ

ヤルパンティエは、NPRによるグレイの感動的なインタビューの録音を聞いた。「彼女の話を聞いているうちに、わたしが誕生を手助けしたクリスパー編集のおかげで彼女が苦しみから解放されたことを実感し、とてもすごいことだと思った」(4)。

コスト負担をどうするべきか

このようなクリスパーの利用法は、人々の命を救うが、高額になるのも確かだ。実際、一人の患者の治療にかかる費用は、少なくとも初めのうちは一〇〇万ドルを超えると言われている。つまり、クリスパーは、有益な効果をもたらす一方で、医療システムを破綻させる恐れもあるのだ。ダウドナがこの問題に注目するようになったのは、二〇一八年一二月に上院の公聴会に出席したのがきっかけだった。中国で遺伝性のゲノム編集を施された双子の「クリスパー・ベビー」が誕生したというニュースが届いた数週間後のことだったので、主にそれについて語ることになるだろうと、ダウドナは予想していた。しかし驚いたことに、話題は早々に、遺伝性のゲノム編集の危険性から、ゲノム編集による病気治療への期待へと移った。

ダウドナが、もうじきクリスパーが鎌状赤血球貧血症の治療法を生み出すことを話すと、上院議員たちは興味を示したものの、すぐ、その費用について彼女に質問を浴びせた。「アメリカには鎌状赤血球貧血症の患者が一〇万人もいる」と、ある議員は指摘した。「患者一人あたり一〇〇万ドルだとすれば、どうやってその費用を賄うつもりかね？　国が破産するよ」。

ダウドナは、鎌状赤血球貧血症の治療法の普及を、自らの研究機関であるイノベーティブ・ゲノミクス・インスティテュート（ＩＧＩ）の使命にすべきだと考えた。「上院の公聴会はわたしにとって重要な分岐点になった」と彼女は言う。「それまでも、コストについて考えていたが、それに焦点を絞っていたわけではなかった」。バークレーに戻った彼女は、誰でも鎌状赤血球貧血症の治療を受けられるようにするにはどうすればいいだろう、とチームと何度も話し合った。[5]

ポリオワクチンの安定供給をもたらした官民連携が大きなヒントになった。彼女はビル&メリンダ・ゲイツ財団とＮＩＨ（国立衛生研究所）と連携して、二億ドルを投じての鎌状赤血球貧血症治療イニシアチブを立ち上げた。[6] 主な科学目標は、骨髄を取り出すことなく、患者の体内で鎌状赤血球の変異を編集する方法を見つけることだ。一つの可能性として、骨髄内の造血幹細胞へと導くアドレスラベル（宛名）をつけたゲノム編集分子を、患者の血液に注入することが考えられる。最大の課題は、患者の免疫系を刺激しない配送メカニズムを見つけることだ。

この取り組みが成功すれば、恐ろしい病気に苦しむ多くの人々を救えるだけでなく、健康の公平性という理念の推進にもつながるだろう。世界の鎌状赤血球貧血症患者のほとんどは、アフリカ人かアフリカ系アメリカ人だ。歴史上、これらの人々は、医療制度による十分なサービスを受けてこなかった。鎌状赤血球貧血症が遺伝性疾患であることは、他の遺伝性疾患より早くから知られていたが、治療法の開発は遅れている。たとえば、主に白人アメリカ人とヨーロッパ人が罹患する嚢胞《のうほう》性線維症の研究には、政府、慈善団体、財団から、鎌状赤血球貧血症の八倍もの資金が投入されている。ゲノム編集は医療を一変させる可能性を秘めているが、その一方で、富裕層と貧困層の健康格差をさらに広げる恐れもある。ダウドナの鎌状赤血球貧血症治療イニシアチブは、それを避ける方法を模索している。

がん治療――米中の競争

鎌状赤血球貧血症などの血液疾患の治療に加えて、クリスパーはがんとの戦いにも使われている。中国はこの分野の先駆であり、治療法の考案と臨床試験において、アメリカより二、三年先行している[7]。

最初に治療を受けたのは、中国西部、四川省の人口一四〇〇万人［当時］の都市、成都の肺がん患者である。二〇一六年一〇月、チームはこの患者の血液からT細胞を取り出した。T細胞は白血球（リンパ球）の一種で、病気を治したり免疫力を向上させたりする。続いて医師は、クリスパー・キャス9を用いて、T細胞の免疫機能を阻害するタンパク質「PD‐1」を生成する遺伝子を破壊した。がん細胞は時として、PD‐1の生成を促して、T細胞の免疫機能を阻害し、自らを守ろうとする。この臨床試験の目的は、クリスパーでPD‐1遺伝子を無効化し、患者のT細胞がスムーズにがん細胞を殺せるようにすることだった。最初の臨床試験から一年たたないうちに、中国ではこの方法を用いる臨床試験が七回行われた[8]。

かつてアメリカとソ連は宇宙開発をめぐって熾烈《しれつ》な競争を繰り広げ、ソ連の人工衛星スプートニクはアメリカを震撼させ、「スプートニク・ショック」と呼ばれた。ペンシルベニア大学の著名ながん研究者、カール・ジューンは、中国で行われたこの臨床試験は、「スプートニク2・0」、すなわち、米中が生物医学の進歩を競い合うきっかけになると予測する。当時、彼は、同様の臨床試験の承認を得るために苦労していた。その後、彼と同僚はついに臨床試験を行い、二〇二〇年に予備的な結果報告を行った。三人の末期がん患者に対して行われたその試験は、中国のものより洗練されていた。ＰＤ－１遺伝子をノックアウトするだけでなく、患者の腫瘍を標的とする遺伝子をＴ細胞に挿入したのだ。

患者は治癒しなかったが、この治療技術が安全であることが証明された。ダウドナと博士研究員（ポスドク）の一人は、この結果を説明する論文をサイエンス誌で発表した。「これまで、クリスパー・キャス９編集によるＴ細胞が、ヒトに再注入された後に、機能し、増殖するかどうかは不明だった」と彼らは記した。「今回の発見は、ゲノム編集の治療への応用における重要な進歩である」[9]。

クリスパーは、患者が罹患するがんの種類を特定するツールとしても利用されている。ダウドナが二人の大学院生と設立したマンモス・バイオサイエンシズ社は、クリスパーを利用した診断ツールの開発に取り組んでいる。さまざまな種類のがんに関連するＤＮＡ配列を迅速かつ容易に識別するのが目標だ。それらの診断ツールが実現すれば、患者一人一人に合わせた精密な治療が可能になるだろう[10]。

先天性失明の治療

二〇二〇年の段階ですでに始まっている、クリスパー編集の三つめの用途は、先天性の失明の治療である。赤血球や骨髄の造血幹細胞と違って、視細胞は取り出して戻すことができないため、処置は生体内《インビボ》で行われた。この臨床試験は、フェン・チャンらが設立したエディタス・メディシン社と提携して行われた。

目標は、子どもの失明の一般的な原因になっているレーバー先天性黒内障を治療することだ。

その疾患を持つ患者は、目の中の光受容細胞（錐体《すいたい》と桿体《かんたい》）を作る遺伝子に変異があり、そのせいで錐体と桿体が欠損したり、形態が異常になったりして、光を神経信号に変換できなくなる。[11]

最初の臨床試験は、二〇二〇年三月、新型コロナ感染症の大流行のせいでほとんどの診療所が閉鎖される直前に、オレゴン州ポートランドのケイシー眼科研究所で行われた。処置はほんの一時間で終わった。医師は太さが毛髪ほどしかない極細のチューブで、クリスパー・キャス9を含む液体を三滴、患者の網膜の光受容細胞を含む層に注入した。この試験では、クリスパー・キャス9を標的細胞まで運ぶ配送車として、オーダーメイドのウイルスを使った。もし視細胞が計画通りに編集されれば、この処置は永続するだろう。なぜなら、赤血球とちがって、視細胞は分裂や自己補充をしないからだ。[12]

急性骨髄性白血病なども続々

クリスパー・ゲノム編集を利用して、感染症、がん、アルツハイマー、その他の病気に対抗しようとする、さらに野心的な研究も進行中だ。たとえば、*P*53という遺伝子がコードするタンパク質は、損傷したDNAの修復を助けて、がん細胞の分裂・成長を抑制する。一般に人間はこの*P*53遺伝子のコピーを一つしか持っておらず、それがうまく機能しないと、がんが増殖する。一方、ゾウは*P*53遺伝子のコピーを少なくとも二〇個持っているので、ほとんどがんにならない。現在、*P*53遺伝子をヒトに追加する方法が研究されている。また、破滅的なアルツハイマーのリスクを高める*APOE4*遺伝子を良性の遺伝子に変える方法も探究されている。

*PCSK9*遺伝子は、「悪玉」コレステロールLDLの生成を促進する酵素をコードしている。

一部の人は、ＬＤＬの濃度を下げる方向に変異したこの遺伝子のコピーを持っており、冠動脈性心疾患にかかるリスクが八八パーセントも低い。後に登場する中国の研究者、賀建奎《フー・ジェンクイ》は、ＨＩＶ耐性を持つクリスパー・ベビーを誕生させる前、胚の*ＰＣＳＫ９*遺伝子をクリスパーで編集して、心疾患のリスクがはるかに低いデザイナーベビーを作る方法を研究していた。[13]

二〇二〇年初頭には、クリスパー・キャス９を利用する臨床試験が、二〇種以上行われていた。それらには、遺伝性血管性浮腫（顕著な腫れを引き起こす疾患）、急性骨髄性白血病、家族性高コレステロール血症、男性型脱毛症などの有望な治療法が含まれる。[14] しかしその年の三月、新型コロナ感染症のせいで、研究室の大半は一時的に閉鎖された。例外になったのは、ウイルスとの戦いに従事する研究室だった。ダウドナをはじめとする多くのクリスパー研究者は、研究の焦点を、新型コロナ感染症の検出ツールと治療法の開発に絞った。中には、細菌が新たなウイルスを撃退するために発達させた免疫反応から学んだ知識《トリック》を活用する人々もいた。

第33章

バイオハッキング

クリスパー技術をはじめ生物学を民主化したいバイオハッカー、
ジョサイア・ザイナー

「カエル遺伝子工学キット」を自分に注射

二〇一七年にサンフランシスコで開かれたグローバル合成生物学サミットで、黒のTシャツに白のタイトなジーンズというでたちのジョサイア・ザイナーは、会場を埋めるバイオテクノロジーの専門家たちの前で、自宅ガレージの工作室で作った「カエル遺伝子工学キット」の説明を始めた。彼がオンラインで二九九ドルで販売しているそのキットは、クリスパーで編集したDNAをカエルに注射して一か月でカエルの筋肉を二倍にする、というものだ。そのDNAは、ミオスタチン（動物が成長した後に、筋肉の成長を抑制するタンパク質）を生成する遺伝子を無効化する。「これはヒトにも使える」とザイナーは意味ありげな笑みを浮かべて言う。あなたも筋肉を増強できるのだ、と。

緊張気味の笑い声と、囃《はや》したてる声が聞こえた。「何をためらってる?」と誰かが叫んだ。反逆児の振りをしているが、根は真面目な科学者であるザイナーは、革張りのスキットル［携帯用水筒］からウイスキーを一気飲みした。「まずぼくが試すべきだってこと?」と、彼は応えた。

またもやざわめきと驚きの声、そして笑い声があがり、声援がとんだ。ザイナーは医療バッグから注射器を取り出し、バイアル［ガラスの小瓶］に入っていた編集済DNAを吸引すると、こう宣言した。「よし、やるぞ!」。注射針を左前腕の静脈に刺し、一瞬顔をしかめた後、中の液体を注射した。「これでぼくの筋肉の遺伝子は修正され、筋肉はもっと大きくなるはずだ」と、彼は高らかに言った。

　まばらな拍手があった。彼は再びウイスキーをあおってこう言った。「いずれその効果をお見せしよう[1]」。

生物学の「民主化」

　前髪を金色に染め、両耳にピアスの穴をあけているザイナーは、こうしてバイオハッカーのポスターボーイ［象徴的存在］になった。この新種のハッカーは、反逆的な研究者と陽気なマニアからなり、市民科学［アマチュアの科学者が行う研究］を通して生物学を民主化し、一般市民が活用できるようにしたいと考えている。従来の研究者は特許取得に熱心だが、バイオハッカーが目指すのは、バイオ研究のフロンティアを、特許使用料や規制や制限から解放することだ。そういう点は、サイバーフロンティアを開拓するデジタルハッカーによく似ている。バイオハッカーの多くは、ザイナーのように、元は大学や企業で研究していた優秀な科学者で、その立場を捨ててＤＩＹメーカームーブメント［デジタル技術を利用するＤＩＹ］の専門的部分を担う、腕利きの無頼漢《ならずもの》になった。クリスパーのドラマにおいて、ザイナーはシェイクスピアの『真夏の夜の夢』に登場する妖精パックさながらに、愚かな道化を演じながら、実は真実を語る。高尚さを気取る科学者たちを茶化し、人間の愚かさを指摘することでわたしたちを前進させるのだ。

　ザイナーは一〇代の頃、モトローラ社で携帯電話ネットワークのプログラマーとして働いていたが、二〇〇〇年にインターネット・バブルが崩壊して解雇されたので、大学に入ることにした。南イリノイ大学で植物生物学の学士号を取得した後、シカゴ大学で分子生物物理学の博士号を取得し、光活性化タンパク質について研究した。彼は、ありがちなポスドクの研究には背を向け、合成生物学を火星の植民地化に役立てることについて論文を書き、それが認められてＮＡＳＡに採用された。しかし、階層的な組織になじめなかったので、退職して、バイオハッカーとして自由に生きることにした。

　クリスパーに取り組む前、ザイナーは合成生物学のさまざまな実験を行ったが、中には自分を実験台にしたものもあった。胃腸の疾患を治療するために、糞便移植《フエカル・トランスプラント》（意味は尋ねないでほしい）を行って、自分の腸内の微生物を一変させたのだ。彼は二人の映画製作者に撮影させながら、モーテルの部屋でその処置を行った。（万一、あなたが本当に、そのやり方を知りたいのであれば）それは「腸ハック」というタイトルの短編ドキュメンタリーになっていて、オンラインで視聴できる。[(2)]

　現在、ザイナーは自宅ガレージを拠点に、オンラインのバイオハッキング製品店「オーディン」を運営し、「ユニークで役立つ生物を、誰でも自宅や研究室で作れるキットやツール」を製造・販売している。その製品には、カエル筋肉増強キットの他、「ＤＩＹ細菌遺伝子工学クリスパー・キット」（一六九ドル）や「遺伝子工学ホームラボ・キット」（一九九九ドル）がある。

　二〇一六年にビジネスを始めてまもなく、ザイナーはハーバードのジョージ・チャーチからメールを受け取った。「きみがやっていることは面白いね」と、チャーチは書いていた。二人はチャットで話し、その後、じかに会って面談し、チャーチはオーディンの「ビジネスおよび科学アドバイザー」になった。「ジョージは変人をコレクションしているらしい」とザイナーは言うが、確かにその通りだ。[(3)]

大学の研究室で働く生物学者の多くは、ザイナーの荒っぽいやり方を非難する。「ジョサイアのあきれた行為は、世間に注目されたいという強い欲求と、科学的理解の欠如の表れだ」と、ダウドナの研究室で働くケヴィン・ドクセンは言う。「一般市民の好奇心や探究心を刺激するのは立派なことだが、キッチンでカエル、リビングでヒトの細胞、ガレージで細菌といった具合に、遺伝子を簡単に操作できると称するキットを売って、きわめて複雑なテクノロジーを、単純なように見せかけている。高校教師が少ない予算をまったく役に立たないキットに費やすことを想像すると、ぼくは悲しくなる」。ザイナーはそのような批判を、アカデミックな科学者が聖域を守ろうとしているだけだと言って退ける。「ぼくたちはキット用のDNA配列、すべてのデータ、手法をオンラインで公開して、正当な科学かどうかが、誰でも判断できるようにしている」(4)。

デジタル革命のときと同じく、誰でもアクセスできる技術に

ザイナーがサンフランシスコの会議で自分に施した即興的なクリスパー処置は、どちらかと言えば貧相な彼の身体に、目立った影響を与えなかった。本当に筋肉を増強したいのであれば、長期的な処置が必要だろう。しかし、彼の行為はクリスパーの規制に影響を与えた。彼は、自らのDNAを編集しようとした最初の人間になることで、「いつか遺伝子を自由に操る魔人がランプから出てくるだろうし、それは良いことだ」と主張したのだ。

ザイナーはゲノム革命を、初期のデジタル革命のようにオープンでクラウドソース化されたものにしたいと思っている。デジタル革命では、リーナス・トーバルズのようなプログラマーがオープンソースのオペレーティングシステムであるリナックスを作成し、スティーブ・ウォズニア

ックのようなハッカーが、ホームブリュー・コンピュータ・クラブに集まって、どうすればコンピュータを企業や政府組織による独占的支配から解放できるかについて話し合った。遺伝子工学はコンピュータ工学より難しいわけではない、とザイナーは主張する。「ぼくは高校では落ちこぼれだったけど、こんなことができるようになった」。彼の夢は、世界中の何百万人ものアマチュアがバイオエンジニアリングを始めることだ。「今や誰でも生命をプログラムできるようになった」と彼は言う。「もし何百万人もがそれに取り組んだら、たちまち医学と農業が変わり、世界に大きく貢献できるだろう。ぼくは、クリスパーがどれほど簡単かを示して、人々をその気にさせたいんだ」。

誰もがこの技術にアクセスできるようになるのは危険ではないか、とわたしは尋ねた。「いや、最高にエキサイティングだよ」と彼は反論する。「どんな技術も、誰でもアクセスできるようになって初めて、繁栄するものだ」。確かにその通りだ。デジタル時代は、コンピュータが「パーソナル」になった時に、真に開花した。一九七〇年代半ば、アルテアとＡｐｐｌｅⅡが登場し、コンピュータの支配権を一般市民に手渡した。まずハッカーが、続いて残りの人々が、自分のコンピュータで遊び、デジタルコンテンツを作成するようになった。二〇〇〇年代初期にスマートフォンが誕生すると、デジタル革命はさらに高い軌道に乗った。ザイナーは言う。「コンピュータのプログラミングのように、自宅でバイオテクノロジーをする人が増えたら、驚くような発展がたくさん起きるだろう(5)」。

おそらく今後もザイナーは、自分が思うままの道を歩むだろう。今やクリスパー技術は簡単になり、設備の整った研究室でなくても扱えるようになった。この傾向は、技術の最前線《フロンティア》にいる反逆者やならず者によって、さらに押し進められるはずだ。このようにして、ゲノム革命は、デジタル革命が歩んだ道をたどるのかもしれない。リナックスからウィキペディアまで、デジタル革命のほとんどがクラウドソーシングによってもたらされたように。デジタル世界では、アマチュアと専門家との境目ははっきりしない。じきにバイオエンジニアリングもそうなるかもしれない。

危険は伴うが、バイオテクノロジーがこの道をたどることにはメリットがあるだろう。とりわけパンデミックが起きた時に、市民の生物学的な知恵とイノベーションを社会が活用できたら、有益だろう。少なくとも、自分や近隣の人々が感染しているかどうかを自宅で検査できるのはよいことだ。接触者追跡とデータ収集は、クラウドソーシングで行うことができる。現在、学術界の生物学者とＤＩＹのハッカーとの間にははっきりと境界線が引かれているが、ザイナーは懸命にその線引きを変えようとしている。クリスパーと新型コロナウイルス感染症は、彼がその境界線をあいまいにするのを助けるだろう。

第34章 生物兵器——米国防総省も参戦

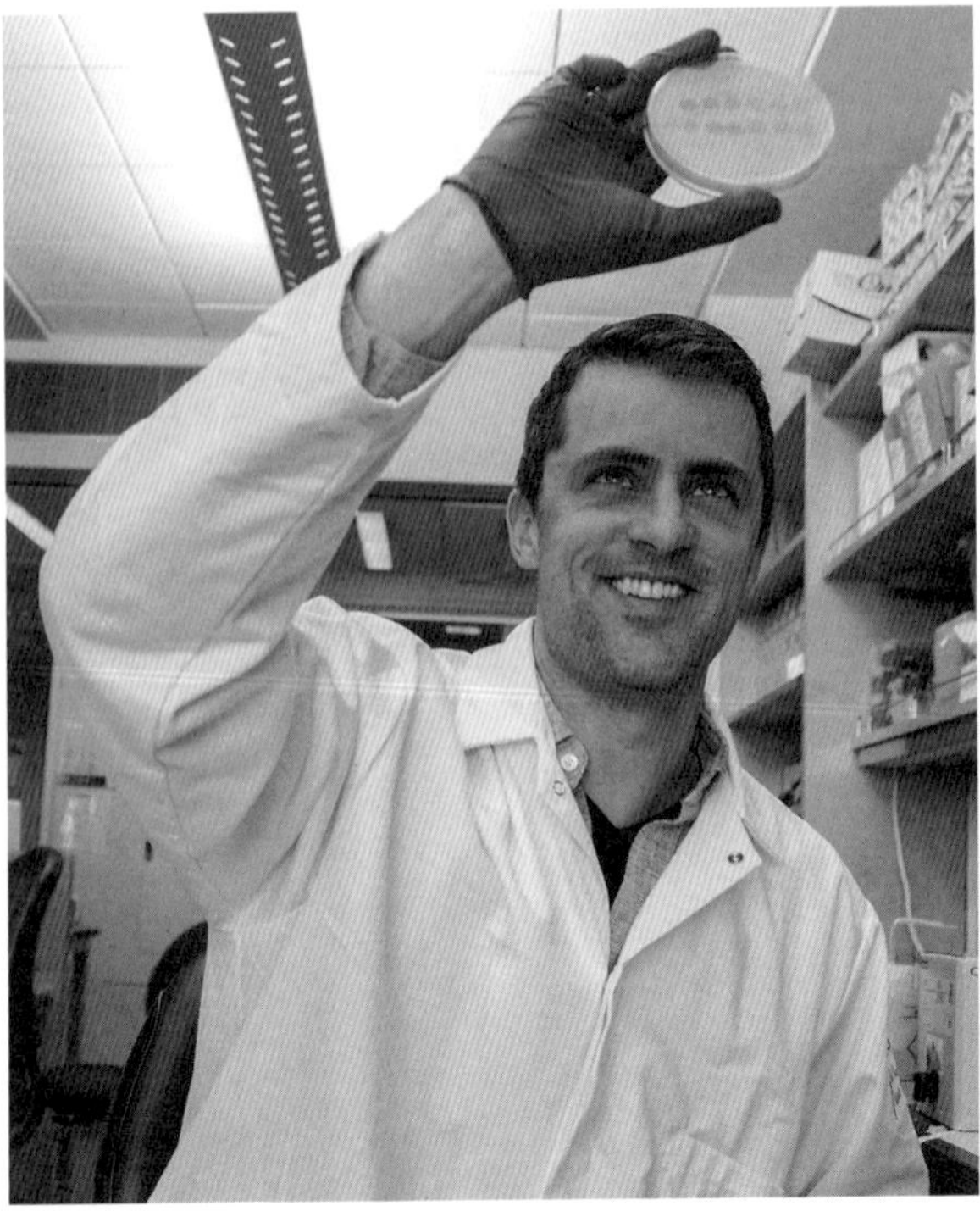

抗クリスパーを発見したトロント大学博士課程の学生
ジョセフ・ボンディ=デノミー

クリスパーで生物兵器を無効化する米国防総省の取り組みに参加

ダウドナは、ハッカーやテロリストや外国の敵がクリスパーを悪用することを心配しはじめた。きっかけになったのは、二〇一四年に参加した会議で聞いた、ある研究者による発表だ。その研究者は、クリスパー技術を用いて、人の肺腫瘍に見られる遺伝的変化をマウスの肺に導入し、肺がんを発症させたという。ダウドナはぞっとした。ガイドを微調整したり、あるいはミスしたりすると、それは人間でも容易に肺がんを発症させるからだ。翌年、ある大学院生が同じようにマウスでがんを発症させるクリスパー実験の論文をフェン・チャンとの共著で発表した。ある会議でダウドナは彼を問いただした。これらの経験から彼女は、米国防総省（ペンタゴン）が資金提供する、クリスパーの悪用を防ぐ方法を検討する取り組みに参加することになった。(1)

一六世紀にイタリアの枢機卿チェーザレ・ボルジアがレオナルド・ダ・ヴィンチを雇って以来、軍事費はイノベーションを牽引《けんいん》してきた。クリスパーに関してもそれは真実で、二〇一六年、米国国家情報長官ジェームズ・クラッパーは、年次報告書『世界の脅威評価』において初めて、「ゲノム編集」を大量破壊兵器になり得る脅威に含めた。ペンタゴンから潤沢な資金を提供される調査部門、国防高等研究計画局（ＤＡＲＰＡ）は、「安全な遺伝子」というプログラムを立ち上げ、遺伝子操作された兵器への対抗策の開発を支援することになった。このプログラムには六五〇〇万ドル相当の助成金が支給され、ＤＡＲＰＡは単体としては最大の、クリスパー研究の資金源になった。(2)

当初、ＤＡＲＰＡの助成金は七つのチームに付与された。ハーバードのジョージ・チャーチは放射線被曝による変異を元に戻すための研究でその一つを受けた。ＭＩＴのケヴィン・エスベルトは蚊やマウスなどの個体群の遺伝的変化を加速させる遺伝子ドライブの研究で選ばれた。ハーバード・メディカル・スクールのアミット・チョウドゥリは、ゲノム編集のスイッチの切り替え方法を開発するための資金を得た。(3)

ダウドナが受け取った助成金は総額三三〇万ドルにのぼり、さまざまなプロジェクトを対象とした。クリスパー編集システムを阻止する方法の探究もその一つだ。告知によると、その目的は、「将来的にクリスパーを用いた兵器を無効化する」ツールの開発だった。まるで大衆向けのスリラー小説のようだ。テロリストや敵国が、クリスパーによって蚊などの生物を超破壊的兵器に改造し、白衣を着たダウドナ博士が人類を救うために駆けつけるのだ。(4)

ダウドナは、研究室に加わって間もない二人の若いポスドク、カイル・ウォータースとギャビン・ノットにこのプロジェクトを任せた。二人は、細菌を攻撃中のウイルスが、細菌のクリスパー・システムを無効化するために使う手法に注目した。つまり、ウイルスと細菌の戦いにおいて、細菌はウイルスを撃退するためにクリスパー・システムを発達させたが、ウイルスの方はそれを無効にする方法を発達させたのだ。ミサイルを防御システムによって無効化し、その防御システムが抗防御システムによって無効化されるという、ペンタゴンにはおなじみの軍拡競争だった。新たに発見されたこのシステムは「抗クリスパー」と名づけられた。

抗クリスパーの発見

抗クリスパーが発見されたのは、ダウドナとフェン・チャンがクリスパー・キャス9をヒトゲノム編集ツールにしようと競い合っていた二〇一二年末のことだった。トロント大学の博士課程の学生ジョセフ・ボンディ＝デノミーが、うまくいくはずがないことをしていて、偶然それを見つけた。彼は細菌のクリスパー・システムに倒されたウイルスを、再びその細菌に感染させようとしたのだ。すると、一握りのケースでウイルスは生き残った。

最初、ボンディ＝デノミーは実験に失敗したと思った。次に、ある考えが浮かんだ。ひょっとしたら、狡猾なウイルスは、細菌のクリスパーを無効化する方法を発達させたのではないだろうか。それは正解だった。ウイルスは短い配列で細菌のクリスパー・システムを無効化して、細菌のDNAに潜入したのだ。(5)

ボンディ＝デノミーが発見した抗クリスパーは、クリスパー・キャス9には効かないようだったので、当初はほとんど注目されなかった。しかし二〇一六年、彼と最初の論文の共著者であるエイプリル・パウルクは、キャス9を無効化する抗クリスパーを特定した。それをきっかけに他の研究者たちも続々とその研究に加わり、まもなく五〇を超える抗クリスパー・タンパク質が発見された。カリフォルニア大学サンフランシスコ校の奨学金給付研究員になっていたボンディ＝デノミーは、ダウドナの研究室と協力して、抗クリスパーをヒト細胞に導入して、クリスパー・キャス9の編集を調整したり停止したりできることを示した。(6)

それは自然の驚異についての基礎科学の発見であり、細菌とウイルスの驚くべき軍拡競争がどのように進化したかを明らかにした。またしても基礎科学が有益なツールをもたらしたのだ。抗クリスパーをうまく設計すれば、ゲノム編集システムを制御することができる。抗クリスパーは、医療への応用でクリスパー編集に時間制限を加える場合に役立ち、テロリストや邪悪な敵が作ったゲノム編集システムへの対抗手段にもなる。また、クリスパーによる遺伝子ドライブ（蚊などの繁殖の速い個体群で急速に遺伝子を変化させる）を止めるためにも利用できるだろう。[7]

天気のよい日に、揺れるヤシの木の下で話し合われたこと

ダウドナはＤＡＲＰＡのためのプロジェクトを続々と生み出し、彼女の研究機関であるイノベーティブ・ゲノミクス・インスティテュートは、続く数年間、新たな研究テーマのための助成金を受けることができた。ハーバードのジョージ・チャーチの研究室と同じように、クリスパーを使って核放射線から身を守る方法の研究も依頼された。九五〇万ドルの助成金を得たその研究のリーダーを務めるのはフョードル・ウルノフだ。チェルノブイリ原子力発電所事故が起きた時、彼はモスクワ国立大学の学部生だった。今、彼に課せられた任務は、兵士と市民を核攻撃や事故による放射線曝露から救うことだ。[8]

「安全な遺伝子」の助成金を受けた研究室は、年に一度、ＤＡＲＰＡ生物技術局のプログラム責任者であるリニー・ウェグジンが開く会議に出席することになっている。二〇一八年の会議はサンディエゴで開かれ、参加したダウドナは、軍から資金提供を受けた各研究室をウェグジンが巧みに協働させていることに感銘を受けた。それは一九六〇年代にＤＡＲＰＡがインターネットの前身を作っていた時と同じだった。また、彼女は会議の環境と内容のちぐはぐさにも驚いた。「天気の良い日に、風に揺れるヤシの木の下で、わたしたちは食事をしながら語り合った」と、彼女は言う。「もっとも、話題になったのは、放射線障害や、ゲノム編集による大量破壊兵器の

製造だった」[9]

ハッカーに協力を求める

二〇二〇年二月二六日、新型コロナウイルス感染症がアメリカで広がり始めた頃、ワシントンDCにある重厚な大理石づくりの米国科学アカデミーでは、陸軍将官、国防総省幹部、バイオテクノロジー企業の重役たちが、アインシュタインの巨大な坐像の前を通って一階の一室へ入っていった。陸軍研究技術プログラムが主催する「バイオ革命と陸軍戦闘能力への影響」と題された会議に出席するためだ。五〇人ほどの参加者の中には、ジョージ・チャーチをはじめとする著名な科学者と、一人の異端児がいた。耳にいくつもピアスの穴をあけたバイオハッカー、ジョサイア・ザイナー、サンフランシスコの合成生物学サミットでクリスパー編集した遺伝子を自分の腕に注射したあの若者である。

「建物はいい感じだったけど、カフェテリアは最悪だった」と、ザイナーは言う。では、会議は？「まったくもって退屈だった。連中は自分が何について話しているか、わかっちゃいないんだ」。そのときの彼のメモには、「話し手はザナックス［向精神薬］をやってるみたいだ」と走り書きされていた。

さんざんな言いようだが、実のところ彼はその会議を楽しんだらしい。当初、演壇に登る予定はなかったが、カエルの筋肉増強キットの一件で強烈な印象を残したので、即席のスピーチを求められた。軍当局者はかねてより、質の高い科学者を雇えなくて苦労している、と不平を漏らしていた。それを知るザイナーは、「研究室を開放して、バイオハッカーのスペースを設け、彼らともっと交流すべきだ」と言った。軍はかつてコンピュータハッカーと協力したように、バイオハッカーとも協力すればいいのだ、と。「政府の研究機関にＤＩＹ生物学コミュニティの人材を受け入れたら、彼らは軍が利用できる解決策《ソリューション》を提供するだろう」。

講演者の何人かは、ザイナーの意見に賛同し、軍は「非伝統的なコミュニティ」の助けを借りるべきだと言った。たとえば、ある政府関係者は、「市民科学」を活用することで、軍は脅威を特定する能力を向上させることができる、と述べた。産業科学者の一人は中国から新型コロナウイルスが広がっていることへの注意を促し、パンデミックが日常的になる世界を想像すべきだ、と言った。国全体がその危険に気づくのは数日後のことだ。その産業科学者は、パンデミックが起きたら、即時の検出方法や、データの収集と分析をクラウドソース化する方法を見つけるために、市民科学者に協力を求めるべきだ、と付け加えた。それはザイナーとバイオハッカーのコミュニティが以前から主張してきたことだった。

会議が終わる頃、ザイナーは心地よい驚きを感じていた。当局が、パンデミック対策や兵士の保護にクリスパーを活用するために、ハッカーのコミュニティとの協力に大いに期待していることがわかったからだ。「皆がぼくに注目し、ぼくが来たことに驚いていた」と、彼はメモに書いた。「来てくれてありがとう、と言ってくれる人もいた」(10)。

第五部

市民科学者

Public Scientist

この新たな部屋には、希望にみちた豊かさと、未知の危険への恐れが充満している。

民衆は大いなる進歩の物語を、おぼろげに記憶し、語り継ぐ。それは「ゼウスの翼を持つ猟犬」が火の代償としてプロメテウスの肝臓を引き裂く物語だ。

世界は新しい段階へ進む用意ができていたか？　たしかに、それは世界を変えるだろう。それにふさわしい法律をつくらなくてはならない。

そして、もし普通の人々がそれを理解せず、管理しないのなら、いったい誰がそうするだろう。

——『タイム』、一九四五年八月二〇日版、
ジェームズ・エイジーの原子爆弾投下に関する記事より

第35章 人間を設計するという考え

ジェームズ・ワトソン（左）と
シドニー・ブレナー（右）。アシロマ会議にて

ハーバート・ボイヤー（左）とポール・バーグ（右）。アシロマ会議にて

理想主義vsバイオ保守主義

人間を設計するというアイデアは何十年もの間、ＳＦの世界の話だった。三つの古典的作品が、もし人間がこの火を神々から盗み取ったらどうなるかを警告する。メアリー・シェリーの一八一八年の小説『フランケンシュタイン、あるいは現代のプロメテウス』は、科学者が人間のような生き物を作ることに警鐘を鳴らした。一八九五年に出版されたＨ・Ｇ・ウェルズの『タイム・マシン』では、人類が有閑階級イーロイと労働者階級モーロックという二つの種族に進化したことを、タイムトラベラーが発見する。一九三二年に出版されたオルダス・ハクスリーの『すばらしい新世界』は、遺伝子の改変によって知的にも身体的にも優れたエリート階級が支配する、同様のディストピア的未来を描く。その最初の章では、ある役人が赤ん坊の孵化センターを案内する。

「わたしたちは赤ん坊を社会化された人間として出瓶《デカント》します。アルファか、イプシロンか。将来の下水処理作業員か、あるいは……」彼は「未来世界の支配者」と言いかけて口をつぐみ、「未来の孵化センターの所長か」と言い直した。

人間を設計するという考えは、一九六〇年代にＳＦの世界から科学の世界へと移った。科学者は遺伝暗号を解読し、人間のＤＮＡの役割を解明しはじめた。また、異なる生物のＤＮＡをカット＆ペーストする方法が発見され、遺伝子工学という新分野がスタートした。

　これらのブレイクスルーに対する最初の反応は、特に科学者の間では、傲慢ともとれる楽観的なものだった。「我々は現代のプロメテウスになった」と、生物学者ロバート・シンスハイマーは宣言した。おそらくギリシャ神話の真意を理解していなかったのだろう。「まもなく我々は自らの遺伝的形質、まさに自らの本質を、意図的に変える力を手に入れるだろう」。彼はこの見通しを問題視する人々を退けた。遺伝的未来についての決定は個人の選択に従うため、この新たな優生学は、二〇世紀前半の信用ならない優生学とは道徳的に異なるものだ、と彼は論じた。「我々は新しい遺伝子と、想像も及ばない新しい性質を創造する能力を手にするはずだ」と彼は期待を露わにする。「これは宇宙規模の出来事だ(1)」。

　遺伝学者ベントレー・グラスは、一九七〇年にアメリカ科学振興協会の会長に就任した時のスピーチで、倫理的観点から見て問題は人々がこれらの新しい遺伝子技術を受け入れることではなく拒否することだ、と論じた。「すべての子どもは、健康な遺伝的特性を受け継ぐ不可侵の権利を持つ」と彼は述べた。「どの親にも、奇形や精神的に無能な子どもを生んで社会に負担をかける権利はない(2)」。

　バージニア大学の医学倫理学教授で元聖公会の牧師だったジョセフ・フレッチャーは、遺伝子工学は倫理的に問題があるものではなく、むしろ義務と見なせる、という意見に賛同した。彼は一九七四年の著書『遺伝的制御《コントロール》の倫理』に次のように記している。「遺伝的選別が可能になった今、受胎前や子宮内での制御をしないまま、『性交のルーレット』に委《ゆだ》ねて、運任せで子どもを生むのは無責任だ。変異を医学的に制御することを学んだのなら、そうするべきだ。制御できるのに制御しないのは不道徳である(3)」。

これらのバイオテクノロジーのユートピア主義者たちと対立したのは、一九七〇年代に影響力を持つようになった神学者、技術懐疑論者、バイオ保守主義者だ。プリンストン大学のキリスト教倫理学教授で、プロテスタントの著名な神学者であるポール・ラムゼイは、『造られた人間――遺伝子制御の倫理』を出版した。その分厚い本には次のような痛烈な一文がある。「人間は、人間であることを学ぶ前に神のまねをすべきではない」[4]。タイム誌でアメリカにおける「遺伝子組換えに反対する第一人者」と呼ばれた社会学者のジェレミー・リフキンは、『誰が神を演じるべきか？』というタイトルの本を共著した。「かつて、このようなことはSFの世界のできごと、言うなればフランケンシュタイン博士の狂気の所業として片付けられていた」と彼は記している。「だが、今は違う。まだ『すばらしい新世界』に至ってはいないが、わたしたちはその途上にいるのだ[5]」。

当時、ヒトゲノムを編集する技術はまだ開発されていなかったが、こうして戦線が敷かれた。そして、この問題を政治的に対立させるのではなく、折衷案《せっちゅうあん》を見つけることが、多くの科学者の使命になった。

一九七五年二月、アシロマ会議

一九七二年の夏、組換えＤＮＡに関する先駆的論文を書き終えたばかりのポール・バーグは、シチリア島の海沿いの崖の上にある古代都市、エリチェで、その新しいバイオテクノロジーに関するセミナーを開いた。参加した大学院生たちはバーグの説明に衝撃を受け、遺伝子工学、特にヒト遺伝子を改変することの倫理的危険性について質問を投げかけた。それまでバーグは、そのような問いについて深く考えたことがなかったので、シチリア海峡を見下ろすノルマン朝時代の古城の城壁の上で夜に非公式の議論を行うことに同意した。満月の下、八〇名の学生と研究者が、ビールを飲みながら倫理の問題について語り合った。彼らの疑問は基本的なものだったが、バーグは答えに窮した。背の高さや目の色を遺伝子操作することについてはどうだろう？　知性についてはどうか？　わたしたちはそうすることになるのか？　そうすべきなのか？　DNAの二重らせん構造を発見したフランシス・クリックもその場にいたが、彼はビールを飲みながら黙っていた。(6)

この議論を受けて、バーグは一九七三年一月、カリフォルニア州モントレーの海岸にあるアシロマ会議センターに、生物学者の一団を招集した。この会議は組換えDNAの実験の安全性を主なテーマとし、「アシロマⅠ」と呼ばれる（「Ⅰ」が付くのは、この会議をきっかけとして、二年後に同じ場所でさらに重要な会議（アシロマⅡ）が開かれたからだ）。アシロマⅠに続いて一九七三年四月には、米国科学アカデミーが主催する会議がMITで開かれ、危険な遺伝子組換え生物の作成を防ぐ方法について議論された。しかし、議論を重ねれば重ねるほど、どの方法も絶対に安全とは思えなくなった。そこで、安全性のガイドラインが策定されるまで、組換えDNAの実験を「一時停止《モラトリアム》」することを要請する報告書が作られ、バーグ、ジェームズ・ワトソン、ハーバート・ボイヤー、その他が署名した。(7)

この流れで、科学者が自らの領域を規制したことで科学史に名を刻む、記念すべき会議が開かれた。一九七五年二月、四日間にわたって開かれたアシロマ会議（アシロマⅡ）である。オオカバマダラ蝶の大群がカリフォルニアの空を舞う中、世界中から一五〇人の生物学者と医師と弁護士、加えて、議論が白熱したらオフレコにすることに同意した数名のジャーナリストが、砂丘を越えてアシロマ会議センターに集結し、新しい遺伝子工学技術にどのような制限を加えるべきかを議論した。ローリング・ストーン誌のマイケル・ロジャースは、いみじくも「パンドラの箱の会議」と題した記事にこう書いている。「彼らの議論は、新しい化学実験キットを手にした少年の活力と、裏庭での噂話の辛辣さを連想させた」(8)。

長老たちが激突

主催者の一人であるMITの生物学教授デヴィッド・ボルティモアは、口調は優しく穏やかだが、厳然と命令を下す人物だ。彼はその年のノーベル生理学・医学賞を受賞する。受賞の対象になったのは、コロナウイルスのようなRNAウイルスが「逆転写」と呼ばれるプロセスによって、宿主細胞のDNAに自らの遺伝物質を挿入することを示した研究だ。つまり、DNAがRNAに転写されるだけでなく、RNAがDNAに転写され得ることを示し、遺伝情報はDNAからRNAへと一方向にしか伝わらないという、生物学のセントラルドグマを覆したのである。ボルティモアはその後、ロックフェラー大学の学長を経てカリフォルニア工科大学の学長になった。政策会議の尊敬すべきリーダーとしての半世紀におよぶ彼のキャリアは、ダウドナにとって、公共政策との関わり方の模範になった。

アシロマ会議では、初めにボルティモアが、会議が招集された理由を述べ、続いてポール・バーグが問題になっている技術について説明した。つまり、組換えDNA技術によって、異なる生物のDNAを組み合わせて新しい遺伝子を作ることが「ばかばかしいほど簡単」になったことについてである。バーグによると、彼がその技術の発見について発表するとまもなく、あちこちの研究者から、自分で実験したいから材料を送ってほしいという電話がかかってきた。どんな実験をしたいのかと尋ねると、「どことなくホラーな実験について説明された」と、バーグは振り返る。彼は、マイケル・クライトンが一九六九年に発表したバイオスリラー『アンドロメダ病原体』に登場するような、地球を脅かす微生物を、マッド・サイエンティストがつくり出すのではないかと心配し始めた。

政策をめぐる議論が始まると、バーグは、組換えＤＮＡで新生物をつくり出すことのリスクは評価が難しいので、そのような研究は禁止されるべきだと主張した。しかしそれに反対する人々もいた。そこでボルティモアは、キャリアを通じて常に行ってきたように、折衷案を見つけようとした。ウイルスの拡散を防ぐために、組換えＤＮＡの使用を、「不具にした」ウイルスに限定することを彼は提案した。(9)

ジェームズ・ワトソンは例によって、気難しいへそ曲がりの役を演じた。「彼らはヒステリー状態になっていたよ」と、後にワトソンはわたしに言った。「わたしは、研究者が望むままに何でもやることに賛成だった」。衝動的なワトソンとは対照的に、バーグは自制心に富むが、ある時点で二人は激しく衝突し、ついにはバーグがワトソンを訴えると脅すに至った。「あなたはこの種の研究には潜在的にリスクが伴うという文書に署名しましたね」と、バーグは前年にモラトリアムを要請した文書を指して言った。「ご自身が所長を務めるコールド・スプリング・ハーバーの研究者を守る気がないと言うのなら、あなたの無責任さをわたしは訴えることができるし、そうするつもりだ」。

長老たちの口論が激化する中、若手の中には、こっそり抜け出して海辺で一服する人もいた。

会議の終了予定日の夕方になっても、意見の一致は得られなかった。しかし、弁護士たちが、

「もしどこかの研究室で誰かが組換えＤＮＡに感染したら、その機関は法的責任を問われ、大学はその機関を閉鎖するだろう」と警告し、意見をまとめるよう科学者たちを後押しした。

モラトリアムは終わった――しかるべきセーフガードを

その夜、バーグとボルティモアは数名の同僚とともに、浜辺のリゾート小屋でテイクアウトの中華料理を食べながら議論を続けた。そして、借りてきた黒板を使って声明文の推敲《すいこう》を重ねた。朝日が昇る前の午前五時頃、草稿ができあがった。

「異なる生物の遺伝情報を組み合わせることができる新しい技術により、我々は生物学でも未知とされる領域に足を踏み入れることになった」と、彼らは記した。「知識がないがゆえに、同研究の実施に際しては、慎重を期すのが賢明であると結論せざるを得ない」。その後に続く文では、実験に適用される「封じ込め」の方法と制限の種類について詳述した。

ボルティモアは午前八時三〇分からのセッションに間に合うよう、その仮声明のコピーを作成した。バーグは、それを支持するよう科学者たちを誘導する任務を引き受けた。誰かが、一段落ごとに賛否を投票しよう、と言い出した。バーグは、それでは大変なことになるとわかっていたので、その案を拒否した。しかし、著名な分子生物学者であるシドニー・ブレナーの提案は受け入れ、主要な勧告について信任投票を行うことにした。その勧告とは、遺伝子工学研究のモラトリアムを解除し、しかるべきセーフガードを講じた上で続行させるというものだ。「モラトリアムは終わった」と、ブレナーは言い、部屋にいた全員が同意した。数時間後、最後の昼食を知ら

せるベルが鳴ると、バーグは、研究室が守らなければならない安全規定の詳細も含む、文書全体について投票を求めた。ほとんどの人が賛成の挙手をした。彼は、発言を求めて騒ぐ人々を無視して、反対意見はないかと尋ねた。手を挙げたのはわずか四、五人で、そのうちの一人は、あらゆるセーフガードはばかげていると考えるワトソンだった。[10]

アシロマ会議で議論されなかったこと

この会議には二つの目標があった。一つは、新たな遺伝子を作ることから生じるバイオハザードを防ぐことであり、もう一つは、政治家によって遺伝子操作が完全に禁止されるのを防ぐことだった。その両面で、アシロマ会議は成功を収めた。それは「慎重な前進」と呼ばれる方針を定め、後にボルティモアとダウドナは、クリスパー・ゲノム編集をめぐる議論の中で、その言葉を繰り返すことになる。

アシロマで合意された制限は、世界中の大学と、研究資金を提供する機関に受け入れられた。「このユニークな会議は、科学にとっても、科学政策に関する公の議論にとっても、類《たぐい》まれな時代の始まりを告げた」とバーグは三〇年後に書いている。「わたしたちは社会の信任を得ることができた。その研究に最も深く関わり、夢を追うための自由を求めるはずの科学者が、自分たちが行う実験に内在するリスクへの注意を喚起したからだ。同時に、それを制限しようとする国の法律を回避することもできた」[11]。

アシロマ会議をそれほど評価しない人もいた。DNA構造に関する重要な発見を行った生化学者エルヴィン・シャルガフは、それを茶番だったと振り返る。「アシロマ会議では、世界中から分子の司祭や教父が集結して、異端を非難したが、そもそもその異端を興し、牽引してきたのは彼らだった」と彼は述べた。「これはおそらく、放火犯が消防隊を結成した史上初の事例と言えるだろう[12]」。

アシロマは大成功だったというバーグの感想は正しかった。その会議は、遺伝子工学の躍進を導いた。しかし、シャルガフの嘲笑的な言葉は、もう一つの永続的な遺産を示唆する。後にアシロマは、その場で科学者が議論しなかったことに関して、注目されるようになった。その会議が焦点を当てたのは遺伝子工学技術の安全性だった。バーグがシチリア島で夜遅くまで議論した倫理的問題については、誰も取り上げようとしなかった。それは、遺伝子を設計し編集する方法が安全だとわかった場合、それをどこまでやるべきか、という問題だ。

一九八二年、『生物のつなぎ合わせ』

アシロマが倫理的問題に注目しなかったことは、多くの宗教指導者を困惑させた。ジミー・カーター大統領は三つの大きな宗教組織の指導者が共同で署名した手紙を受け取った。その三つとは、米国キリスト教会協議会、米国ユダヤ教評議会、米国カトリック会議である。「わたしたちは遺伝子工学の急成長がもたらす危険な新時代へと急速に移行しつつある」とそれには記されていた。「新しい生物が人工的に作られる時、それが人間の利益にどのように貢献すべきかを、誰が決めるのだろう[13]」。

そのような決定は科学者に委ねられるべきではない、とその三つの組織は論じた。「遺伝を操ることでわたしたちの精神と社会構造を『正す』べきだと信じる人々は常に存在するだろう」とその手紙は語る。「これは、そうするための基本的ツールがついに得られた時、より危険なものになる。神を演じようとする者は、かつてないほどその誘惑に駆られるだろう」。

カーター大統領はこの問題を検討するために、大統領諮問《しもん》委員会を設立した。同委員会は一九八二年の終わり頃、『スプライシング・ライフ（生物のつなぎ合わせ）』というタイトルの一〇六ページの報告書を提出したが、その結論はあいまいで、社会のコンセンサスを得るためのさらなる対話を求めただけだった。「この報告書の目的は、思慮深く長期的な議論を促すことであり――必然的に時期尚早になるはずの結論を出すことではない」とそれは述べている。[14]

しかし、この報告書は、先見の明ある二つの懸念を述べている。一つは、遺伝子工学が大学研究への企業の関与を増大させることだ。大学は歴史的に基礎研究と自由な意見交換を重視してきたが、「大学のそうした目標は、産業界の目標と衝突する可能性がある」と報告書は警告する。「産業界の目標は、競争力を維持し、企業秘密を守り、特許の保護のもとで応用研究を行い、市場性のある商品と技術を開発することにあるからだ」。

二つめの懸念は、遺伝子工学が不平等を拡大することだ。新しいバイオテクノロジーの処置は高額であるため、最もその恩恵を受けるのは、特権階級の人々だろう。それは既存の不平等を広げ、遺伝子に刻みこむ可能性がある。「遺伝子治療と遺伝子診療は将来的に、民主主義の理念と実践の核である『機会均等の尊重』に異議を唱えることになりかねない」とその報告書には記されている。

着床前遺伝診断と『ガタカ』

一九七〇年代に組換えDNA技術が開発され、一九九〇年代には次なる大きな生物工学の進歩がなされ、一連の倫理的問題が生じた。体外受精（最初の試験管ベビー、ルイーズ・ブラウンは一九七八年に生まれた）と、シーケンシングという二つのイノベーションが相次いで起きたのだ。一九九〇年には、後に「着床前遺伝診断」と呼ばれるようになるものが、初めて使用された[15]。

着床前診断では、ペトリ皿の中で卵子を精子と受精させ、そうしてできた胚（※）の性別やその他の遺伝的形質を検査し、最も望ましい形質を持つ胚を女性の子宮に着床させる。そうすることで親は子どもの性別を選択でき、遺伝性疾患やその他の（親にとって）望ましくない属性を持つ子どもを避けることができる。

そのような遺伝子スクリーニングと選別の可能性は、イーサン・ホークとユマ・サーマンが主演した一九九七年の映画『ガタカ』（Gattaca）（このタイトルはDNAの四つの塩基を表す文字A、T、G、Cでできている）によって人々の想像力をかきたてた。その映画は、最高の遺伝体質を持つ子どもを産むために、遺伝子選択が一般的に行われるようになった未来を描いている。

映画の宣伝として、制作会社は本物のゲノム編集クリニックのような広告を新聞に掲載した。タイトルは「子どものオーダーメイド」で、こう書いてある。「ガタカでは、お子さんを設計できます。赤ちゃんに伝えたい形質をお決めになる際は、このチェックリストをお役立てください」。リストには性別、身長、目の色、肌の色、肥満度、中毒の感受性、犯罪的攻撃傾向、音楽の才能、運動能力、知性が含まれる。最後の選択肢は「いずれも設計しない」である。広告はその選択肢についてこう助言する。「宗教的あるいはその他の理由から、子どもを遺伝的に設計することに疑いを抱くかもしれませんが、考え直すことをお勧めします。わたしたちから見て、人類は少々改良した方が良さそうです」。

広告の一番下にはフリーダイヤルの番号があり、電話をかけると三つの選択肢から選べるようになっている。「お子さんが病気にならないようにしたい方は1を、知的・身体的特性を強化したい方は2を、お子さんの遺伝子組換えを望まない方は3を押してください」。二日以内に、そのフリーダイヤルには五万件の電話がかかってきたが、残念ながら制作会社は、各選択肢が選ばれた件数を記録しなかった。

ホークが演じた主人公は、着床前遺伝子操作の恩恵あるいは重荷を受けることなく宿され、宇宙飛行士になるという夢を叶えるために遺伝に関する差別と戦わなくてはならない。これは映画なので、当然ながら、彼は勝利を収める。特に興味深いのは、彼の両親が二番目の子どもにゲノム編集を施すことを決意する場面だ。医師は操作可能なあらゆる特質と強化《エンハンスメント》を並べ立てる。よりよい視力、望ましい目と肌の色、アルコール依存症と若禿げの素因がないこと、など。「いくつかは偶然にまかせていいいですか?」と、両親は尋ねる。いいえ、と医師は断言し、彼らにでき

※わたしは「胚」という言葉を広義で使っている。受精で誕生した単細胞生物は接合子（受精卵）と呼ばれる。接合子が分裂して子宮の壁に着床できる細胞の集まりになると、胚盤胞と呼ばれる。およそ四週間後、羊膜囊が発達し、一一週を過ぎると、通常、胎児と呼ばれる。胚とは、受精卵が分裂を始めてから成体に到るまでの全段階を指す。

るのは、「可能な限り最高のスタート」を子どもに与えることだけだ、と告げる。

映画評論家のロジャー・イーバートは、ガタカについてこう書いている。『『完璧』な赤ん坊を注文できるとしたら、両親はそうするだろうか？　あなたは遺伝子のサイコロを投げて運を天にまかせるか、それとも望みどおりの型を注文するだろうか。多種多様な車の中から無作為に選ばれた車を買おうとする人が、いったいどれほどいるだろう？　それが自然のままの子どもを選ぶ人の数ではないだろうか。」ガタカの世界では、誰もが長生きで、イーバートは賢明にも、当時、形になり始めていた懸念を語った。「ガタカの世界では、誰もが長生きで、容姿に恵まれ、健康だ。しかしそんな世界が楽しいだろうか？　親は、反抗的で不器用で風変わりだが創造的な子どもをオーダーするだろうか。それとも、自分よりはるかに優秀な子どもをオーダーするだろうか？　あなたは時々、そんな時代になる前に生まれてよかったと思うのではないだろうか？」(16)

一九九八年、ＵＣＬＡ、ワトソンとその他の面々

ここで、ＤＮＡ研究のパイオニアである短気なジェームズ・ワトソンが再び登場する。聴衆の中にいる彼は、挑発的な考えを聞こえよがしにつぶやき、そうすることをむしろ楽しんでいるようだった。今回の舞台は、ＵＣＬＡの教授グレゴリー・ストックが一九九八年に主催したゲノム編集に関する会議だ。会議のタイトルは、「生殖細胞系列における遺伝子操作」で、子孫に継承されるゲノム編集の倫理性に焦点を当てた。遺伝子工学による医薬品開発の第一人者、フレンチ・アンダーソンが、「病気の治療は道徳的だが、子どもを遺伝的に強化するのは道徳的でない。両者を区別する必要がある」と、ちょっとした説教を垂れた。ワトソンは鼻息を荒くして、横槍《よこやり》

を入れた。「誰も言う度胸がないようだが、遺伝子の足し方を知っていて、それでより良い人間を作れるのなら、そうしない理由がどこにある?」[17]。

「生殖細胞系列」のゲノム編集は、個々の患者の特定の細胞にのみ影響する「体細胞」のゲノム編集とは、医学的にも倫理的にも根本的に異なり、科学者があえて越えようとしない一線だった。「生殖細胞系列の遺伝子操作についてオープンに話し合ったのはあの会議が最初だった」と、ワトソンはそれを賞賛するかのように言った。「生殖細胞系列の遺伝子治療が体細胞のゲノム編集よりはるかにうまくいくのは明らかだ。体細胞での治療の成功を待っていたら、その前に太陽が燃え尽きてしまうだろう」。

「生殖細胞系列をルビコン川と見なし、それを越えるのは自然の法に反することだ、などという主張はとんでもない間違いだ」とワトソンは言った。「ヒトの遺伝子プールの神聖さを尊重する必要があるのでは」と問われると、彼は怒りを爆発させた。「進化は時としてひどく残酷になる。人間のゲノムを完璧で神聖なものと見なすのは、まったくもってばかげている」。ワトソンの統合失調症の息子ルーファスは、遺伝のくじ引きが「ひどく残酷」であることを日々、彼に思い出させた。「わたしたちが抱える最大の倫理的問題は、知識を活用して人を助けようとする勇気を持たないことだ」とワトソンは主張した。[18]

もっとも、ワトソンに言われなくても、会議の出席者はすでにその気満々だった。生殖細胞系列でのゲノム編集に対する彼らの意見は、熱狂的な賛成か、抑制がきかないほど熱狂的な賛成かのどちらかだった。「滑りやすい坂を下ると、予期せぬ結果を招くかもしれない」と誰かが言ったが、ワトソンの確信は揺るがなかった。「滑りやすい坂という主張は、たわ言だ。社会が繁栄するのは人々が楽観的な時であって、悲観的な時ではない。滑りやすい坂などというセリフを吐くのはおそらく、自己嫌悪の末に疲れきってしまった輩《やから》だろう」。

ゲノム編集と市場原理

プリンストン大学の生物学者リー・シルヴァーは、著書『複製されるヒト』（*Remaking Eden*）を出版したばかりで、そのタイトルは、そのままこの会議の声明になった。シルヴァーは、「リプロジェネティクス」（生殖遺伝学）という言葉をつくった。それは、子どもに継承させる遺伝子を技術的に判別することを意味する。「個人の自由を何よりも尊重する社会では、リプロジェネティクスの使用を制限する正当な理由を見つけるのは難しい」と、彼は記している。[19]

シルヴァーの著作が重要なのは、生殖細胞系列でのゲノム編集を、市場原理に基づく消費社会における個人の自由に関する問題として捉えているからだ。「民主主義社会では、親が子どものために環境上の優位性を買うことが許されている。そうであれば、遺伝的優位性の購入を禁止できるだろうか」と彼は問う。「仮にそれが禁じられたら、アメリカ人はこう尋ねるだろう。『よその子が生まれつきもっている有利な遺伝子を、なぜ自分の子どもに与えることができないのか？』と」。[20]

新しい技術に向けられたシルヴァーの熱意は会議の方向性を定め、参加者はそれを歴史的瞬間と見なした。「わたしたちは種として初めて、自己進化する力を手にした」と、シルヴァーは出席者たちに向かって言った。「つまり、これは信じがたい概念なのだ」。彼は「信じがたい」という言葉を賛辞として使った。

アシロマ会議と同じく、このUCLAでの会議の目標の一つは、政府による規制を回避することだった。「わたしたちが伝えるべき主なメッセージは、遺伝子に関するあらゆる決定から国を締め出すことだ」とワトソンは主張した。出席者はその意見を受け入れた。「生殖細胞系列の遺伝子治療を規制しようとする州あるいは連邦の法律は、現時点では成立させるべきではない」と、会議を主催したグレゴリー・ストックは総括した。

その後、ストックは正式な声明として、著書『それでもヒトは人体を改変する——遺伝子工学の最前線から』を執筆した。「人間の本質は、世界を操作する能力にある」と彼は論じた。「詳細な検討もしないまま生殖細胞系列での遺伝子の選別や修正から目を背けるのは、人間の本質とおそらくは運命を否定することだ」。彼は、政治家は干渉すべきではないと強調した。「政策立案者は時々、生殖細胞系列技術の実現に関して、自分たちには発言権があると誤解しているようだが、それは間違いだ」と彼は書いている。[21]

アメリカで遺伝子工学への熱狂が沸き起こったのとは対照的に、ヨーロッパでは、政策立案者やさまざまな委員会が、農業に関しても人間に関しても遺伝子工学の使用に反対する姿勢を強めた。それが最も顕著になったのは、一九九七年にスペインのオビエドで開かれた欧州評議会の会議だ。その会議では、人間の尊厳を脅かすような生物学的進歩の利用を禁止する法的拘束力のある条約として、オビエド条約が締結された。同条約は、ヒトにおける遺伝子操作が許されるのは、「予防、診断、治療を目的とし、かつ、子孫の遺伝子構造を変えることを目的としない場合」に限るとした。つまり、生殖細胞系列のゲノム編集をしてはならない、ということだ。ヨーロッパの二九か国はオビエド条約を自国の法律に組み込んだが、イギリスとドイツはその例外になった。

もっとも、そのような法律が制定されなかった国においても、この条約は、遺伝子工学に反対する一般的なコンセンサスの形成を助けた。[22]

高校生への臨床試験失敗と遺伝子治療分野の停止

アメリカの研究者の間にあった遺伝子工学に対する楽観は、一九九九年九月、フィラデルフィアで暮らす優しくハンサムで少々反抗的な一八歳の高校生、ジェシー・ゲルシンガーを襲った悲劇によって、打ち砕かれた。ゲルシンガーは遺伝子の変異に起因する肝臓疾患を患っていた。たった一つの遺伝子（*OTC*遺伝子）の変異のせいで、彼の肝臓はタンパク質を分解する際の副産物であるアンモニアの代謝をうまく行えなかった。この病気を持つ人のほとんどは、赤ん坊のときに亡くなるが、ゲルシンガーは幸い病型が軽かったので、低タンパクの食事をとり、毎日三二錠の薬を服用して、生き延びてきた。

ペンシルベニア大学のチームは、この疾患の遺伝子治療の臨床試験を行っていた。その試験では、体内の細胞のDNAを編集するのではなく、正常な*OTC*遺伝子を実験室で作って、ウイルスに組み込んで運ばせる。

この臨床試験によってゲルシンガーの病気が治るわけではなかった。なぜなら、それは、赤ん坊の治療法を検討するためのものだったからだ。しかし彼は、いつかホットドッグを食べられるようになる、それに赤ん坊も救われる、という希望を抱いた。「最悪、どんなひどいことになるかって？」と、彼はフィラデルフィアの病院へと出発する時に友人に言った。「ぼくは死んで、赤ん坊は助かるんだ[23]」。

ゲルシンガーの場合、正常なOTC遺伝子を持つウイルスは、肝臓に向かう動脈に注入された。試験を受けた他の一七名と違って、彼はそのウイルスに対して重篤な免疫反応を起こした。高熱に襲われ、腎臓、肺、その他の臓器が破壊され、四日後、亡くなった。この悲劇を受けて、遺伝子治療の分野全体が停止した。「わたしたちは皆、何が起きたのかよく理解していた」と、ダウドナは当時を振り返る。「この出来事によって、遺伝子治療の分野全体が、少なくとも一〇年間、ほぼ消滅した。『遺伝子治療』という言葉さえ不吉な言葉になった。それで助成金をもらおうとする人はいなかったし、『わたしは遺伝子治療について研究しています』と言うのも憚《はばか》られた。恐ろしいことをしているように聞こえたからです[24]」。

二〇〇三年、カス委員会

クローン羊ドリーの誕生［一九九六年］と、ヒトゲノム計画完了［二〇〇三年］が相次いだ世紀の変わり目、遺伝子工学をめぐる議論から、新たな大統領諮問委員会が誕生した。ジョージ・W・ブッシュ大統領が二〇〇三年に設置した生命倫理評議会である。委員長を務めたのは、生物学者であり社会哲学者でもあるレオン・カスで、彼は三〇年前からバイオテクノロジーに関する懸念を表明していた。

彼はアメリカのバイオ保守派の中で最も影響力のある人物だ。生物学の知識を持つ倫理的伝統主義者で、新たな遺伝子技術の使用に対する規制を求めていた。戒律に囚われないユダヤ移民の息子で、シカゴ大学で生物学の学位を取得したが、同時に一般教養の必修科目になっている「グレート・ブックス［名著講読］」に強く影響された。シカゴ大学で医学の学位を、ハーバードで生化学の博士号を取得した。一九六五年には妻のエイミーとともにミシシッピへ赴き、黒人の有権者登録を促す公民権運動の幹部を務めた。この経験を通じて、伝統的な価値観への信頼を深めた。「ミシシッピでは、貧しく危険な環境で暮らす人々を見た。多くは読み書きができなかったが、宗教や家族、愛情豊かなコミュニティに支えられていた」と振り返る。[25]

その後、教授としてシカゴ大学に戻り、分子生物学に関する科学論文(『3-デシノイル-N-アセチルシステアミンの抗菌作用』)からヘブライ語聖書に関する本まで、幅広い執筆活動を行った。ハクスリーの『すばらしい新世界』を読んでからは、「自然を征服するための科学プロジェクトは、わたしたちが注意を怠ると、人間性の抹殺につながる」と考えるようになった。科学と人文科学の両方に精通していた彼は、クローニングや体外受精などの生殖技術がもたらす問題に取り組みはじめた。「まもなくわたしは、科学の実践から、人間にとって科学が持つ意味の考察へと、キャリアをシフトした」と記している。

一九七一年、彼はバイオエンジニアリングについて最初の警告を発した。サイエンス誌への寄稿において、ベントレー・グラスの「すべての子どもは、健康な遺伝的特性を受け継ぐ不可侵の権利を持つ」という主張を批判したのだ。カスは、「そのような『不可侵の権利』を認めることは、人間の出産を製造に変えることを意味する」と強く主張した。さらに翌年には、あるエッセイで、遺伝子工学技術への懸念を次のように語った。「『すばらしい新世界』への道は、感傷的な言葉で舗装され、愛や慈悲さえちりばめられている。この道を引き返すだけの分別を、わたしたちは持ち合わせているだろうか?」[26]。

マイケル・サンデルも参加した生命倫理科学

カスが率いる生命倫理評議会には、ロバート・ジョージ、メアリー・アン・グレンドン、チャールズ・クラウトハマー、ジェームズ・Q・ウィルソンなど、保守主義や新保守主義の著名な思想家が数多く参加した。中でも二人の卓越した哲学者が強い影響力を発揮した。一人目はハーバードの教授マイケル・サンデルで、ジョン・ロールズの後継者として、正義について語っている。当時、彼は「完全な人間を目指さなくてもよい理由――デザイナーベビー、バイオニックアスリート、遺伝子操作が間違っている理由」と題したエッセイを執筆中で、それは二〇〇四年にアトランティック誌で発表された。[27]もう一人の重要な思想家はフランシス・フクヤマで、彼は二〇〇二年に著書『人間の終わり――バイオテクノロジーはなぜ危険か』を出版し、バイオテクノロジーの規制を政府に強く求めた。[28]

当然ながら、三一〇ページに及ぶこの評議会の最終報告書『治療を超えて――バイオテクノロジーと幸福の追求』には、思慮深いが強い筆致で、遺伝子工学に対する懸念が綴られていた。この報告書は、病気の治療に止まらず、人間の能力を高めるためにそのテクノロジーを利用することの危険性を警告した。「バイオテクノロジーを使って人間の最も根深い欲求を満たすことが真に良い人生につながる、という主張を疑う理由は多い」と言明している。[29]

この報告書の著者たちは安全面より主に哲学的な問題に焦点を絞り、幸福の追求とはどういうことか、天賦の才を大切にするとはどういうことか、与えられた人生を生きるとはどういうことか、といったことについて論じた。そして、「自然」を大幅に変えようとするのは、傲慢なだけでなく、人間の本質を脅かす行為だと主張した。いや、正確には、「説いた」と言うべきだろう。「わたしたちは優れた子どもを望んでいるが、それは出産を製造に変えたり、他の子どもより優秀になるよう脳を改造したりすることによってではない。わたしたちは人生において優れた成果をあげたいと思っているが、それは自分を化学者の製造物や、非人間的な方法で勝利や成功を収める道具に変えることによってではない」。大勢の信徒がアーメン（「その通りです」）とうなずく後方で、数人が「わたしはそうは思わない」とつぶやく様子が目に浮かぶようだ。

第36章 ダウドナ参入

（左から）ジョージ・デイリー、ダウドナ、デヴィッド・ボルティモア。
2015年、第1回ヒトゲノム編集国際サミット

ヒトラーの悪夢を見る

二〇一四年の春、クリスパー特許とゲノム編集企業の設立をめぐっての競争が激化していた頃、ダウドナはある夢を見た。正確には、悪夢を見た。その夢の中で彼女は、ある著名な研究者から、ゲノム編集について知りたがっている人物に会ってほしいと頼まれた。部屋へ入った彼女はぞっとした。メモ用紙とペンを用意して、テーブルの向こうに座っていたのは、ブタの顔をしたアドルフ・ヒトラーだったのだ。「きみが開発したこの興味深い技術の利用法と意義をぜひとも教えてほしい」と、彼は言った。そこでダウドナははっと目を覚ました。「暗闇《くらやみ》で横たわったまま心臓がどきどきするのを感じた。この恐ろしい夢の余韻《よいん》はいつまでもつきまとった」。それからは、よく眠れない夜が続いた。

ゲノム編集技術の強い力は、良い目的のために使うこともできるが、人間を改変し、その変化が将来のすべての世代に引き継がれることを考えると、落ち着かない気分になる。「わたしたちは未来のフランケンシュタイン博士のための道具を作ってしまったのだろうか?」と、彼女は自問した。あるいは、もっと悪いことに、未来のヒトラーの道具になるのだろうか?「エマニュエルとわたしと研究仲間は、クリスパー技術が遺伝性疾患の治療に役立ち、人の生命を救うことを想像していた」と、彼女は後に記した。「今から振り返ると、当時のわたしは、自分たちの努力が悪用される可能性については想像さえしていなかった[1]」。

ハッピー・ヘルシー・ベビー

その頃、ダウドナは善意の人々がゲノム編集の道を切り開いていく事例を目の当たりにした。結束の固いクリスパー・チームの一員であるサム・スターンバーグが、二〇一四年三月にローレン・ブックマンというサンフランシスコの若い女性起業家からメールを受け取った。彼女は友人からスターンバーグの名前を教えてもらったそうだ。メールにはこう書かれていた。「こんにちは、サム。メールですが、お会いできてうれしいです。ブリッジを渡ってすぐのところにいらっしゃるのですね。よろしければ、コーヒーをごちそうしますので、あなたが今なさっていることについて、少しお話をうかがえますか？[2]」。

「いつかお目にかかりたいですが、今のところスケジュールが詰まっています」と、スターンバーグは返信した。「それまでに、あなたの会社の事業内容について少し教えてもらえませんか」。

「わたしは『ハッピー・ヘルシー・ベビー』という会社を立ち上げました」と、彼女は次のメールで説明した。「将来、体外受精で妊娠した子どもの遺伝病を、キャス9によって防げるようになるとわたしたちは考えています。それを科学的にも倫理的にも最高レベルの基準に沿って行われるようにすることが、何より重要です」。

スターンバーグは驚いたが、衝撃を受けたというほどではなかった。当時すでにクリスパー・キャス9は、サルの体外受精で胚の編集に用いられていたからだ。スターンバーグはブックマンの真の動機と、この構想についての考えをもう少し知りたくなったので、バークレーのメキシコ料理の店で会うことにした。食事をともにしながら彼女は、赤ちゃんのゲノムをクリスパーで編集する機会を人々に提供するというアイデアをスターンバーグに売り込んだ。

彼女はすでにHealthyBabies.comというドメイン名を登録していた。「共同設立者になってもらえませんか？」。こう言われてスターンバーグは驚いたが、それは彼が、研究室仲間のブレイク・ウィーデンヘフトと同じく謙虚な人柄だったからというだけではない。彼はヒト細胞を編集したことがなく、ましてや胚を着床させる方法については何一つ知らなかったのだ。

わたし自身、ブックマンの構想を初めて聞いた時には、戸惑いを覚えた。しかし、彼女のことを調べてみると、倫理上の問題について真剣に考えていることがわかった。ブックマンの姉は白血病を患い、一命をとりとめたものの、治療の影響で子どもを産めなくなった。ブックマン自身はキャリアを積もうとしていたが、子どもを産めなくなる年齢に近づいていることを心配していた。「わたしは三〇代になっていました」と、彼女は当時を振り返って言う。「同年代の女性は皆、同じ問題に直面していました。キャリアは欲しいし、母親になっても出世の道から外れたくない。不妊治療クリニックに通い始める人もいます」。

ブックマンは、体外受精治療では胚を着床させる前に有害な遺伝子をスクリーニングできることを知っていたが、三〇代の女性として、受精卵をたくさん作るのは言うほど簡単でないことも知っていた。「受精卵は一つか二つしかできないかもしれない。だから、着床前遺伝子スクリーニングは容易にできるわけではないのです」。

そんな時に彼女はクリスパーのことを知って、大いに喜んだ。「細胞の中で何かを治療できるというアイデアはとても有望で、素晴らしいと思えました」。

ブックマンはクリスパーがはらむ社会的問題に敏感だった。「あらゆる技術は良いことにも悪いことにも使えるけれど、新しい技術をいち早く取り入れた人は、その有益で倫理的な使い方のお手本を示すことができます」と彼女は言う。「その利用を望む患者のために、ゲノム編集を正しくオープンに行い、倫理にかなう実践方法を確立したいとわたしは思ったのです」。

彼女が相談したベンチャーキャピタリストやバイオテック企業家の中には、バイオハッカーに協力してもらって患者の遺伝子をクラウドソーシングで編集する、というような、奇妙な提案をする者もいた。「そんな話を聞けば聞くほど、わたしがしなければいけないという思いが強くなりました」と彼女は言う。「そうしないと、こういう過激な人たちが影響や倫理のことはおかまいなしに、その分野を乗っ取ってしまうでしょう」。

メキシコ料理店でブックマンと夕食をともにした日、スターンバーグはデザートが来る前に店を出た。共同設立者になる気はなかったが、かなり興味をそそられたので、ブックマンの誘いに応じて、彼女の研究室を訪れることにした。「関わる気はまったくなかったが、好奇心をそそられた」と、彼は言う。彼はダウドナがこの種のことを心配し始めていることを知っていたので、ブックマンの研究室を訪れて、論争を招くに違いないクリスパーの応用の分野にあえて突き進んでいこうとする人と話してみる気になったのだ。

「瞳にはプロメテウスのような輝きが宿っていた」

その研究室で彼は、ハッピー・ヘルシー・ベビーのプロモーションビデオを観た。そのビデオにはアニメや実験のストック映像［動画作成用の映像素材］が盛り込まれていた。ブックマンも登場し、大きなガラス窓のある陽当たりのよい部屋で椅子に腰かけ、赤ちゃんのゲノム編集というアイデアについて説明した。スターンバーグはブックマンに、人間の赤ちゃんに対するクリスパーの使用は、アメリカでは少なくとも一〇年間は承認されないだろう、と言った。それに対して彼女は、クリニックを開く場所はアメリカでなくてもいい、と答え、こう続けた。「その処置を許可する国は他にあるでしょうし、ゲノム編集された赤ちゃんを望む富裕層は、喜んでその国に行くでしょう」。

スターンバーグはその事業に関わらないことを決めたが、ハーバードのジョージ・チャーチは、しばらくのあいだ無償でブックマンの科学アドバイザーを務めた。「ジョージは、胚ではなく精細胞を扱ったほうがいいのでは、と提案しました」と、ブックマンは回想する。「そのほうが、議論やトラブルが少ないだろうから、と(3)」。

結局、ブックマンはその冒険的な事業をあきらめた。「使用事例、市場規制、倫理について掘り下げていくと、この事業はあまりにも時期尚早だったことがわかりました」と彼女は言う。「科学も社会もまだ準備ができていなかった」。

スターンバーグはこの一件についてダウドナに話したとき、「ブックマンの瞳にはプロメテウスのような輝きが宿っていた」と語った。後に、スターンバーグはダウドナとの共著『CRISPR《クリスパー》——究極の遺伝子編集技術の発見』でその表現を使い、ブックマンを激怒させた。ダウドナとスターンバーグは、ブックマンの提案を聞いたのが数年前だったなら、そのアイデアを「ただの妄想」と見なしていただろう、と『CRISPR《クリスパー》』に書いている。「そんなフランケンシュタインのような計画は実現しそうにないから」と。しかし、クリスパー・キャス9技術の発明がその状況を一変させた。「もはや、妄想として笑い飛ばすことはできない。結局のところ、ヒトゲノムを細菌ゲノム並みに簡単に編集できるようにするというのが、クリスパーが実現したことなのだ」[4]。

二〇一五年一月、ナパ

ヒトラーの夢とハッピー・ヘルシー・ベビーの話がきっかけになって、二〇一四年の春、ダウドナは、クリスパー・ゲノム編集ツールをどう使うべきかという政策議論に関わることを決意した。最初は新聞に寄稿することを考えたが、それではこの問題は解決しないと思った。彼女は、四〇年前の一九七五年二月に開催されたアシロマ会議のことを考えた。その会議では、組換えDNAに関する研究の「慎重な前進」という方針が打ち立てられた。彼女は、クリスパー・ゲノム編集ツールが発明された今、同様の会議を開くべきだと確信した。

その最初の一歩は、アシロマ会議の主催者二人に参加を求めることだった。組換えDNA技術を発明したポール・バーグと、アシロマをはじめとする主な政策会議のほとんどに関わってきたデヴィッド・ボルティモアだ。「この二人が参加してくれたら、アシロマと直接つながった信頼性の高い会議になると思った」と、彼女は振り返る。

二人は参加を承諾してくれた。会議は、二〇一五年一月にサンフランシスコから北へ一時間ほどのリゾート地、ナパバレーで開くことになった。他に、ダウドナの研究室のマーティン・イーネックとサム・スターンバーグを含む、一八名の第一級の研究者が招待された。テーマは、遺伝するゲノム編集に関する倫理的問題である。

かつてアシロマでは主に、遺伝子組換え実験の安全性が議論されたが、ナパ会議では倫理的な問題に取り組むことをダウドナは決めていた。個人の自由を重視するアメリカでは、赤ちゃんのゲノム編集に関する決定は両親に委ねるべきなのだろうか？　赤ちゃんにゲノム編集を施し、遺伝的素質はランダムな自然のくじ引きに由来するという考えを捨てると、道徳的な共感はどの程度損なわれるのだろうか？　人類という種の多様性が失われる危険性はないだろうか？　あるいは、バイオ自由主義的な観点に立てば、より健康でより良い赤ちゃんを作る技術があるのなら、それを使わないことは、倫理的に間違っているのだろうか？(5)

会議では、生殖細胞系列のゲノム編集を完全に禁止すべきではない、というコンセンサスがすぐに得られた。参加者は、ドアを開いて可能性を残しておきたい、と考えていたのだ。彼らの目的は、アシロマに集まった人々の目的に似ていた。すなわち、ブレーキをかけるのではなく、前進する道を見つけることだ。やがてそれは、科学者による委員会や会議の大半のテーマになっていく。彼らは、今はまだ生殖細胞系列のゲノム編集を安全に行うことはできないが、そうなった時のために堅牢《けんろう》なガイドラインを定めなければならない、と考えたのである。

バイオテクノロジー産業の誕生――魔人をランプに戻せるか

ボルティモアは、ナパ会議を四〇年前のアシロマと異なるものにした、ある進展について警告した。「大きな違いは、バイオテクノロジー産業が誕生したことだ」と、彼は全員に向かって言った。「アシロマ会議が開かれた一九七五年には、巨大なバイオテクノロジー企業は存在しなかった。現在、十分な監視がなされないままバイオテクノロジーの商業的利用が進んでいることを、一般の人々は懸念している」。ゲノム編集に対する人々の反発を防ぎたいのであれば、白衣を着た科学者だけでなく、商業的動機を持つ企業も信頼するよう、人々を説得しなければならないが、その説得はかなり難しいだろう、と彼は言った。ウィスコンシン大学ロースクールの生命倫理学者アルタ・チャロは、営利企業との密接なつながりは、研究者の信頼性を損なう恐れがあると指摘した。「現在では、経済的関心が科学者の『白衣』のイメージを汚している」と、彼女は述べた。

参加者の一人が、社会的正義の問題を持ち出した。「ゲノム編集は高額になるはずだ。となれば、富裕層しか利用できないのではないか?」。ボルティモアは、確かにそれは問題だ、と同意したが、その技術を禁止する理由にはならない、と主張した。「それは根本的な問題ではない」と彼は言った。「すべてそういうものだ。コンピュータを見ればわかるように、大量に販売されるようになると、何でも安くなる。したがって、それは前進しない理由にはならない」。

生存能力のない胚のゲノムを編集する実験がすでに中国で行われているという噂《うわさ》についても語られた。核兵器の製造と違って、その技術は容易に広まり、責任ある研究者だけでなく、ならず者の医者やバイオハッカーも使うことができる。「わたしたちは本当に魔人をランプの中に戻すことができるだろうか?」と、参加者の一人は尋ねた。

参加者たちは、体細胞でクリスパーを用いて、遺伝しないゲノム編集を行うのは良いことだという合意に達した。それは有益な薬や治療法をもたらす可能性があるからだ。一方で、人々の懸念を払拭《ふっしょく》するために生殖系列細胞の編集には制限を設けるべきだ、と彼らは考えた。「生殖細胞系列のゲノム編集の進行を遅らせ、政治的に安全なスペースを設けて、体細胞でのゲノム編集の研究をぜひとも続行するべきだ」と、ある参加者は言った。

最終的に彼らは、少なくとも安全性や社会的問題への理解がさらに進むまで、生殖細胞系列でのゲノム編集を一時的に中止することを広く要請することにした。「生殖細胞系列ゲノム編集の社会的、倫理的、哲学的含意が――理想をいえば世界レベルで――適切にかつ徹底的に議論されるまで、科学コミュニティには一時停止ボタンを押したままでいてほしいと、わたしたちは考えた」とダウドナは言う。

「慎重な前進」が合言葉に

ダウドナは会議報告書の草稿を作成し、他の参加者に回覧した。そして彼らの提案を取り入れた後、三月にそれをサイエンス誌に投稿した。その題名は、『遺伝子工学と生殖細胞系列遺伝子修正への慎重な前進』である。[6] 彼女は主な執筆者だったが、ボルティモアとバーグの名前が最初に記載された。アルファベット順の偶然により、アシロマの先駆者である二人が先頭に立つことになったのだ。

その報告書は、「生殖細胞系列編集」の意味と、その境界線を越えることが科学的にだけでなく倫理的にも大きな一歩になる理由を語った。「現在では、動物の受精卵や胚のゲノムを改変できるようになり、生物のあらゆる分化細胞の遺伝子構成を変え、その変化を子孫に確実に継承させることが可能になった」と彼らは記した。「生殖細胞系列における遺伝子操作の可能性は、一般市民のあいだで長年にわたって興奮と不安の源となってきた。とりわけ病気治療への応用から始まった『滑りやすい坂』が、同意しがたい厄介な利用法へ向かうのではないか、という懸念は強い」。

ダウドナが期待した通り、その記事は国中の注目を集めた。ニューヨーク・タイムズ紙は一ページ目にニコラス・ウェードによる記事を、バークレーの机に向かうダウドナの写真とともに掲載し、「科学者、ヒトゲノム編集手法の禁止を求める」という見出しをつけた。[7] しかし、その見出しは誤解を招く恐れがあった。実際、ナパ報告書に関する報道の大半では、重要なポイントが見落とされていた。当時の他の科学者と違って、[8] ナパ会議の参加者は、あえて禁止令やモラトリアムは求めなかった。それらは時が経つにつれて解除が難しくなるからだ。彼らは、安全で医学的に必要であれば生殖細胞系列のゲノム編集をしてもよい、という可能性を残しておきたかったのだ。その報告書の題名で「慎重な前進」を訴えたのはそのためであり、以後、生殖細胞系列ゲノム編集に関する科学会議の多くで、その言葉は合言葉になった。

二〇一五年四月、中国の胚の研究

ナパ会議の間にダウドナは不穏な噂を耳にした。中国の科学者グループがクリスパー・キャス9を使って、初期段階のヒト胚でゲノム編集を行ったというのだ。理論上、それは遺伝する変化をもたらすはずだった。幸い、それらの胚には生存能力がなく、母親の子宮に着床されることはなかった。しかしこの実験が行われたことが事実なら、善良な政策立案者の計画は、研究者の熱意によって再び崩壊することになるだろう。[9]

ナパ会議が開かれていた二〇一五年一月、この実験について述べた論文は発表されていなかったが、存在は漏れ伝わっていた。権威あるサイエンス誌とネイチャー誌から却下された後、あちこちの雑誌に売り込まれ、最終的に中国のほぼ無名の雑誌、『プロテイン＆セル』に受理され、二〇一五年四月一八日、オンラインで公開された。

論文によると、広州の大学の研究者たちが、クリスパー・キャス9を使って、八六個の生存能力のないヒト胚のゲノムから、鎌状赤血球貧血症に似た血液疾患であるβサラセミアの原因になる変異遺伝子を切断したそうだ。[10] 研究者たちは、その胚を育てて赤ちゃんにすることを意図していなかったため、境界線は越えていないものの、つま先はすでにその線上にあった。クリスパー・キャス9が初めて生殖細胞系列でのゲノム編集に利用され、将来の世代に遺伝する可能性のある変更を加えたのだ。

バークレーのオフィスでその論文を読んだ後、ダウドナはサンフランシスコ湾を眺めながら、「呆然とし、少し気分が悪くなった」と後に語っている。世界中の科学者が、自分とシャルパンティエがつくり出した技術で同様の実験を行っているかもしれない。それは意図しない結果をもたらす可能性があり、世間の反感も招くだろう、と彼女は案じた。中国での実験についてNPRの記者に質問された時、彼女は、「生殖細胞系列でクリスパー・キャス9を臨床応用する準備はまだ整っていません」と答えた。「この技術の応用は、科学的、倫理的問題についてより広範な社会的議論がなされるまで、保留すべきです[11]」。


禁止すれば医療進歩に水をさし、ブラックマーケットが生まれるかも

ナパ会議と中国での胚ゲノム編集実験は、議会の興味をかき立てた。エリザベス・ウォーレン上院議員が議会の説明会を開き、ダウドナは証言するためにワシントンへ向かった。友人で、クリスパーの先駆者であるジョージ・チャーチが同行した。その説明会は立ち見が出るほど人気を集め、一五〇人以上の上院議員、下院議員、記者、政府機関の関係者が部屋を埋めた。ダウドナはクリスパーの歴史を語り、細菌がウイルスに対抗する方法についての純粋な「好奇心」から始まった研究であることを強調した。そして、クリスパーでヒトゲノムを編集するには、身体の適切な細胞にそれを届ける方法を見つける必要があるが、初期段階の胚で行えば、その作業は比較的容易だ、と説明した上で、「けれども、そのような形でゲノム編集を行うことは、はるかに大きな倫理的論争をもたらすでしょう」と警告した。[12]

ダウドナとチャーチは、遺伝性のゲノム編集についての見解を、ネイチャー誌で相次いで発表した。二人の立場はいくらか対立したが、どちらも、科学者がその問題を真剣にとらえており、政府による規制を望んでいないことを強調した。「ヒト生殖細胞系列に対するバイオエンジニアリングに関する意見は、ばらつきが大きい」と、ダウドナは記している。「わたしの考えでは、全面的に禁止すると、将来の治療につながる研究を妨げる恐れがあり、また、クリスパー・キャス9が広く容易に利用できることを考えると現実的でもない。したがって、全面禁止ではなく、妥当な折衷案を見つけて堅牢な合意を結ぶことが望ましい」[13]。チャーチはより積極的で、ゲノム編集の研究は生殖細胞系列に関しても続行すべきだと主張した。「生殖細胞系列でのゲノム編集を禁止すべきかどうかを論じるよりも、その安全性と有効性を向上させる方法について議論すべきだ」と彼は記している。「生殖細胞系列のゲノム編集を禁止すれば、最高の医療研究に水を差すだけでなく、その実践を地下にもぐらせ、ブラックマーケットや無秩序な医療ツーリズムに向かわせる恐れがある」[14]。

チャーチの熱意は、ハーバードの同僚で著名な心理学教授スティーブン・ピンカーに伝染し、彼は一般紙のボストン・グローブ紙でそれを喧伝した。「現代の生命倫理学の主な道徳目標は、一言で言えば、『邪魔するな』ということだ」。さらに彼は、生命倫理学者という職業全体に容赦ない一撃を加えた。「『尊厳』、『神聖さ』、『社会正義』といった曖昧だが破壊力のある原理に基づく官僚主義、モラトリアム、起訴の脅威によって研究を停滞させるような生命倫理は、倫理的とは言い難い。わたしたちが最も不要とするのは、倫理学者と呼ばれる人々の集団だ(15)」。

二〇一五年一二月、国際サミット

ナパバレーでの会議の後、ダウドナとボルティモアは、生殖細胞系列ゲノム編集の規制について話し合うために、世界規模の会議を開くことを米国科学アカデミーと世界各地の姉妹機関に提案した。その結果、同アカデミーの主導で、二〇一五年一二月初めの三日間、ワシントンで第一回ヒトゲノム編集国際サミットが開催されることになった。五〇〇人を超える科学者、政策立案者、生命倫理学者と、少数の患者や病気の子どもを持つ親が参加し、ダウドナとボルティモアのほか、フェン・チャン、ジョージ・チャーチ、エマニュエル・シャルパンティエといったクリスパーの先駆者が顔を並べた。共同開催者には、中国科学院とイギリスの王立学会も含まれた(16)。

ボルティモアが開会の挨拶を述べた。「一九世紀のダーウィンとメンデルの研究に始まる歴史的プロセスの一部として、わたしたちは今ここにいます。人類の歴史における新たな時代の入り口にいるのかもしれません」。

北京大学の代表が、中国は生殖細胞系列のゲノム編集を行わせないための安全策を講じていると断言した。「生殖を目的とするヒトの配偶子、接合子、胚の遺伝子操作は禁止されています」。

参加者とジャーナリストが多かったので、会議は議論の場というより、あらかじめ準備されたプレゼンテーションの場になった。結論さえ事前に用意されていた。重要な結論は、その年の初めにナパ会議が出した結論とほぼ同じだった。生殖細胞系列のゲノム編集は、厳しい条件が満たされるまで控えるべきだとしながらも、「モラトリアム」や「禁止」という言葉は使わなかった。

このサミットで採用された条件の一つは、生殖細胞系列のゲノム編集は「提案された臨床応用の適切さについて幅広い社会的合意がなければ」進めてはならない、というものだ。以後、「幅広い社会的合意」の必要性は、生殖細胞系列ゲノム編集の倫理に関する議論で、マントラのごとく唱えられるようになる。それは目標としては立派だった。しかし、中絶をめぐる論争が示すように、議論が常に、幅広い社会的合意につながるわけではない。サミットを主催した米国科学アカデミーのメンバーはそれをよく知っていた。彼らはこの問題について議論するよう国民に呼びかける一方で、二二名の専門家からなる委員会を立ち上げ、生殖細胞系列のゲノム編集を一時停止《モラトリアム》にすべきかどうかについて、一年かけて検討させた。

妥当な折衷案

二〇一七年二月に発表されたその委員会の最終報告書では、禁止やモラトリアムは要請されなかった。その代わり、生殖細胞系列ゲノム編集を行う際に満たすべき基準のリストが示された。そのリストには、「妥当な代替手段が存在しない」、「重篤な疾患や状態の予防に限定する」のほか、近い将来、満たせそうな基準がいくつか含まれた。[17] 注目すべきは、二〇一五年の第一回ヒトゲノム編集国際サミットの報告書にあった重要な制限の一つが外されたことだ。それは「幅広い社会的合意」の必要性である。この二〇一七年の報告書はそれには言及せず、その代わり、「一般からの広く継続的な参加と意見」を求めただけだった。

生命倫理学者の大半は落胆したが、ボルティモアやダウドナを含む多くの科学者は、この報告書は「妥当な折衷案」を見出したと感じた。医療研究に携わる人々はそれを、慎重な前進を許可する黄色信号と見なした[18]。

イギリスでは、独立した立場の生命倫理組織として国内で最も権威あるナフィールド生命倫理評議会が、二〇一八年七月に報告書を作成したが、その指針はさらに自由主義的《リベラル》だった。「ゲノム編集には、ヒト生殖分野に変革をもたらす技術を生み出す可能性がある」と、それは結論づけた。「遺伝性のゲノム編集は、未来の人々の幸福、社会の正義および連帯と調和する限り、明確な道徳的禁止事項のいずれにも違反しない」。同評議会は、ゲノム編集を病気の治療に利用することと、遺伝的強化のために利用することの境界をぼやかそうとさえした。その報告書の要約に「ゲノム編集は、将来……感覚や能力の強化のために利用できる」とある。その報告書は生殖細胞系列ゲノム編集への道を開いたと解釈され、実際その通りになった。ガーディアン紙の見出しにはこうあった。「英倫理団体、遺伝子操作ベビーにゴーサイン[19]」。

プーチンいわく、恐れを感じず戦う兵士が生まれるかもしれない

米国科学アカデミーとイギリスのナフィールド生命倫理評議会は、生殖細胞系列ゲノム編集に対するリベラルなアプローチを支持したが、両国ではそれに対していくつか制限が課された。米議会は、「ヒト胚を意図的に作成あるいは修正し、遺伝する変更を加える」治療法を、アメリカ

食品医薬品局（ＦＤＡ）が審査することを禁止する条項を可決した。バラク・オバマ大統領の科学アドバイザーであるジョン・ホルドデンは「臨床目的の生殖細胞系列の改変は、現時点では越えてはならない一線だと政府は考えている」と明言し、国立衛生研究所（ＮＩＨ）の所長であるフランシス・コリンズは、「ＮＩＨは、ヒト胚を対象とする遺伝子改変研究には一切、助成を行わない」と発表した。[20] 同様にイギリスにおいても、ヒト胚のゲノム編集はさまざまな規制によって制限された。しかし、イギリスでもアメリカでも、生殖細胞系列ゲノム編集を禁じる絶対的で明確な法律はなかった。

ロシアでは、ヒトへのゲノム編集技術の使用を禁止する法律は存在せず、二〇一七年にプーチン大統領は、クリスパーの可能性を大いに宣伝した。プーチンはその年の青少年フェスティバルで、ゲノム編集された人間、たとえば超兵士などを作る利益と危険性について語った。「自然、あるいは宗教家が神と呼ぶものが作った遺伝暗号に足を踏み入れる機会を人間は得た。望ましい特性を備えた人間を科学者が作ることを想像する人もいるだろう。そうして生まれるのは、数学の天才や優れた音楽家かもしれないが、恐れや思いやり、慈悲や痛みを感じることなく戦うことのできる兵士かもしれない[21]」。

中国では、少なくとも見たところ、より厳格な政策がとられていたようだ。ヒト胚のゲノム編集を明確に禁じる法律はないが、それを防ぐ、あるいは防ぐと考えられている規制やガイドラインがいくつかあった。たとえば、二〇〇三年に衛生部［現・国家衛生健康委員会］が改訂した「人類補助生殖技術規範」には、「生殖を目的とする、ヒト配偶子、接合子および胚の遺伝子操作を禁止する」と明記されている。[22]

中国は世界で最も管理された社会の一つであり、診療所で起きることはほぼすべて、政府に筒抜けになっている。広州生物医薬・健康研究院の院長で、尊敬されている若手の幹細胞研究者、裴端卿《ペイ・ドゥアンチン》は、ワシントンで開かれた第一回ヒトゲノム編集国際サミットの運営委員会のメンバーに、「ヒト胚のゲノム編集は中国では行われない」と断言した。

そういうわけで、裴端卿と志を同じくする世界中の仲間は、二〇一八年一一月、第二回ヒトゲノム編集国際サミットに出席するために香港を訪れた時に、数々の高尚な審議が行われ報告書が慎重に作成されたにもかかわらず、人類という種が突然、何の前触れもなく、新たな時代に突入したことを知り、大いにショックを受けた。

第六部

クリスパー・ベビー誕生

CRISPR Babies

新種の生物は、創造主であり源であるわたしを祝福するでしょう。
多くの幸福で優れた性質は、わたしのおかげで存在するのです。
――メアリー・シェリー、
『フランケンシュタイン、あるいは現代のプロメテウス』、一八一八年

第37章　賀建奎《フー・ジェンクイ》——赤ちゃんを編集する

コールド・スプリング・ハーバー研究所でダウドナと自撮りする賀建奎

ジェンクイのライス大学での師、遺伝子工学者マイケル・ディーム

熱意あふれる起業家

賀建奎《フー・ジェンクイ》はオーウェルの名著のタイトルと同じ一九八四年に、中国南部に位置する湖南省新化県の極貧の村で生まれ、貧しい稲作農家の息子として育った。当時、村の平均世帯収入は年間一〇〇ドルだった。家が貧しく、教科書を買ってもらえなかったので、ジェンクイ（※）は村の本屋まで歩いていってそこで読んでいたそうだ。「わたしは小さな農家で育った」と彼は回想する。「夏になると、毎日のように脚についたヒルをむしり取っていた。自分のルーツを忘れることは決してないだろう(1)」。

そうした生い立ちは彼に、成功と名声への渇望を植えつけた。彼は学校のポスターや垂れ幕に書かれていた「科学の最前線を切り開け」という国のスローガンを胸に刻み、実際にその最前線を切り開くことになった。もっとも、彼を突き動かしたのは大いなる科学というより、大いなる熱意だった。

科学は愛国的学問だという信念に突き動かされ、若きジェンクイは自宅に簡素な物理実験室をつくり、実験に励んだ。学校で好成績をおさめた後、およそ九〇〇キロ東北にある安徽《あんき》省合肥《ごうひ》市の科学技術大学へ進み、物理学を専攻した。

その後、アメリカの四つの大学院に出願したが、合格したのはヒューストンのライス大学だけだった。ライス大学では、後に倫理調査の対象になる遺伝子工学者、マイケル・ディーム教授のもとで研究を行い、生物システムの優れたコンピュータ・シミュレーションを作成して注目を集めた。「ジェンクイはインパクトのある学生だ」とかつてディームは語っている。「彼はライスで優れた研究をした。将来、必ず大きな成功を収めるだろう」。

ジェンクイとディームは、各年にどの種類のインフルエンザウイルスが出現するかを予測する数学モデルを考案し、二〇一〇年九月にはクリスパーに関する地味な論文を共著した。それはウイルスDNAと一致するスペーサー配列が形成される仕組みを示すものだった。[2] ジェンクイは人気があり、社交的で、熱心なネットワーカー［コンピュータネットワークの利用者］だった。ライス大学中国人留学生会の会長になり、サッカー選手としても活躍した。「ライス大学は大学院生活を大いに楽しめる場所だ」と、彼は大学の広報誌で語った。「研究室の外でも、やるべきことはたくさんある。なんと、ライスにはサッカー場が六つもあるんだ！　最高だね」[3]。

彼は物理学で博士号を取得したが、未来を制するのは生物学だと考えていた。ディームは全米各地の学会にジェンクイを参加させ、スタンフォードの生物工学者スティーブン・クエイクに紹介した。クエイクはジェンクイをポスドクとして自分の研究室に招き入れた。研究室の同僚は、ジェンクイは愉快で活力にあふれ、起業への熱意に溢れていたことを覚えている。

クエイクは自分が開発したシーケンシング技術を商品化するための会社を設立していたが、倒産の危機に陥った。ジェンクイは中国でならこのビジネスは成功すると確信し、祖国でその会社を興すことにした。クエイクはそれを強く支援した。「灰の中から不死鳥を蘇《よみがえ》らせるチャンス

※賀建奎という彼の名前は、英語でHe Jiankuiと表記され、フー・ジェンクイと発音する。家族名、すなわち名字はHeだ。しかし、Heと呼ぶと紛らわしいので、本書では下の名前でジェンクイと呼ぶ

だ」と、彼はパートナーの一人に意気揚々と語った。[4]

中国のシリコンバレー、深圳へ

中国はバイオテック起業家の育成に熱心だった。二〇一一年には、香港に隣接するおよそ人口二〇〇〇万人の新興都市、深圳《しんせん》に、革新的な南方科技大学を創設した。ジェンクイはこの大学のウェブサイトに掲載されていた求人に応募し、生物学准教授として雇用された。彼は自らのブログで「フー・ジェンクイ&マイケル・ディーム共同研究室」の設立を発表した。[5]

中国政府は遺伝子工学を、国の経済を発展させ、アメリカとの競争に勝つために欠かせないものと見なし、さまざまな形でその分野での起業を奨励したり、海外で学んだ研究者を呼び戻したりしていた。ジェンクイはそのうちの二つから恩恵を得た。「千人計画」と、深圳市による「孔雀《くじゃく》計画」である。

二〇一二年七月、彼がクエイクの技術をベースにしたシーケンサーを作る企業を起こした時、深圳の孔雀計画は、設立資金として一五万六〇〇〇ドルを提供した。「スタートアップ、特にベンチャーキャピタリストを支援することにかけて、シリコンバレーに並ぶほど気前のよい深圳にわたしは惹《ひ》かれた」と、ジェンクイは後に『北京週報』に語った。「わたしは伝統的な意味での教授ではなく、研究者タイプの起業家でありたいと思っている」。

続く六年間で、ジェンクイの会社は政府からおよそ五七〇万ドルの資金提供を受けた。二〇一七年までに、同社のシーケンサーは売り出され、ジェンクイが三分の一の株式を保有するその企業の価値は、三億一三〇〇万ドルに達した。「この装置の開発は技術上の大きなブレイクスルーであり、シーケンシングの費用対効果、スピード、質を大幅に向上させるだろう」と、ジェンクイは述べた[6]。その装置でゲノムを解析した論文において彼は、シーケンサー市場を支配するアメリカ企業イルミナに言及し、自分たちが出した結果は「イルミナに匹敵する性能を示した」と主張した[7]。

中国の国営メディアは、ロールモデルになる革新者を熱心に探していた。そんな祖国で、人あたりがよく名声を渇望するジェンクイは、科学者として少々有名になっていった。二〇一七年後半、CCTV放送網は、国内の若い科学起業家を紹介するシリーズを放送した。愛国的な明るい音楽が流れる中、ジェンクイが映し出され、自社のシーケンサーについて語った。ナレーターは、アメリカ製のものより高性能で処理速度が速い、と紹介した。「わたしたちの機械は世界に衝撃を与えた、と言った人がいる」と、ジェンクイは笑みを浮かべ、カメラに向かって言い放った。「そう、まさにその通りだ！　わたし、フー・ジェンクイはやり遂げた。世界を驚かせたのだ！」[8]。

当初、ジェンクイはそのシーケンサーで発生段階の初期にあるヒト胚のゲノムの配列を解析して、疾患遺伝子の有無などを調べていた。しかし、二〇一八年初頭には、ヒトゲノムを解読するだけでなく編集する可能性について検討しはじめた。「数十億年にわたって生物はダーウィンの進化論に従って、すなわちＤＮＡのランダムな変異と選択と繁殖によって、進化してきた」と彼は自身のウェブサイトに記した。「現在、シーケンシングとゲノム編集は、進化をコントロールする強力なツールをもたらした」。自らの目標は、ヒトゲノムを一〇〇ドルでシーケンシングして、問題があればそれを修正することだと彼は言った。「遺伝子の配列がわかれば、クリスパー・

キャス9を使って特定の性質に対応する遺伝子を挿入、編集、削除できる。疾患遺伝子を修正すれば、わたしたち人類は、急速に変化する環境の中で、よりよく生きられるようになるだろう」。しかし、彼はゲノム編集を強化に使うことには反対だと述べた。「わたしが支持するのは、病気の治療と予防のためのゲノム編集であり、強化やIQ向上のためではない。そのようなゲノム編集は社会にとって無益だ」と、ソーシャルメディアサイトWeChatへの投稿に書いている。(9)

ネットワーカーとしてアメリカへ、ダウドナと出会う

ウェブサイトとソーシャルメディアへのジェンクイの投稿は、中国語で書かれていたので、欧米ではあまり注目されなかった。しかし、彼は熱心なネットワーカーで、あちこちの学会にも顔を出し、アメリカの科学コミュニティで人脈を広げていった。

二〇一六年八月には、コールド・スプリング・ハーバー研究所で開かれたクリスパーの年次会議に出席した。「先ほど閉会したばかりのコールド・スプリング・ハーバー・ゲノム編集会議は、この分野の第一級のイベントだ」と彼はブログで自慢した。「フェン・チャン、ジェニファー・ダウドナをはじめとする大物が顔を揃えた！」。その投稿には、ジェームズ・ワトソンの肖像画が飾られた講堂で、ダウドナと並んで座るジェンクイの自撮り写真が添えられていた。(10)

その数か月後の二〇一七年一月、ジェンクイはダウドナにメールを送った。他のクリスパー研究の第一人者にもそうしたように彼は、次のアメリカ訪問時にお目にかかれないでしょうか、とダウドナに尋ねた。「わたしは中国でヒト胚のゲノム編集の有効性と安全性を向上させる技術について研究しています」と彼は記した。そのメールが届いた時、ダウドナは、「ゲノム編集の課

題と可能性」をテーマとする小規模なワークショップの開催を手伝っていた。ナパバレーの会議から丸二年が過ぎた当時、倫理的問題の研究を支援するテンプルトン財団の資金提供によって、クリスパーに関する一連の討論会《ワークショップ》が開かれることになった。バークレーで開くその初回には、二〇名の科学者と倫理学者が招待されたが、海外からの参加者はいなかった。「あなたの参加を歓迎します」と、ダウドナはジェンクイに返信した。もちろんジェンクイは嬉々としてその招待に応じた。[11]

ワークショップの冒頭で、ジョージ・チャーチは公開講演を行った。チャーチは、人間の能力の強化を含む、生殖細胞系列ゲノム編集の可能性について語り、有益な影響をもたらす遺伝子変異の一覧をスライドで示した。その中には、ＡＩＤＳの原因となるＨＩＶウイルスの受容体を作る*ＣＣＲ５*遺伝子を変異させることも含まれた。[12] ジェンクイはそのオフレコのワークショップについて、ブログにこう記している。「そこでは数々のきわどい問題をめぐって激しい議論が交わされ、火薬の匂いが漂っていた」。特に興味をそそるのは、二〇一七年二月に発表されたばかりの、第一回ヒトゲノム編集国際サミットに関する最終報告を、ジェンクイがどう解釈したかだ。彼はそれを「ヒトゲノム編集への黄色信号」と呼んだ。つまりその報告書を、「当面は遺伝するヒト胚のゲノム編集を行わないように」と呼びかけるものではなく、「慎重に進めてもよい」というシグナルと捉えたのである。[13]

当時は誰も注目しなかった

ワークショップの二日目、ジェンクイが発表する番になった。「ヒト遺伝子胚編集の安全性」

と題した彼の発表はぱっとしなかったが、一つだけ興味をひく点があった。それは、彼が研究中のCCR5遺伝子編集についての説明である。CCR5は、初日の講演でチャーチが、生殖細胞系列ゲノム編集の有望な候補として挙げた遺伝子だ。ジェンクイは、HIVウイルスの受容体タンパク質を生成するこの遺伝子をどのように編集したかを説明した。その実験で使ったのは、マウスやサルの胚、それに不妊治療クリニックで廃棄された生存能力のないヒト胚だった。

生存能力のないヒト胚でのクリスパーを用いるCCR5遺伝子の編集は、すでに中国の他の研究者が行い、倫理に関する国際的議論を引き起こしていたので、ジェンクイの発表はこの会合ではそれほど注目されなかった。「彼の話は特に印象に残らなかった」と、ダウドナは言う。「彼は人に会うことに熱心で、それなりに受け入れられていたが、重要な論文は一つも発表していなかったし、重要な研究をしているようにも見えなかった」。ジェンクイがダウドナに、客員研究員として研究室に入れてもらえないか、と尋ねた時、彼女はその厚かましさに驚いた。「わたしは話をそらした」と、彼女は言う。「まったく興味がなかったから」。ダウドナやそのワークショップに参加した他の人々を驚かせたのは、胚に遺伝性のゲノム編集を施すことに付随する倫理的問題を、彼が少しも気にかけていないように見えたことだった。[14]

ジェンクイはその後も人脈作りと学会めぐりを続け、その年の七月には、コールド・スプリング・ハーバー研究所で開かれたクリスパーの年次会議に再び現れた。ストライプのシャツに身を包み、黒髪をなでつけた彼は、同年初めにバークレーで行ったのとほぼ同じ内容の講演を行い、再びあくびと冷笑を招いた。彼は最後に、遺伝子治療を受けた後に亡くなった若者、ジェシー・ゲルシンガーについて報じるニューヨーク・タイムズ紙の記事をスライドで示し、「たった一つの失敗がその分野全体を台無しにするかもしれない」と、訓戒めいた言葉で話を終えた。おざなりな質問が三つなされただけだった。彼の実験がブレイクスルーをもたらすとは誰も思わなかった。(15)

赤ちゃんを編集する

二〇一七年七月にコールド・スプリング・ハーバーで行ったこの講演で、ジェンクイは、廃棄された生存能力のないヒト胚で*CCR5*遺伝子を編集したことについて説明した。この時、彼が言わなかったのは、遺伝子修正を施した赤ちゃんを誕生させる目的で、生存能力のあるヒト胚でゲノムを編集する計画をすでに立てていたことだ――つまり、次世代以降に遺伝する生殖細胞系列のゲノム編集を企てていたのだ。四か月前に彼は、深圳の和美《ハーモニケア》婦児科医院に医療倫理申込書を提出していた。「わたしたちはクリスパー・キャス9を用いて、胚のゲノムを編集することを計画している」とそれには記されている。「編集された胚は女性に移植され、妊娠をもたらすだろう」。彼の目的は、エイズにかかった夫婦がＨＩＶウイルスに感染しない赤ちゃんを産み、ひいては子孫もすべてＨＩＶウイルスに感染しないようにすることだった。

精子の洗浄や、着床前に健康な胚をスクリーニングするといった、出産を介してのＡＩＤＳ感染を防ぐもっと簡単な方法があったので、この処置は医学的に必要なものではなかった。またそれは、明らかな遺伝性疾患の治療というわけでもなかった。*CCR5*遺伝子は一般的な遺伝子で、おそらく複数の存在理由があり、ウエストナイル熱を防ぐ助けにもなっていた。つまり、ジエンクイの計画はいくつもの国際会議で合意されたガイドラインに適合していなかったのだ。

しかし、その計画は、歴史的ブレイクスルーを成し遂げ、中国科学の名声を高めるチャンスをジェンクイにもたらすはずだった。少なくとも彼はそう考えていた。医療倫理申込書で彼はその計画を「二〇一〇年にノーベル賞を受賞した体外受精技術」と比較して、「これは科学と医学の偉大な業績になるだろう」と記した。病院の倫理委員会は満場一致でその遂行を認めた。[16]

中国にはHIV陽性者が約一二五万人いて、その数は今も増えている。なお悪いことに、各地で患者に対する差別が横行している。ジェンクイは北京のAIDS支援団体の協力を得て、実験の被験者として、夫がHIV陽性で妻がHIV陰性である夫婦を二〇組募集した。二〇〇組を超すカップルが興味を示した。

ガイドラインを越えて治療する

二〇一七年六月、選ばれた二組のカップルが、深圳にあるジェンクイの研究室を訪れ、その臨床試験について説明を受け、参加を望むかどうかを尋ねられた。この打ち合わせの様子は、ビデオ撮影された。ジェンクイは同意書について一通り説明した。「被験者として、あなたのパートナーはAIDSと診断されているか、HIVに感染している」と、そこに書かれていた。「この研究プロジェクトは、あなたがHIV耐性を持つ子どもを産む手助けになるだろう」。二組のカップルは実験への参加に同意し、他の時期に採用された五組も同様だった。彼らは三一個の胚をつくり、そのうち一六個でジェンクイは編集を行うことができた。一一個は着床で失敗したが、二〇一八年の晩春までに、一人の母親に双子の胚を、別の母親に一つの胚を移植できた。[17]

ジェンクイが行った処置には、父親の精子を採取し、洗浄してHIVウイルスを除去した後に母親の卵子に注入する、というプロセスが含まれた。受精卵のＨＩＶ感染を防ぐには、おそらくそれで十分だ。しかし、彼が目指したのは、その子どもを、生涯にわたってＨＩＶに感染しないようにすることだった。そのため彼は、*CCR5*遺伝子を標的とするクリスパー・キャス９を受精卵に注入した。そしてペトリ皿の中で五日ほど成長させ、二〇〇以上の細胞を持つ初期胚になると、ＤＮＡの塩基配列を調べて編集がうまくいったかどうかを確認した。(18)

アメリカの知人たちの後悔

ジェンクイは二〇一七年にアメリカを訪問した時に出会った研究者数人に、自分の計画をほのめかした。その多くは後に、彼をもっと強く止めなかったことや、内部告発しなかったことを悔いている。中でも注目すべきは、スタンフォード大学の神経生物学者で生命倫理学者のウィリアム・ハールバットがその計画を知っていたことだ。ハールバットは二〇一七年一月にバークレーで開かれたワークショップの主催者の一人だ。後に彼が電子ジャーナルのスタット誌に語ったところによると、ジェンクイとは、「何度か、科学と倫理について、四、五時間、語り合った」。そして、ジェンクイが生児出生［生きた赤ん坊を産むこと］に至るヒト胚のゲノム編集に取り組んでいることを知り、「彼にその取り組みの現実的な意味と倫理的な意味を理解させようとした」。しかし、ジェンクイは、生殖細胞系列のゲノム編集に反対しているのは「非主流派」だけだと主張し、その編集によって恐ろしい病気を避けることができるのなら、なぜそれに反対するのか、と尋ねた。ハールバットはジェンクイは「自分の研究を社会に役立てようとする善意の人」ではあるが、「挑発的な研究、名声、国の科学的競争力、一番であること」を重視する科学文化に駆り立てられている、と評した。[19]

またジェンクイは、スタンフォード・メディカル・スクールの卓越した幹細胞研究者であるマシュー・ポルテウスにも自分の研究を打ち明けた。「大いに驚き、唖然とした」とポルテウスは振り返る。二人は、科学データについて穏やかに話し合っていたが、ジェンクイからその計画を明かされたポルテウスは、それを恐ろしいと思うありとあらゆる理由を、三〇分にわたって彼に説明した。[20]

「医学上の必要性はない」とポルテウスは言った。「すべてのガイドラインに反する行為だ。きみは遺伝子工学の分野全体を危険にさらそうとしている」。上からの指示でやっているのか、とポルテウスは尋ねた。

「いいえ」とジェンクイは答えた。

「先へ進む前に、きみは中国の当局者と話し合う必要がある」と、ポルテウスは怒りを露わにして警告した。

するとジェンクイは押し黙り、顔を紅潮させて部屋から出て行った。「わたしが否定的な反応をするとは思っていなかったのだろう」とポルテウスは言う。

後に彼は、もっと何かできなかったのか、と自分を責めた。「わたしのことを愚かだと思う人もいるだろう」と彼は言う。「彼がわたしのオフィスにいる間に、中国の上層部の人々に二人でメールを送ることを主張すればよかった」。もっとも、他の人に明かすことをジェンクイが許したとは思えない。「彼は、事前に誰かに話すと、その実験を邪魔されると思っていた」とポルテウスは言う。「しかし、最初のクリスパー・ベビーを誕生させることができたら、誰もが偉業として認めるはずだと考えていたのだ」[21]。

ゲノム編集ベビーをつくる最初の人になりたい

ジェンクイは、ポスドク時代の指導教官だったスタンフォードのスティーブン・クエイクにも打ち明けていた。クエイクはシーケンシングの会社を興した起業家でもあり、二〇一二年には、自分の技術をベースにした会社をジェンクイが深圳に立ち上げるのを手伝った。早くも二〇一六年にジェンクイは、ゲノム編集ベビーを作る最初の人になりたいと言っていたそうだ。クエイクは、「恐ろしいアイデアだ」と言ったが、ジェンクイはあきらめようとしなかった。そこでクエイクは、適切な承認を得た上で行うようにと助言した。ジェンクイはメールで「あなたの提案に従って、世界で初めてゲノム編集された赤ちゃんを作る前に、現地で倫理的な承認を得るつもりです」と、クエイクに伝えた。後にニューヨーク・タイムズ紙の医療部門の記者、パム・ベルックがそのメールの内容を公にした。それには「どうか、内密に願います」と書かれていた。

「朗報です！」と、二〇一八年四月、ジェンクイはクエイクに宛てたメールに記した。「*CCR5*遺伝子を編集した胚を一〇日前に女性に移植しましたが、今日、妊娠が確認されました！」。

「やった！　すごい成果だ！」と、クエイクは返信した。「このままうまくいくといいね」。

スタンフォード大学は、この件に関して調査した後、クエイクをはじめ、ハールバットもポルテウスも何ら不正は行っていない、と宣言した。「調査の結果、スタンフォードの研究者たちは、強い懸念をフー博士に伝えていたことがわかった」と、大学は言明した。「フー博士が彼らの忠告を聞き入れず、実験を続行した時、スタンフォードの研究者たちは、適切な科学の慣行に従うよう強く促した」[22]。

アメリカの指導教官は否定

アメリカの協力者の中で、最も深く関与し、倫理的に問題があったのは、ライス大学でジェンクイの博士課程の指導教官を務めたマイケル・ディームだ。被験者夫婦との最初の打ち合わせを撮影したビデオ映像は、ジェンクイが胚のゲノム編集について説明する間、同じテーブルに着席しているディームの姿を捉えていた。「カップルが同意した時、アメリカ人教授はそれを見ていた」と、後にジェンクイは公言した。ジェンクイのチームのメンバーがスタット誌に語ったところによると、ディームは通訳を介して夫婦と話をしたそうだ。

ＡＰ通信のインタビューで、ディームは打ち合わせの間、中国にいたことを認めた。「被験者夫婦に会った」と彼は言った。「わたしは夫婦のインフォームド・コンセント［告知に基づく同意］のためにそこにいた」。また、ディームは、ジェンクイの行動を擁護した。しかし、その後、ディームが雇ったヒューストンの弁護士は、ディームの同席を撮影したビデオ映像があるにもかかわらず、彼はインフォームド・コンセントに関与していない、という声明を発表した。また、弁護士は、「ディームはヒトの研究をしておらず、このプロジェクトに関してもヒトの研究をしていない」と主張した。しかし、後に、ジェンクイがヒトゲノム編集実験について書いた論文に共著者としてディームの名前が記載されていたことが判明し、この主張の矛盾が露呈した。ライス大学は調査を始めると言ったが、二年経っても発表はなかった。二〇二〇年末までに、ライス大学のウェブサイトからディームの教員ページは削除されたが、大学は説明を拒みつづけた[23]。

著名な広報担当者を雇い、キャンペーン

被験者の妊娠週数が進んだ二〇一八年半ば、ジェンクイは自分の発表が世界を揺るがすニュースになることを確信し、それを利用しようと考えた。結局、彼の目的は、単に二人の子どもをAIDSから守るというだけでなく、名声を得ることでもあったのだ。そこで彼は、別のプロジェクトで一緒に働いたことのあるアメリカの著名な広報担当者、ライアン・フェレルを雇った。フェレルは、ジェンクイの計画は刺激的だと感じたので、広告代理店を辞めて、一時的に深圳に居を移した。(24)

フェレルはマルチメディアでの広告キャンペーンを計画した。その一環でジェンクイは、クリスパー・ベビー誕生についてAP通信の独占取材を受け、自分のウェブサイトとユーチューブで公開するために五本の映像を撮影した。さらに彼は、論文をマイケル・ディームと共著して、ネイチャー誌などの一流誌で発表することを計画した。また、ゲノム編集の倫理に関する論説も書いた。

その論説に、ジェンクイとフェレルは「治療目的の生殖補助医療の倫理原則の草案」というタイトルをつけ、クリスパー先駆者のロドルフ・バラングーと科学記者のケヴィン・デイヴィスが編集する新しい雑誌、クリスパー・ジャーナル誌に寄稿した。その草稿でジェンクイは、ヒト胚を編集するかどうかを決める際に従うべき五つの原則を挙げた。

苦境にある家族への慈悲――少数の家族にとって、遺伝性疾患を治療し、子どもを生涯にわた

る苦しみから救うには、早期の遺伝子手術が唯一実行可能な方法かもしれない。

虚栄心を満たすためではなく、重篤な疾患のみを対象とする——遺伝子手術は真剣な医療行為であり、美容、強化、男女の産み分けのために用いられるべきではない。

子どもの自律性を尊重する——生命はわたしたちの肉体を超えた存在である。

遺伝子によってあなたが決まるわけではない——DNAはわたしたちの目的や達成できることをあらかじめ決定するものではない。わたしたちは、自らの努力、栄養、社会や愛する人々からのサポートによって成長していく。

誰もが遺伝性疾患から解放されるべきである。——貧富の差が健康を左右してはならない。(25)

ジェンクイは、米国科学アカデミーなどが定めたガイドラインに従う代わりに、クリスパーを使ってHIVの受容体遺伝子を排除することを正当化できると、少なくとも自分が思う枠組みを構築したのである。その基盤にしたのは、現代の欧米の著名な哲学者が、時として強い説得力を持って提唱してきた道徳原則だ。当時デューク大学の教授だったアレン・ブキャナンもその一人だ。ブキャナンは、レーガン大統領の下で医療倫理委員会の哲学担当スタッフを務め、クリントン大統領の下では国立ヒトゲノム研究所の諮問委員会に参加した。権威ある生命倫理研究機関、ヘイスティングス・センターのフェローでもある。ジェンクイがヒト胚での*CCR5*ゲノム編集を決意する七年前、ブキャナンは影響力ある著書『Better Than Human（人間の強化）』で、そのアイデアを支持した。

ある望ましい遺伝子が存在するが、ごく少数の人しかそれを持っていないことが判明したとしよう。ＨＩＶ‐ＡＩＤＳの特定の株への耐性をもたらす遺伝子は、まさにそのような遺伝子だ。もしわたしたちが人類に広まるかどうかは「自然の知恵」に頼るか、「自然のなりゆきにまかせる」のであれば、この有益な遺伝子型が人類に広まるかどうかはわからない。……では、このような有益な遺伝子を、意図的な遺伝子改変によってはるかに迅速に広められるとしたらどうだろう。この遺伝子を睾丸に注入するか、もっと急進的には、体外受精を利用して多数のヒト胚に挿入するのだ。そうすればその遺伝子の恩恵を受け……ＡＩＤＳによる虐殺を避けることができるだろう。[26]

ブキャナンだけではない。ジェンクイが臨床試験を行った当時、血気盛んな研究者だけでなく、多くの真面目な倫理思想家が、*CCR5*遺伝子を例に挙げて、病気の治療や予防を目的とするゲノム編集は容認される、いやむしろ望ましい、と公言していた。

広報担当のフェレルは、ＡＰ通信の取材班（マリリン・マルキオーネ、クリスティーナ・ラーソン、エミリー・ワン）に独占取材の機会を与え、ジェンクイの研究室で行われた、生存能力のないヒト胚へのクリスパー注入の撮影さえ許可した。

フェレルのアドバイスを受けて、ジェンクイは研究室でカメラに向かって話す動画も制作した。最初の動画では、自分が決めた五つの倫理原則について概説した。「もしそれによって、幼い女の子や男の子を病気から守ることができるのであれば、また、多くの愛情に満ちたカップルが家族を作るのを手助けできるのであれば、遺伝子手術は健全な進歩だと言える」と彼は言った。彼はまた、病気の治療と、能力の強化をはっきり区別した。「遺伝子手術は重篤な病気の治療のためだけに使われるべきだ。ＩＱや運動能力を強化したり、肌の色を変えたりするために用いるべきではない。それは愛ではない」[27]。

次の動画では、「そのための道具を自然が与えてくれたのに、親がわが子を守らないのは非人道的だ」と感じる理由を説明した。三つ目の動画では、なぜＨＩＶを最初のターゲットに選んだのかを説明した。四つ目はジェンクイの研究室のポスドクの一人が、クリスパー編集の科学的な詳細を中国語で説明した[28]。五つ目の動画は、双子の赤ちゃんの誕生を発表できるようになってから制作することにした。

クリスパー・ベビー誕生――双子の女の子、ナナとルル

ＰＲ活動とユーチューブでの動画の公開は、赤ちゃんが誕生する予定の一月に向けて準備されていた。しかし、二〇一八年一一月初旬のある夕方、ジェンクイは母親が早産したという連絡を受けた。彼女が住む都市へ向かうため、ジェンクイは研究室の学生数人を引き連れて、深圳の空港に急行した。母親は帝王切開によって健康そうな双子の女の子を出産した。その双子はナナとルルと名づけられた。

出産が早まったので、ジェンクイは臨床試験の正式な説明書をまだ当局に提出していなかった。双子が生まれた後の一一月八日、ようやくそれは提出されたが、中国語で書かれていたので、欧米では二週間ほど気づかれなかった。(29)

また、彼は、以前から取り組んでいた論文を完成させた。それは「ゲノム編集でＨＩＶ耐性を獲得した双子の誕生」と題され、権威あるネイチャー誌に送られた。その論文は掲載に至らなかったが、わたしは、ジェンクイがそれを送ったアメリカ人研究者からコピーをもらったので、彼の科学に関する詳細を知り、彼の考え方を垣間見ることができた。(30)「初期胚の段階でのゲノム編集は、永続的に病気を治癒し、あるいは病原性感染症への耐性を付与する可能性がある」と彼は記している。「わたしたちはここに、ヒトゲノム編集による初の出産を報告する。胚の時に*CCR5*遺伝子編集を施された双子の女児が、二〇一八年一一月に正常かつ健康な状態で生まれた」。その論文の中でジェンクイは、自分が行ったことの倫理的価値を讃えた。「生命を脅かす遺伝性あるいは後天的な病気から解放された健康な赤ちゃんを望む何百万もの家族に、ヒト胚ゲノム編集は新たな希望をもたらすと期待できる」。

しかし、その論文には、いくつか気がかりな情報の断片が埋もれていた。ルルのゲノム編集では、関連する二本の染色体のうち、適切に改変されたのは一本だけだった。論文にはこう書かれている。「ナナの*CCR5*遺伝子の編集では、両方の対立遺伝子でフレームシフト変異［1～2塩基の欠損、あるいは挿入により翻訳がずれる変異］を起こさせることに成功した。一方、ルルの*CCR5*遺伝子はヘテロ接合［対立遺伝子が同一でない］であることが確認された」。つまり、ルルは二本の染色体上に異なるバージョンの*CCR5*遺伝子を持っており、彼女のシステムは依然として、HIVウイルスの受容体を生成しているのだ。

さらに、望ましくないオフターゲット遺伝子［標的でない遺伝子］の編集が起きたことや、両方の胚がモザイク［正常な細胞と異常な細胞が存在する胚］であったことも判明した。つまり、クリスパー編集が行われる前に何回も細胞分裂が起きたせいで、細胞の中には編集されていないものもあったのだ。それにもかかわらず、両親は両方の胚を着床させることを選んだと、ジェンクイは後に語った。ペンシルベニア大学のキラン・ムスヌルは、こうコメントしている。「生命の暗号をハックして、表向きは人間の赤ちゃんの健康状態を向上させようとした最初の試みは、実際にはハック・ジョブ［やっつけ仕事］だった」[31]。

衝撃のニュース、そして世界は新たな時代に突入

ジェンクイとその広報官であるフェレルは、二〇一九年一月にはネイチャー誌に論文が掲載されると思い込んでいたので、赤ちゃんが生まれた後も、一月までそれを秘密にしようとした。しかし、このニュースはあまりにも衝撃的で、隠し通すのは不可能だった。二〇一八年一一月、香港で第二回ヒトゲノム編集国際サミットが開催される直前に、クリスパー・ベビーのニュースは流出した。ジェンクイはそのサミットに出席することになっていた。

ＭＩＴテクノロジーレビュー誌の記者、アントニオ・レガラードは、科学知識と、スクープを嗅ぎつけるジャーナリストの勘を、あわせ持っている。一〇月に中国を訪れたレガラードは、偶然、ジェンクイとフェレルが同席するミーティングに招かれた。この時、ジェンクイたちは発表の準備を進めているところだった。ジェンクイは秘密を明かさなかったが、*CCR5*遺伝子に

ついて話していたので、レガラードは何かが進行中だと察知した。そこでインターネットを検索すると、ジェンクイが中国の臨床試験登録機関に提出した申請書が見つかった。一一月二五日、レガラードの記事が「特報：世界初のクリスパー・ベビーが中国で誕生」という見出しで、オンラインで公開された[32]。

レガラードのオンライン記事を受けて、この取り組みを独占取材していたAP通信のマルキオーネと同僚は、バランスのとれた詳細な記事を発表した。記事の最初の一文は、その瞬間のドラマをとらえている。「中国の研究者が、世界初のゲノム編集ベビーの誕生を助けたと主張——今月誕生した双子の女児のDNAを、生命の青写真を書き換える強力な新しいツールによって改変したと彼は言う[33]」。

倫理学者は生殖細胞系列のゲノム編集について高尚な議論を重ねてきたが、歴史を作ろうとする野心的な若い中国人科学者によって、突然、その議論は無意味なものになった。世界初の試験管ベビー、ルイーズ・ブラウンや、クローン羊のドリーが誕生したときと同様に、世界はいきなり新たな時代に突入したのだ。

その夜、ジェンクイはそれまでに作成した動画と、重大発表を収めた最後の動画をユーチューブで公開した。静かに、しかし誇らしげに、彼はカメラに向かってこう宣言した。

「数週間前、ルルとナナという名の、二人の可愛らしい中国人の女の子が、他の赤ちゃんと同じように、元気な産声をあげて誕生した。この子たちは今、お母さんのグレース、お父さんのマークと一緒に家にいる。グレースは通常の体外受精で妊娠したが、一つ普通と異なる点があった。わたしたちは夫の精子を彼女の卵子に送りこんだ後、遺伝子手術を行うための少量のタンパク質と指令書も送りこんだ。ルルとナナがたった一個の細胞だった時、この手術によってＨＩＶが侵入する入り口が取り除かれた。……マークが初めて娘たちに会った時、最初に語ったのは、『自分が父親になれるとは思っていなかった』という言葉だった。今、彼は生きる理由、歩く理由、目的を見つけた。お察しの通り、マークはＨＩＶに感染している。……わたし自身、二人の女の子の父親なので、他のカップルに愛情あふれる家庭を築くチャンスを与えることほど、社会にとって有益で素晴らしい贈り物はないと思う(34)」

第38章　香港サミット

登壇するフー・ジェンクイ

進行役のロビン・ラベル＝バッジ（左）、スタンフォードの幹細胞研究者
マシュー・ポルテウス（右）とジェンクイ

「赤ちゃん誕生」メールをジェンクイから受け取る

一一月二三日、ジェンクイのニュースが流れる二日前、ダウドナは彼からメールを受け取った。件名は劇的だった。「赤ちゃん誕生」。

彼女は当惑し、衝撃を受け、警戒した。「最初は偽メールか、さもなければ、ジェンクイは気がふれたのでは、と思った」と、彼女は言う。「こうしたことの件名を『赤ちゃん誕生』にするなんて、現実のこととは思えなかった」(1)。

メールには彼がネイチャー誌に送った論文の草稿が添付されていた。そのファイルを開いた時、すべて、まぎれもない現実なのだと、ダウドナは悟った。「その日は、感謝祭の翌日の金曜日だった」と彼女は回想する。「わたしはサンフランシスコのマンションで家族や旧友と過ごしていた。そこへいきなり、このメールが届いた」。

タイミングのせいでこのニュースはさらに注目を集めるだろうとダウドナは思った。四日後に香港で第二回ヒトゲノム編集国際サミットが開かれる。二〇一五年一二月にワシントンで開かれた初回サミットにつづく会合で、五〇〇人の科学者と政策立案者が出席することになっていた。ダウドナはデヴィッド・ボルティモアとともに主催者を務め、フー・ジェンクイも講演する予定になっていた。

当初、ダウドナと他の主催者は、招待講演者のリストにジェンクイを入れていなかった。しかし数週間前に、ジェンクイがヒト胚のゲノム編集を思い描いている、あるいは妄想しているという噂を聞いて、気が変わった。企画委員の中には、サミットに招待すれば、生殖細胞系列という一線を越えるのを思いとどまらせることができるのでは、と考える人もいた[2]。

ジェンクイの衝撃的な「赤ちゃん誕生」のメールを受け取ったダウドナはすぐ、ボルティモアの携帯電話の番号を探して連絡を取った。彼は香港へ出発する直前だった。相談した結果、ダウドナはフライトを変更して一日早く香港へ行き、今後どうすべきか他の主催者たちと話し合うことにした。

一一月二六日月曜日の明け方、ダウドナは香港に到着した。携帯電話の電源をオンにすると、ジェンクイが必死になってメールで連絡を取ろうとしていたことがわかった。「空港に着陸した瞬間、ジェンクイからのメールがどっと届いた」と、ダウドナはサイエンス誌のジョン・コーエンに語っている。ジェンクイは深圳から香港へ車で向かっているところで、早急にダウドナに会いたがっていた。「今すぐお目にかかりたい」とメールにはあった。「事態が手に負えなくなってしまったのです[3]」。

ダウドナは、まずはボルティモアや他の主催者に会いたいと思ったので、そのメールには返信しなかった。会議の出席者が宿泊するル・メリディアン・サイバーポート・ホテルでチェックインをすませて部屋に入ると、まもなくベルボーイがドアをノックした。ジェンクイからのメッセージカードを届けにきたのだ。それには、すぐ電話をください、と書かれていた。

ダウドナはホテルのロビーでジェンクイと会うことに同意したが、その前に、主催者の数名を四階の会議室に急ぎ招集した。その部屋に行くと、すでにボルティモアが着席していた。他に、ハーバード・メディカル・スクールのジョージ・デイリー、ロンドンのフランシス・クリック研究所のロビン・ラベル＝バッジ、全米医学アカデミーのビクター・ザウ、ウィスコンシン大学の生命倫理学者アルタ・チャロが同席した。彼らは皆、ジェンクイがネイチャー誌に送った論文を見ていなかったので、ダウドナはジェンクイがメールで送ってきた草稿を見せた。ザウは、「このままジェンクイに発表させるかどうか、大急ぎで話し合った」と振り返る。

発表させる、という結論がすぐに出た。むしろ、辞退させないことが重要だった。プログラム通りに単独で講演をさせ、クリスパー・ベビーを作るために使った技術と方法について質問することにした。

ジェンクイとの面会

一五分後、ダウドナはロビーでジェンクイに会った。ラベル＝バッジもついてきた。彼はジェンクイの発表の折に司会を務めることになっていた。三人でソファーに腰掛け、発表ではクリスパー・ベビーの実験をなぜ始めたのか、どのように進めたのかを正確に説明するようジェンクイに求めた。

ジェンクイは、当初予定していたスライドでの発表だけにして、クリスパー・ベビーの件には触れたくないと主張したので、ダウドナたちは戸惑った。ラベル＝バッジは普段からイギリス人らしい青白い肌をしているが、ジェンクイの話を聞くうちにますます蒼白《そうはく》になっていった。ダウドナは、「あなたはこの数年で最も激しい科学論争を巻き起こしたのだから、それについて語らないわけにはいかない」と言って、ジェンクイの主張がばかげていることを婉曲《えんきょく》に伝えた。彼は驚いたようだった。「彼は名声を求める一方で、妙に世間知らずだった」と彼女は回想する。「わざと爆発を起こしておきながら、何事もなかったかのようにふるまおうとした」。彼女は他の主催者たちとジェンクイとともに早めの夕食をとり、この問題について話し合うことにした。[4]
呆然となり、頭を振りながらロビーを出たダウドナは、そこで裴端卿《ペイ・ドゥアンチン》に出会った。ペイはアメリカで教育を受けた中国出身の幹細胞研究者で、広州生物医薬・健康研究院の院長である。「ご存知でしたか？」と、ダウドナは尋ねた。詳細を説明しても、彼はなかなか信じようとしなかった。ペイとダウドナは二〇一五年にワシントンで開かれた第一回ヒトゲノム編集国際サミット以来、多くの会議を通して親しくなった。ペイはアメリカの同僚に、中国には生殖細胞系列ゲノム編集に対する厳しい規制があることを繰り返し語っていた。「中国のシステムでは、あらゆることが慎重に管理され、何事にも認可が必要なので、このようなことが起きるはずはなかった」と、後にペイはわたしに語った。ジェンクイを交えての夕食会に、彼も参加することになった。[5]

広東料理ビュッフェで対面、険悪な雰囲気に

ホテルの四階にあるレストランでの広東料理のビュッフェの夕食は、緊迫した空気に包まれた。ジェンクイはレストランに入ってきた時から、自分がしたことを弁解する構えで、いくらか傲慢さが感じられた。彼はノートパソコンを取り出して、胚でゲノム編集を行ったときのデータとDNA配列を見せた。「わたしたちは次第に恐ろしくなった」と、ラベル＝バッジは回想する。彼らはジェンクイに質問を浴びせた。インフォームド・コンセントは監督下で行われたのか？　医学的に見て、生殖細胞系列のゲノム編集がなぜ必要だと思ったのか？　国際会議が採択したガイ

ドラインを読んだのか？　「そうした基準はすべて満たしていると思う」とジェンクイは答えた。大学と病院はこの計画をすべて知っていて、承認した、と彼は主張した。「しかし、世間のネガティブな反応を見て、彼らはそれを否定し、わたしを干そうとしている」。ダウドナが、生殖細胞系列のゲノム編集がＨＩＶ感染を防ぐために「医学的に必要」ではない理由をざっと説明すると、ジェンクイは感情的になった。「ジェニファー、あなたは中国のことをまったくわかっていない」と彼は言った。「中国では、ＨＩＶ陽性であることは、とてつもない恥辱なのです。わたしは彼らに普通の生活を送るチャンス、子どもを持つチャンスを与えたかったのだ」[6]。

夕食の席は、次第に険悪な雰囲気になっていった。一時間もすると、悲しそうにしていたジェンクイは突如として怒りを露わにした。いきなり立ち上がって、数枚の紙幣をテーブルの上に投げ出し、「殺すと脅迫されているので、マスコミに見つからないよう非公開のホテルに移る」と言ってレストランを出ていった。ダウドナは彼を追いかけた。「水曜日に出て来て、あなたの研究を発表してくださいね、それがとても重要だから」と彼女は言った。「来てくれますか？」。彼は躊躇《ちゅうちょ》した後に、出席を承諾したが、警備をつけてほしいと言った。彼は怯《おび》えていた。ラベル＝バッジが、香港大学に頼んで警察の保護を確保すると約束した。

ジェンクイは自分が英雄視されると思っていた

ジェンクイが反発したのは、一つには、自分は中国の英雄、いや世界の英雄として歓迎されると思っていたからだ。実際、中国の最初のニュースでは、そのように報じられた。政府機関紙『人民日報』は朝刊に「世界初の遺伝子組換えによるＡＩＤＳ抵抗性の赤ちゃんが中国で誕生」

という見出しで記事を載せ、ジェンクイの研究を「中国が遺伝子組換え分野で達成した画期的な偉業」と報じた。しかし、中国国内の科学者が彼の行動を批判しはじめると、流れはすぐに変わった。その日の夜までに、『人民日報』はこの記事をウェブサイトから削除した。(7)

ジェンクイがレストランを去った後、主催者たちはテーブルに残って、どう対応するかを話し合った。ペイがスマートフォンを見ると、中国の科学者グループがジェンクイを非難する声明を出したというニュースが届いていた。ペイは他のメンバーのためにそれを翻訳した。「直接的な人体実験は、狂気の沙汰としか言いようがない」と、それは宣言していた。「これは、とりわけ生物医学分野において、中国科学の世界的評判と発展にとって大きな打撃となる」。ダウドナはペイに、その声明は中国科学院が出したのかと尋ねた。そうではない、とペイは答えたが、一〇〇人を超す中国の著名な科学者が署名していたので、公式に承認されたものと見なすことができた。(8)

ダウドナたちは、ヒトゲノム編集国際サミットの主催者として自分たちも声明を出すべきだと考えた。しかし、強く出すぎたら、ジェンクイが発表をキャンセルする恐れがあった。後にダウドナは、正直言って、ジェンクイに発表させようとしたのは、科学的な動機からだけではなかった、と認めている。このニュースは世界的な話題になり、香港に注目が集まっていた。もしジェンクイが深圳に戻ってしまったら、歴史的瞬間を見逃すことになる。「わたしたちは当たり障りのない短い声明を出し、そのせいで批判を受けた」と彼女は言う。「それでも、彼が確実に登場するようにしたかった」。

ダウドナが仲間と夕食をとっていたあいだに、ジェンクイの大規模な宣伝キャンペーンが展開された。ユーチューブでは動画が公開され、彼が協力したAP通信の記事は拡散し、ゲノム編集の倫理に関するジェンクイの論説がクリスパー・ジャーナル誌によってオンラインで公開された（ただし、後にそれは撤回された）。「彼が未熟で傲慢な一方、驚くほど世間知らずであることに、わたしたちは衝撃を受けた」とダウドナは振り返る。[9]

発表を待つ会場は静まり返り、そしてジェンクイが登場した

二〇一八年一一月二八日水曜日の正午、いよいよジェンクイが発表する時間になった。[10] 進行役のラベル＝バッジは緊張した面持ちで登壇した。角縁の眼鏡をかけ、砂色がかったブロンドの髪を神経質そうに何度もかき乱す姿は、ウディ・アレンをさらにオタクにしたように見える。また、疲れているようにも見えた。後に彼はダウドナに、前夜は一睡もできなかったことを明かした。彼はメモを見ながら、聴衆に礼儀を守ることを求めた。まるで聴衆が壇上へ押し寄せるのを恐れているかのようだった。「どうか発表を邪魔しないよう、お願いします」と言い、画面を拭くかのように手を振り、こう付け加えた。「騒音や妨害がひどい場合には、わたしの判断で発表を打ち切ります」。しかし、聞こえてきたのは、後方に立っている数十人のカメラマンがシャッターを切る音だけだった。

ラベル＝バッジは、今日ジェンクイがここで講演することは、クリスパー・ベビーのニュースが出る前から決まっていたことを説明した。「この二日ほどの間に報道された彼の研究について、わたしたちは何も知りませんでした」と彼は言った。「実のところ、ジェンクイ・フー氏は今回の発表で使うスライドをわたしに送ってきましたが、今日彼が皆さんにお伝えするはずの研究に

関するものは、一切含まれていませんでした」。そう言うと、緊張した面持ちで周囲を見回し、こう告げた。「それでは、準備がよろしければ、ジェンクイ・フー氏にご登場いただき、研究について発表していただきましょう(11)」。

最初、誰も姿を見せなかった。聴衆は固唾をのんでステージを見つめた。「聴衆は、彼が本当に出てくるとは思っていなかったようだ」と、ラベル＝バッジは後に回想する。少しして、舞台の右側に立っていたラベル＝バッジのすぐ後ろから、黒っぽいスーツ姿のアジア系の若い男性が現れた。まばらな拍手が起きたが、やや困惑気味に止んだ。その男性はノートパソコンをいじってスライドが映るようにすると、続いてマイクを調整した。視聴覚技術者だとわかると、聴衆はぎこちない笑い声をもらした。「ご覧の通り、わたしは彼がどこにいるか知らないのです」と、ラベル＝バッジはノートを振りながら言った。

三五秒ほど、気味の悪い沈黙が続いた。このような場合、時が経つのは遅く感じられるものだ。会場は静まり返り、動きはなかった。ついに白いストライプのシャツを着た小柄な男性が、ステージの左手から少しためらいがちに、しかし急ぎ足で、現れた。膨らんだ黄褐色のブリーフケースを持っている。香港のややフォーマルな雰囲気の中で（ラベル＝バッジはスーツを着ていた）、ノーネクタイで、襟《えり》もとを開け、ジャケットも着ていない彼は、場違いに見えた。「彼は、世界を巻き込む巨大な嵐の中心にいる科学者というより、蒸し暑い香港でフェリーに乗るために急いでいるサラリーマンのようだった」と、科学記者のケヴィン・デイヴィスは後に書いている(12)。ラベル＝バッジはほっとしてジェンクイに向かって手を振り、彼が演壇に到着すると、耳元でこうささやいた。「手短に切り上げてほしい。質問の時間をとりたいのでね」。

一斉にカメラのフラッシュがたかれるなか

ジェンクイが話し始めたとたん、一斉にカメラのフラッシュがたかれ、激しいシャッター音にその声はかき消された。彼は驚いたようだった。最前列に座っていたデヴィッド・ボルティモアが立ち上がり、記者席の方を向いて叱りつけた。「シャッター音がうるさすぎて、ジェンクイの言葉が聞き取れなかった」と彼は言う。「だから、しばらくのあいだ撮影をやめさせた[13]」。

ジェンクイはおずおずと会場を見回した。つややかな顔は、三四歳という実年齢より若く見えた。「わたしの研究結果が思いがけず漏れてしまったせいで、ここで発表する前に査読を受けられなかったことをお詫びしなくてはなりません」と彼は話し始め、矛盾に気づく様子もなく、こう続けた。「ベビー誕生に先立つ数か月間、独占的に取材していたAP通信が、研究結果を正確に伝えてくれたことに感謝します」。その後彼は、ＨＩＶ感染症の悲惨さ、それがもたらす死と差別、そして、*CCR5*遺伝子を編集することで、ＨＩＶ陽性の親から生まれる赤ちゃんの感染を防げることを、ゆっくりとした口調で、感情を交えることなく語った。

二〇分ほどスライドを見せながら一連のプロセスについて彼が説明した後、質問の時間になった。ラベル＝バッジは、ジェンクイを知るスタンフォードの幹細胞研究者、マシュー・ポルテウスを壇上に招き、質問を手伝ってもらった。ラベル＝バッジは、ジェンクイがヒト胚で生殖細胞系列ゲノム編集を行って国際的な規範を破ったという大問題には触れようとせず、*CCR5*遺伝子の進化の歴史と果たし得る役割について長々と質問した。ポルテウスの方は、ジェンクイの臨床試験に関わった夫婦、卵子、胚、研究者の数について細かな質問をした。「壇上での議論が主要な問題に焦点を合わせなかったことは残念だった」と、ダウドナは後に語った。

最後に、聴衆にコメントと質問が求められた。ボルティモアが最初に立ち上がり、核心を突いた。彼は、生殖細胞系列でのゲノム編集を行う際に満たすべき国際的なガイドラインについて説明した後、「きみの研究はこのガイドラインを満たしていない」と断言した。さらに彼は、ジェンクイの行為を「無責任」で「秘密主義」で、「医学的に必要性がない」と言い切った。続いて、ハーバードの著名な生化学者デヴィッド・リウが、なぜこの事例で胚のゲノム編集が必要だと思ったのかと、ジェンクイを攻撃した。「精子洗浄で非感染の胚を作ることもできたはずだ。この両親に関して、ゲノム編集を施す医学的必要性があったのか?」とリウは問いかけた。ジェンクイは、柔らかな口調でこう答えた。自分は単に双子の女児を救おうとしたのではない。生まれた後も親からＨＩＶに感染する恐れのある「何百万人ものＨＩＶ感染者の子どもたち」を守る方法を見つけたかったのだ。「わたしは村人の三〇パーセントが感染者であるＡＩＤＳ村の人々と接したことがありますが、彼らはわが子を、ＡＩＤＳに感染させないために、叔父や叔母に預けなければならないのです」。

「生殖細胞系列のゲノム編集は許可されないというコンセンサスがある」と、北京大学の教授が指摘し、「なぜ、この一線を越えることを選んだのか?　そしてなぜ、それらを秘密裏に行ったのか?」と尋ねた。司会者としてこの質問を問い直したラベル＝バッジは二つ目の問いしか尋ねなかったので、それを良いことに、ジェンクイは、事前にアメリカで多くの研究者に相談したことを述べ、なぜ一線を越えたのかという肝心な問いには答えなかった。最後の質問は記者から出された。「もしこれがあなたの赤ちゃんだとしたら、実験を強行しましたか?」。「状況が同じなら、試したでしょう」。ジェンクイはそう答えると、ブリーフケースを手にステージから降り、車で深圳に戻っていった。[14]

聴衆席に座っていたダウドナは、汗ばんできた。「神経が高ぶり、胃がきりきりした」と彼女は回想する。彼女が共同発明したクリスパー・キャス9という驚異的なゲノム編集ツールが、史上初めて、遺伝子操作された人間を作るために使われたのだ。しかも、まだ安全性が臨床で検証されておらず、倫理的問題は未解決のままで、それが科学と人間を進化させる方法かどうかについて社会のコンセンサスも形成されていないというのに。「ジェンクイのやり方に強い失望と嫌悪を覚え、わたしは感情的になった。この実験を彼が急いだのは、医学的必要性や人々を助けたいという願いからではなく、注目されたい、一番になりたい、という思いからだったのではないかと疑った」。[15]

彼女と他の主催者は、自分たちにも責任の一端があるのではと自問した。数年にわたって彼らは、ヒトのゲノム編集を行う前に満たすべき基準を作成してきた。しかし、モラトリアムを求めることも、臨床試験の承認のための明確なプロセスを定めることもしなかった。ジェンクイは、自分はこれらの基準に従っていた、と主張したが、実際、彼はそう考えていたのだ。[16]

ダウドナの声明――「無責任」、だが「将来は、容認される可能性がある」

その日の夜、ダウドナはホテルのバーへ行き、疲れ果てた仲間と共にテーブルについた。ボルティモアもやってきて、全員がビールを注文した。ボルティモアは、科学コミュニティは自主規制に失敗した、と他のメンバーより強く感じていた。「一つ、はっきりしたことがある」と彼は言った。「それは、もしあの男が言葉通りのことを実行したのであれば、生殖細胞系列のゲノム編集はそれほど難しくないということだ」。ダウドナたちは声明を出さなければならないと思った。(17)

ダウドナ、ボルティモア、ポルテウス、その他五名は、小さな会議室を借りて、草稿を書き始めた。「何時間もかけて一行ずつ確認し、それぞれの文のポイントについて議論した」と、ポルテウスは回想する。他のメンバーと同じく彼は、ジェンクイの行為を強く非難しながらも、「モラトリアム」という言葉を使ったり、ゲノム編集研究の進歩を妨げたりするのは避けたかった。『モラトリアム』という言葉は生産的でないと思う。どうすればその先へ行けるかが見えてこないからだ」と、ポルテウスは言う。「人々がその言葉をよく使うのは、越えてはならない明確な一線を引くことができるからだ。しかし、一時停止《モラトリアム》すべきだと言うだけでは、議論はそこで終わり、どうすれば責任ある方法でその先へ行けるのかを考えられなくなる」。

ダウドナは二つの方向に引かれていた。ジェンクイがやったことには愕然とした。それは時期尚早で、医学的に不必要であり、ゲノム編集の研究全般への反発を招きかねないスタンドプレーだった。しかし、その一方で彼女は、クリスパー・キャス9が人類に幸福をもたらす強力なツールになることを確信しており、いつの日か、生殖細胞系列のゲノム編集においても、そうなることを期待していた。声明の草案について検討するうちに、それは彼らの総意になった。(18)

そのため、彼らは再び中道をとることにした。どのような場合に生殖細胞系列でのゲノム編集を行えるかについて、具体的なガイドラインを作成しなければならないが、国による禁止やモラトリアムを招くような表現は避けるべきだ、と考えたのだ。「胚でゲノム編集を行う技術は十分に進歩し、その臨床的利用に向けた道筋を明確にする段階に来ている、とわたしは感じていた」とダウドナは言う。つまり、クリスパーでゲノム編集した赤ちゃんが作られるのを止めるのではなく、それをより安全に行うための道を開きたいと思ったのだ。「現実から目をそむけたり、モラトリアムが必要だと言ったりするのは、実際的ではない。そうではなく、『ゲノム編集を臨床に導入したいのであれば、次のような具体的な手順を踏む必要がある』と言うべきだ」と彼女は主張する。

ダウドナはハーバード・メディカル・スクールの学部長で長年の友人であるジョージ・デイリーの影響を受けていた。デイリーもこれらの審議に関わり、いずれクリスパーが遺伝するゲノム編集に利用されるようになると確信していた。当時、ハーバード大学では、アルツハイマー病を予防するために精子のゲノムを編集する研究が行われていた。「ジョージは生殖細胞系列でのゲノム編集の価値を高く評価し、将来的にそれを利用できる可能性を維持したいと考えていた」とダウドナは言う。[19]

したがって、ダウドナ、ボルティモアをはじめとするサミットの主催者たちがつくり上げた声明は、非常に控え目な内容だった。「今回のサミットでは、ゲノム編集したヒト胚を移植して妊娠をもたらし、双子の誕生に至ったという、予想外の憂慮すべき報告がなされた」と、彼らは記した。「その行為は無責任であり、国際的規範を満たしてもいなかった」。しかし、その声明に禁止やモラトリアムを求める記述はなく、ただ、「現時点では、生殖細胞系列のゲノム編集を許可するには、安全面でのリスクが大きすぎる」とし、続いて、「将来、これらのリスクが解決され、いくつかの追加的基準が満たされれば、生殖細胞系列のゲノム編集は容認される可能性がある」と強い調子で述べている。生殖細胞系列は、もはや越えてはならない一線ではなくなったのだ。[20]

第39章　容認

（左から）議会聴聞会でのフランシス・コリンズ、ダウドナ、
リチャード・ダービン上院議員

ザイナーは称賛した

一年前にクリスパーで編集した遺伝子を自分に注射したバイオハッカー、ジョサイア・ザイナーは、香港のヒトゲノム編集国際サミットでフー・ジェンクイが発表することを知って、非常に興奮した。動画がライブストリーミングで配信される時間、アメリカは深夜だ。ザイナーはベッドの上に座って、ブランケットの上にノートパソコンを載せ、部屋の灯りを消して画面に見入った。灯りを消したのは、隣でガールフレンドが眠っていたからだ。「ジェンクイがステージに上がるのをじっと待っていると、きっと何かエキサイティングなことが起きると思えて、背筋がゾクゾクして、鳥肌が立った」と、彼は言う[1]。

ジェンクイがクリスパーで遺伝子を編集した双子の誕生について説明したとき、ザイナーは心の中で「万歳！」と叫んだ。それは科学的偉業というだけでなく、人類にとって画期的な出来事だと彼は感じた。「やった！」と彼は歓喜した。「ぼくらは胚の遺伝子を操作した！　これでぼくらの人間性は永遠に変わった！」。

もう後戻りはできないと彼は思った。一九五四年にロジャー・バニスターが陸上で一マイル四分を切ったときと同じだ。一度起きたことは、また起きる。「これは科学の業績の中で、最も画期的なことの一つだと思う。人類はその長い歴史を通じて、自分がどんな遺伝子を持つかを、自分で決めることはできなかった。そうだろう？　でも、今はそれができるようになったんだ」。

またザイナーは、自分が使命と見なしていることの正しさが裏づけられたようにも感じた。「興奮して何日も眠れなかった。なぜなら、それはぼくがやっていることの意味を教えてくれたからだ。そう、ぼくは、人間には人類を前進させる力があることを立証しようとしているんだ」。

人類を前進させる？　そう、時としてそれをするのは反逆者だ。ザイナーの抑揚のない声とクレイジーなまでの興奮は、スティーブ・ジョブズが自宅の庭で、自らがナレーションを務めたアップル社の「Think Different」のコマーシャルの一節を暗唱した時の姿を思い起こさせる。ジョブズは、規則を嫌い、現状を肯定しないはみ出し者、反逆者、厄介者こそが「人類を前進させる」と語った。「なぜなら、自分が世界を変えられると本気で信じるクレイジーな人たちこそが、本当に世界を変えているのだから」と。

将来のクリスパー・ベビーを防ぐのが難しい理由の一つは、後にザイナーがスタット誌に寄稿したエッセイで語った通り、じきにその技術が、はみ出し者でも手が届くものになることだ。「人々はすでに一五〇ドルの倒立顕微鏡を使ってヒト細胞のゲノム編集をしている」と彼は書いているが、実際、彼の会社のようなオンライン企業が、キャス９・タンパク質とガイドＲＮＡを販売している。「胚への注入に必要とされるのは、マイクロインジェクター、マイクロピペット、顕微鏡など最小限のものだ。数千ドルあれば、ｅＢａｙで買って揃えることができる」。ヒト胚は不妊治療クリニックから一〇〇〇ドルほどで購入できる、と彼は言う。「ゲノム編集したことを明かさなければ、アメリカの医者の手を借りて、その胚を人間に移植することができるだろうし、他の国でもできるだろう。だから、次のヒト胚が編集されて移植されるまでに、そう長くかからないはずだ(2)」。

ザイナーは、生殖細胞系列ゲノム編集の優れた特徴は、病気や遺伝的異常を人類から永久に取り除けることだ、と言う。「一人の患者を治療するだけでなく、筋ジストロフィーなどの悲惨な致死的疾患を、人類の未来から永久に、完全に、取り除くことができるのだ」。彼は子どもの強化にクリスパーを使うことも支持する。「自分の子どもを肥満になりにくくしたり、運動能力やその他の能力が高い遺伝子を与えたりできるのなら、誰がそれを断るだろう？」(3)

自分の双極性障害の遺伝子を消したい

ザイナーにとって、これは個人的な問題でもある。わたしが彼にインタビューした二〇二〇年の中頃、彼とパートナーは体外受精で子どもを授かろうとしていた。二人は、着床前遺伝子診断で子どもの性別を選択した。医師はいくつかの重篤な遺伝性疾患についても検査したが、胚の完全なゲノム配列とマーカーをザイナーに明かそうとしなかった。「ぼくらは自分たちの赤ちゃんの遺伝子を選ぶことができなかった。そんなのはおかしいよ」と、彼は言う。「ぼくらは運任せにするしかなかった。自分の子どものために、望ましい遺伝子を選んでもいいと思う。それは恐ろしいことで、ホモ・サピエンスのバージョン2・0を作ることになるだろう。でもそうなったら、ほんとに、ほんとに、ほんとにエキサイティングだとぼくは思っているんだ」。

わたしが言い返そうとすると、彼は冷たく遮《さえぎ》り、自分が編集しようとしている遺伝的素因を明かした。「ぼくは双極性障害だ」と彼は言う。「ひどいもんだよ。それはぼくの人生に深刻な影響を及ぼしている。ぜひともその遺伝子を消したいんだ」。その疾患を取り除くことで、自分が変わってしまうことへの不安はないのか、とわたしは尋ねた。「それがきみを創造的にしているとかなんとか、人は適当なことを言うけど、これは病気だ。ぼくをとんでもなく苦しめる病気だ。

それに、こんな病気に頼らなくても、創造的になる方法はあるはずだ」。

精神疾患には複数の遺伝子が不可解な形で関わっていて、それを修復する方法はまだ解明されていないことを彼は知っている。しかし、もしそれがうまくいくのなら、生殖細胞系列でゲノム編集を行って、自分の子どもをその病気にかかりにくくしたいと考えている。「もし、ゲノム編集で双極性障害になる確率を下げることができるのなら、ぼくの子どもがそうなる可能性を少しでも減らすことができるのなら、そうしないわけがないだろう？　自分の子どもが成長して自分と同じ苦しみを味わうのを望んだりするだろうか。望むはずがないよ」。

医学的な必要性が低い編集については？　「できれば、ぼくの子どもたちを、ぼくより身長が一五センチ高く、もっと運動ができるようにしてやりたい」と彼は言う。「それと、もっと魅力的にしたい。背が高くて魅力的な人の方が成功する、そうだろう？　あなたは自分の子どもに何をあげたい？　ぼくは自分の子どもに最高のものを与えたいんだ」。そして実際その通りなのだが、彼はわたしに、あなたの両親はあなたに可能なかぎり最高の教育を与えてくれたはずだ、と言った。そしてこう尋ねた。「子どもに最高の遺伝子を与えたいと思うのが、それとどう違うっていうんだい？」。

政治家たちから反発は起きなかった

香港から帰国したダウドナに、ティーンエイジャーの息子、アンディ、ジェンクイのゲノム編集がなぜこれほど大騒ぎになったのかわからない、と言った。「アンディはとても冷静だったので、将来の世代はこの問題をそれほど重大なことと見なさないのではないかと、わたしは思った」と彼女は言う。「もしかすると、彼らはそれをＩＶＦ〔体外受精〕と同じようなものと見なすかもしれない。ＩＶＦも当初は大いに議論された」。ダウドナは、一九七八年に最初の試験管ベビーが生まれた時に両親がショックを受けていたことを覚えている。当時、彼女は一四歳で、『二重らせん』を読んだばかりだった。体外受精で赤ちゃんを作ることが不自然で間違っていると思える理由を、両親と話し合った。「けれども、やがてそれは容認されるようになり、両親もそれを受け入れた——両親の友人には、ＩＶＦでなければ子どもを持つことができず、それが実現したことを喜んでいる人もいた」。(4)

やがて、クリスパー・ベビーに対する政治家と一般大衆の反応はアンディと同じだということが明らかになった。香港から帰国して二週間たった頃、ダウドナは国会議事堂で開かれたゲノム編集について議論する上院の公聴会に出席した。通常、そのような公聴会では、政治家は議題（この場合はクリスパー・ベビー）に対する衝撃と落胆を表明し、さらなる法規制を求める。しかし、イリノイ州選出の民主党議員ディック・ダービンが主催したその公聴会では、逆のことが起きた。出席した八人の上院議員には、サウスカロライナ州選出の共和党議員リンゼー・グラム、ロードアイランド州選出の民主党議員ジャック・リード、テネシー州選出の共和党議員ラマー・アレクサンダー、ルイジアナ州選出の共和党議員ビル・カシディ（医師）がいた。「嬉しいことに、上院議員全員が、そう、全員が、編集は重要な技術だという考えを支持してくれた」とダウドナは言う。「誰も規制強化を求めなかった。彼らはただ、我々がこの先どこへ行こうとしているのかを知りたがっていた」。

ダウドナは、同行したＮＩＨ所長フランシス・コリンズとともに、胚におけるゲノム編集はすでに規制されていることを説明した。上院議員らの主な関心は、クリスパーが医学と農業にもたらす価値に向けられていた。最近生まれた中国のクリスパー・ベビーのことはそっちのけで、彼らは、鎌状赤血球貧血症の治療において、クリスパーによるゲノム編集が、体細胞と生殖細胞系列の両方でどのように働くかについて、詳細に質問した。「鎌状赤血球貧血症だけでなく、ハンチントン病やテイ＝サックス病など単一遺伝子疾患を治療することに彼らは興味を持っていた」とダウドナは振り返る。「それが持続可能な医療制度に及ぼす影響について彼らは語った」[5]。

生殖細胞系列でのゲノム編集の問題を扱うために、二つの国際委員会が設立された。一つは、二〇一五年以来このプロセスに関わってきた各国の科学アカデミーが組織したもので、もう一つは、世界保健機関（ＷＨＯ）が招集した諮問委員会だ。ダウドナは、二つの委員会が存在することでメッセージが食い違い、未来のフー・ジェンクイがガイドラインを身勝手に解釈する余地が生じるのではないかと、危惧した。わたしは、全米医学アカデミーのビクター・ザウ会長と、同アカデミーの国際部長でＷＨＯ諮問委員会の共同委員長でもあるマーガレット・ハンブルグに会って、責任をどのように分担するのかを尋ねた。「米国科学アカデミーのグループは科学に焦点を絞っています」とハンブルグは言って、こう続けた。「一方、ＷＨＯは、世界的な規制の枠組みをどのように策定するかを検討しています」。ザウは、仮に報告書が二つになっても、各国の科学アカデミーが独自のガイドラインをつくっていた頃に比べるとましだ、と言った。

「もっとも、各国が独自のルールを作るのを防ぐことはできないでしょう」とハンブルグは言う。「遺伝子組換え食品への対応と同じく、各国の姿勢や審査基準には差があります。そもそも社会的価値観が違いますから」と彼女は説明した。残念ながらこの状況は、遺伝子治療ツーリズムを招く可能性がある。強化された子どもを望む裕福な親は、その医療を提供する国へ出向くだろう。WHOがコンプライアンス（規則遵守）を取り締まるのは難しい、と彼女は認めた。「テロリストなどによる核兵器の悪用は、警備員や南京錠で防ぐことができますが、これはそういうわけにいきませんから[6]」。

モラトリアム（一時停止）問題

全米医学アカデミーとWHOの両委員会が動き始めた二〇一九年半ば、科学コミュニティで公的な論争が勃発し、ダウドナと、ブロード研究所の好戦的なエリック・ランダーは、再び対立した。それは「モラトリアム」という言葉の使用に関するもので、ほとんどの科学委員会が長年、目をそらしていた問題だった。

公式なモラトリアムを求めるかどうかという論争は、言うなれば概念上のものだった。と言うのも、ヒト胚へのゲノム編集が容認される条件――安全で、「医学的に必要」であること――は、当分の間、満たされそうになかったからだ。しかし中には、ジェンクイの行動はもっと明確な赤信号が必要とされることを示した、と主張する人もいた。その陣営には、ランダー、その庇護下にあるフェン・チャン、ポール・バーグ、フランシス・コリンズ、そしてダウドナの共同研究者であるエマニュエル・シャルパンティエがいた。コリンズは、「Mワード［モラトリアム］」には少しばかり影響力がある」と言った[7]。

ランダーは、有識者にして政策アドバイザーという自分の立場を気に入っていた。彼は雄弁で、ユーモアがあり、社交的で、少なくとも彼の激しい気性に嫌気のさしていない人から見れば、魅力的な人物だ。自分の立場を主張し、慎重派を説得するのがうまい。しかしダウドナは、ランダーがモラトリアムの問題を煽《あお》ったのは、彼の傘下のシャイなフェン・チャンよりも、ダウドナとデヴィッド・ボルティモアの方が、クリスパーに関する公共政策の第一人者として脚光を浴びているからではないかと疑った。「ランダーとブロード研究所は巨大な拡声器で怒鳴っていた」と彼女は言う。「彼らがモラトリアムを要請したのは、自分たちが出遅れたテーマに関して、世間の注目を浴びたかったからでしょう」。

ランダーの動機が何であれ（わたしは、彼らに下心はなかったと考えている）、彼はネイチャー誌に掲載される「遺伝性ゲノム編集のモラトリアムを採択せよ」と題した論文への賛同者を募った。もちろんフェン・チャンは署名した。ダウドナのかつての協力者であるシャルパンティエも署名した。一九七二年に組換えDNAにいち早く成功し、アシロマ会議の主催者の一人になったバーグも賛同した。「わたしたちは、生殖細胞系列のゲノム編集の臨床への応用――すなわち、遺伝するDNA（精子、卵子、胚のDNA）を変更して、遺伝的に改変された子どもを作ること――に対し、世界的なモラトリアムを要請する」という宣言からその論文は始まった。(8)

ランダーはヒトゲノム計画でともに働いた友人コリンズの協力を得て、この論文を書いた。論文が掲載された日、コリンズはインタビューに答えて、こう述べた。「わたしたちは今も、この先も、この道を進んではならないことを、可能なかぎり明確に表明する必要がある」。

ランダーはインタビューで、この問題は個人の選択や自由市場に委ねるべきではない、と強く主張した。「わたしたちは、子どもたちに残すべき世界について考えている。それは、医学的応用について深く考え、それを重篤なケースにのみ使用する世界だろうか、それとも商業的競争が横行する世界だろうか?」。チャンも、ゲノム編集に関する問題は個人ではなく社会全体で解決する必要がある、と主張した。「他の親がゲノム編集しているから、自分もそうしなければと親がプレッシャーを感じるという状況も考えられる」と彼は述べた。「それは不平等をさらに広げるかもしれない。社会がひどく混乱する恐れがある[9]」。

モラトリアムを要請せず「慎重な前進」を今後も貫く

「なぜエリックはこれほど熱心に、そしておおっぴらにモラトリアムを求めるのでしょうか」と、WHO諮問委員会の共同委員長を務めるマーガレット・ハンブルグはわたしに尋ねた。彼女は本心からそれを知りたがっていた。ランダーの行動には常に裏があるというのが世間一般の見方だった。ハンブルグは、ランダーがモラトリアムを要請したのは一種の芝居ではないかと疑っていた。WHOと米国科学アカデミーは、生殖細胞系列ゲノム編集のモラトリアムを呼びかけるどころか、すでに適切なガイドラインの作成に乗り出していたので、ランダーたちの要請は無意味だったのだ[10]。

ボルティモアも困惑した。ランダーは彼にも署名を求めたが、およそ四〇年前にアシロマで組換えDNAについて議論した時と同様に、ボルティモアは、一度実施すると解除が難しいモラトリアムを宣言するよりも、生命を救う可能性がある技術を「慎重に前進させる」道を見つけたいと思っていた。ランダーがモラトリアムを強く推すのは、大学の研究室に多額の資金を提供しているNIHのコリンズ所長のご機嫌を取るためではないかと、ボルティモアは疑った。

ダウドナはと言えば、ランダーがモラトリアムを推進すればするほど、それに反対する気持ちが強くなっていった。「生殖細胞系列でのゲノム編集はすでに中国の赤ちゃんで行われたのだから、この段階でモラトリアムを要請するのは、まったくもって現実的でない」と彼女は言う。「モラトリアムを求めるのは、自分はその話し合いから降りると宣言するようなものです[11]」。

結局、ダウドナの見方が主流になった。二〇二〇年九月、二〇〇ページの報告書が、国際科学アカデミー委員会によって公表された。この委員会はジェンクイの衝撃的な発表の後で組織され、ランダーも一八名の委員の一人だったが、報告書はモラトリアムを要請せず、その言葉に触れることさえしていなかった。それどころか、遺伝するゲノム編集は、遺伝性疾患を抱えるカップルにとって「将来、子どもを産むときの選択肢を提供する可能性がある」と述べていた。また、遺伝するゲノム編集はまだ安全ではなく、通常は医学的に必要なものではない、としながらも、「遺伝性のヒトゲノム編集を臨床で利用するための責任ある道筋を明確にする」ことを支持した。つまり、ダウドナが主催した二〇一五年一月のナパバレーの会議で承認された「慎重な前進」という方針を今後も貫くことを支持したのだ[12]。

フー・ジェンクイへの有罪判決

かつてフー・ジェンクイは、国民的英雄として称えられることを夢見たが、そうなる代わりに、二〇一九年末、深圳市人民法院で裁判にかけられた。彼は弁護士を雇って意見を述べることを許され、裁判は公正な手続きに則って進められた。しかし、彼はすでに「違法な医療行為」という罪を認めていたので、有罪になるのは確実だった。懲役三年、罰金四三万ドルを科され、生殖科学に携わることを永久に禁止された。「名声と利益を得るために、関連する法規に意図的に違反し、科学と医学の倫理の境界線を越えた」と、法廷は宣告した。[13]

裁判に関する中国の公式の報道により、ジェンクイが遺伝子操作した三人目のクリスパー・ベビーが別の女性から生まれたことも明らかになった。しかし、この赤ちゃんの詳細も、最初にクリスパー編集された双子、ルルとナナの現状も明らかにされなかった。

ダウドナは、この有罪判決についてウォールストリート・ジャーナル紙からコメントを求められ、ジェンクイの取り組みを批判しながらも、生殖細胞系列におけるゲノム編集を非難しないよう、言葉を選んだ。そして、科学界は安全性と倫理の問題を解決しなければならない、と言った上でこう続けた。「わたしから見て、大きな問題は、このようなことが再び行われるかどうかではありません。行われるのは確かでしょう。問題は、いつ、どのように行われるか、ということです」。[14]

第七部

モラルの問題

The Moral Questions

科学者が神を演じなかったら、いったい誰が演じるのか？
——ジェームズ・ワトソン、英国議会と科学委員会への提言、二〇〇〇年五月一六日

第40章 レッドライン——越えてはならない一線

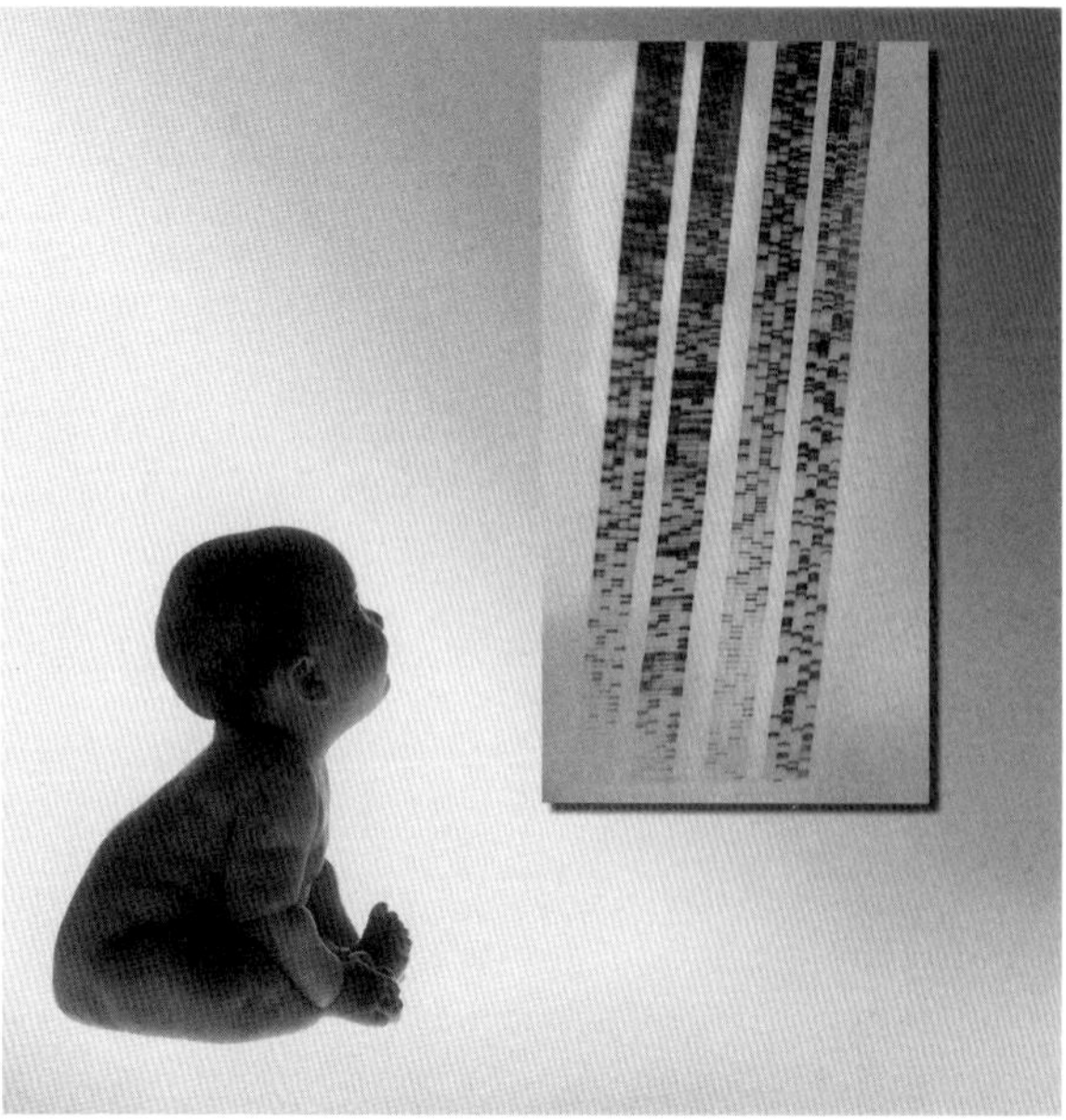

ヒトの卵子、精子、初期胚のDNAに改変を加える生殖細胞系列での
ゲノム編集が懸念の対象に

人類は、自らの遺伝子構造を編集する能力を身につけた初めての種になった

フー・ジェンクイが世界初のクリスパー・ベビーを誕生させたのは、致死的なウイルスに対する免疫をその赤ん坊と子孫に持たせるのが目的だったが、責任ある立場の科学者の大半は、怒りを表明した。彼の行動は、良くても時期尚早、悪ければ忌まわしいものと見なされた。しかし、二〇二〇年の新型コロナウイルスのパンデミックをきっかけに、遺伝子を編集してウイルスに対する免疫を得るという発想は、それほど忌まわしくない、むしろいくらか魅力的なものと見なされるようになった。生殖細胞系列ゲノム編集に対するモラトリアムの要請は影をひそめた。細菌が何千年もかけてウイルスに対する免疫を発達させてきたように、わたしたち人類も発明の才を発揮して、同じことをするべきではないだろうか。

もし自分の子どもがＨＩＶやコロナウイルスに感染しにくくなるよう、ゲノムを安全に編集できるとしたら、そうすることは間違っているのだろうか？　それとも、そうしないことが間違っているのだろうか？　そして、これから数十年のうちに可能になるかもしれない他の治療や身体の強化についてはどうだろう？　それらが安全だとわかっても、政府はその使用を妨げるべきなのだろうか？(1)

この問いは、わたしたち人類がこれまでに直面した中でも最も深遠な問いの一つだ。地球上の生物の進化において初めて、一つの種が、自らの遺伝子構造を編集する能力を身につけた。それには多大な利益が期待できる。多くの致死的な病気や消耗性疾患を排除できるかもしれない。そ

していつの日か、自分や赤ん坊の筋肉、精神、記憶力、気分を強化するという希望と危険の両方を、わたしたち、あるいはわたしたちの一部に、もたらすだろう。

この先の数十年で、自らの進化を促進する力を持つようになると、わたしたちは深遠な道徳的問いや精神的な問いに直面するはずだ。自然は本質的に善いものなのだろうか？　天与の運命を受け入れるのは正しいことなのだろうか？　神の恵み、あるいは自然のランダムなくじ引きがなければ、自分は別の才能を持って生まれたかもしれないという考えに、共感が入る余地があるだろうか。個人の自由を強調すると、人間の最も基本的な側面を、遺伝子のスーパーマーケットでのショッピングに変えてしまうのではないだろうか？　お金持ちは最高の遺伝子を買うことができるのだろうか？　そのような決定を個人の自由に委ねるべきなのか、それとも何を許可するかについて、社会が何らかのコンセンサスを図るべきなのだろうか？

しかし、わたしたちはこうした出口の見えない問いを、大げさにとらえすぎてはいないか？　わたしたちの種から危険な病気を取り除き、子どもたちの能力を強化することで得られる恩恵を、なぜ手に入れようとしないのか？②

レッドラインとしての生殖細胞系列

主に懸念されているのは、生殖細胞系列でのゲノム編集だ。それはヒトの卵子、精子、初期胚のＤＮＡに変更を加えるもので、生まれてくる子ども——およびそのすべての子孫——の全細胞が、その改変された特徴を備える。一方、体細胞編集はすでに行われていて、一般に受け入れられている。それは患者の標的細胞に変化を加えるもので、生殖細胞への影響はない。治療で何か間違いが起きたとしても、その害が及ぶのは患者個人であって、人類という種ではない。

体細胞編集は、血液、筋肉、眼などの、特定の種類の細胞で行うことができる。しかし、高額な費用がかかるものの、効果はすべての細胞に及ぶわけではなく、おそらく永続的でもない。一方、生殖細胞系列のゲノム編集は、身体のすべての細胞のDNAを修正できる。そのため、寄せられる期待は大きいが、予想される危険も大きい。

二〇一八年に最初のクリスパー・ベビーが誕生するまで、子どもの遺伝形質を選択する医学的手法は主に二つあった。一つ目は出生前診断で、子宮で成長中の胚に対して遺伝子検査を行う。現在では、ダウン症候群、性別、数十種類の先天性疾患を検出できるようになった。胚の特徴が好ましくない場合、親は中絶できる。アメリカでは、出生前診断でダウン症がわかった場合、約三分の二の割合で、中絶が選択されている[3]。

体外受精の発展は、着床前診断という、遺伝子管理の別の進歩をもたらした。カップルは、可能であれば複数の受精卵をつくり、着床前にペトリ皿の中でそれらの遺伝的特性を調べる。ハンチントン病、鎌状赤血球貧血症、テイ゠サックス病をもたらす変異はないか？　将来的には、映画『ガタカ』のように、身長、記憶力、筋肉量などの望ましい遺伝子を持っているかどうかを調べられるようになるだろう。着床前診断では、両親が望む特徴を持つ受精卵を着床させ、それ以外は廃棄される。

これらの技術はどちらも、生殖細胞系列ゲノム編集と同じような道徳的問題を引き起こす。たとえば、DNA構造の共同発見者で、率直な物言いで知られるジェームズ・ワトソンはかつて、女性はあらゆる好みや偏見に基づいて子どもを堕胎する権利を持つべきだ、と発言したことがある。堕胎される子どもの例としてワトソンは、低身長、失読症、同性愛者、女児を挙げた。(4) これには多くの人が唖然としたが、それも当然だろう。それでも、現在、着床前診断は道徳的に容認できるものと見なされており、両親は通常、どのような基準で受精卵を選別するかを自由に決めることができる。

出生前診断や着床前診断は、かつては物議を醸したが、次第に受け入れられるようになった。問題は、生殖細胞系列におけるゲノム編集が将来、そうした生物学的介入の一つと見なされるようになるかどうか、ということだ。もしそうだとすれば、生殖細胞系列ゲノム編集を別次元のものとして扱い、異なる道徳的規準の対象と見なすことに意味があるだろうか？

これを「連続体《コンティニュアム》の難問」と呼ぼう。倫理学者の中には、区別するのが得意な人もいれば、区別の偽りを暴くのが得意な人もいる。別の言い方をすれば、二つのものの間に境界線を引こうとする人もいれば、境界線をぼかす人もいるのだ。そして後者はしばしば、境界線があまりに不鮮明なので、その二つを別のカテゴリとして扱う根拠はない、と主張する。

原爆の場合はどうだったか

原子爆弾を例にとってみよう。陸軍長官ヘンリー・スティムソンが日本への原爆投下を検討しているとき、それは全く新しい種類の兵器であり、越えてはならない一線だ、という意見があった。その一方で、原子爆弾はドレスデンや東京での焼夷弾《しょういだん》による大規模な空襲と根本的に異なるものではなく、むしろ残虐性は低い、という意見もあった。結局、後者が優勢となり、原子爆弾は投下された。しかし、その後、原子爆弾は別格の兵器と見なされるようになり、一度も使われていない。

ゲノム編集の場合、生殖細胞系列ゲノム編集と他のバイオテクノロジーとの間には、線引きがされるべきだとわたしは考えている。それはくっきりとした鋭い線ではないかもしれないが、レオナルド・ダ・ヴィンチのスフマート［ぼかし画法］が示す通り、ぼやけた線でも明確な区別を可能にする。生殖細胞系列という一線を越えることで、わたしたちは全く新しい領域へ足を踏み入れることになる。そこでは自然に作られたものを育てるのではなく、ゲノムそのものを操作し、そうして生じた変化は、将来のすべての世代が受け継ぐことになる。

だからと言って、生殖細胞系列という一線は決して越えてはならないというわけではない。その一線は、延焼を防ぐ防火線と見なすことができる。つまり、ゲノム編集技術の進歩をいったんストップする機会を与えてくれるのだ。となれば、問うべきは次の問いだ。どのような場合に、この一線を越えるべきなのか？

治療か強化か

体細胞編集と生殖細胞系列編集を分かつラインの他に、もう一本、検討すべきラインがある。それは危険な遺伝性疾患を排除するための「治療」と、人間の能力や特徴を向上させるための「強化」を分かつラインだ。一見したところ、治療は強化より正当化しやすいように思える。

しかし、治療と強化の区別は曖昧だ。子どもの低身長、肥満、注意欠陥障害、うつ的な性質に、遺伝子が影響している可能性がある。そのような特質を修正するための遺伝子改変は、どこまでが治療で、どこからが強化なのだろう。また、ＨＩＶ、コロナウイルス、がん、アルツハイマー病などを予防するための遺伝子改変についてはどうだろう。おそらくそれらを扱うために、線引きが曖昧な「治療」と「強化」に加えて、「予防」という第三のカテゴリが必要になるだろう。さらに、第四のカテゴリとして「超強化」が登場する可能性がある。それには、人類にかつてない新たな能力を与えることが含まれる。たとえば赤外線を見ることができる、超高周波を聞くことができる、加齢に伴う骨・筋肉・記憶力の低下を防ぐことができる、などである。

ご覧のとおり、カテゴリは複雑になる可能性があり、また、倫理的に正しく望ましいものになるとは限らない。この道徳の地雷原を進んでいくには、いくつか思考実験を行うのが有益だろう。

第41章 思考実験

鎌状赤血球貧血症のクリスパー治療剤を見つめる患者デヴィッド・サンチェス

ハンチントン病——人類から取り除くべき遺伝性疾患

「体細胞ゲノム編集は良いが、生殖細胞系列での遺伝するゲノム編集は悪い。治療は良いが、強化は悪い」と、反射的に宣告する前に、いくつかの具体的なケースを調べて、どんな問題が生じているか見てみよう。

ゲノム編集で取り除くべき変異を一つ挙げるとしたら、それは間違いなく、ハンチントン病をもたらす変異だろう。DNAの文字列の異常な繰り返しが引き起こすその病気は、最終的に脳細胞を死滅させる。中年以降に発症し、異常な行動を抑制できなくなる。集中力は低下し、職を失う。やがて歩けなくなり、次は話せなくなり、さらには食べ物を飲み込めなくなる。認知症になることもある。極めて緩慢《かんまん》なペースで苦痛に満ちた死に向かう病だ。家族にも破滅をもたらす。特に両親が無残に衰えていくさまを目の当たりにする子どもは、学校では哀れみと嘲笑《ちょうしょう》を受け、五〇パーセントの確率で自分も同じ運命をたどることを知る。このような病気に存在価値を認めようとするのは、受難による救済を狂信する人だけだろう(1)。

優性遺伝病は、対になった染色体のどちらか一方に変異遺伝子があれば発病するが、ハンチントン病も、患者数は多くないがその一つに数えられる。通常、症状は子どもを持つ年齢を超えてから現れるので、往々にして患者は、自分がその病気になることを知らないうちに子どもを持つ。そのため、この病気は自然選択によって取り除かれなかった。進化のプロセスは、子どもを産み育てるという役目を終えた人間に何が起きるかには、ほとんど関心がない。ハンチントン病やがんの大半のように、わたしたちが排除したいと思う中高年の病気は山ほどあるが、遺伝子を伝えるという進化の観点に立てば、それらを排除する必要はないのだ。

　ハンチントン病は単純なゲノム編集で治療できるだろう。この病気を引き起こす過剰なＤＮＡ配列は、他には何の仕事もしていない。そうであれば、この病気を患う家族の生殖細胞系列からそれを排除し――ひいては、人類から完全に排除してしまえばよいのではないか。

　もっとも、そうするにしても、生殖細胞系列ゲノム編集以外の方法でした方が良い、という意見がある。両親ともにハンチントン病の原因遺伝子を持っている場合は別だが、ほとんどのケースでは、着床前遺伝子診断によって健康な子どもを持つことができる。十分な数の受精卵を作り、原因遺伝子を持つ受精卵を排除すればいいのだ。しかし、不妊治療の経験者なら誰でも知っているように、受精卵をたくさん作るのは簡単なことではない。

　もう一つの代替案は、養子縁組である。これも容易な策とは言えない。それに、子どもを持ちたいと思う人はたいてい、血のつながりのある子どもを望む。それは当然の望みなのだろうか、それとも無意味なこだわりなのだろうか？[2]　倫理学者が何と言おうと、ほとんどの親はそれを当然の望みだと感じるだろう。細菌からヒトにいたるまで、あらゆる生物が何百万年にもわたって自分の遺伝子を伝える方法を見つけるために奮闘してきたことは、遺伝的につながった子孫をつくりたいという衝動が、この惑星では最も自然な衝動であることを語る。

　ハンチントン病を避けるためのゲノム編集では、恐ろしい変異を除去するだけで、他は何も変更しない。したがって、特に着床前診断が難しい場合は、この目的でのゲノム編集は許されるべきではないだろうか。生殖細胞系列でのゲノム編集に高いハードルが設定されるとしても、ハンチントン病は人類から取り除くべき遺伝性疾患だと、（少なくともわたしには）思える。
そうだとしたら、親が自分の子どもに受け継がせない権利を持つべき遺伝性疾患は、他に何があるだろう。この坂は滑りやすいので、一歩ずつ進んでいこう。

鎌状赤血球貧血症——マラリアへの免疫もあり、また病から学べることもあるが

鎌状赤血球貧血症は、医学と道徳の両面で複雑な問題を抱えているので、続いて検討するにふさわしい。この病気はハンチントン病と同じく単純な遺伝子変異によって起きる。両親から悪い遺伝子を受け継ぐと、全身の組織に酸素を運ぶ赤血球が変形し、鎌のような形になる。これらの鎌状赤血球は、微小血管を通過しにくく、早く死滅するため、倦怠《けんたい》感、感染症、疼痛発作をもたらし、患者は早期に死に至る。この疾患はアフリカ人とアフリカ系アメリカ人に多く見られる。

すでに二〇一九年には、体細胞のゲノム編集による鎌状赤血球貧血症治療の治験が行われており、先に紹介したミシシッピ州の女性、ヴィクトリア・グレイ［アメリカで初めてクリスパー・ゲノム編集ツールによる治療を施された］もその一人だ。この治療では、患者の血液から抽出した幹細胞にゲノム編集を加え、再び体内に戻した。しかし、莫大な費用がかかるため、世界に四〇〇万人以上いる患者をこの方法で治療するのは到底不可能だ。しかし、もし生殖細胞系列、つまり卵子、精子、初期段階の胚におけるゲノム編集によって、鎌状赤血球の変異を修正できれば、その安価で一度限りの治療の効果は遺伝し、最終的に人類からこの疾患を消し去ることができるだろう。

では、鎌状赤血球貧血症はハンチントン病と同じカテゴリに入るのだろうか？　遺伝するゲノ

ム編集によって排除すべき疾患なのだろうか？

実のところ、遺伝病の多くと同じく、そこには複雑な問題がある。この遺伝子を片方の親からだけ受け継いだ人は、鎌状赤血球貧血症を発症しないが、マラリアに対する免疫力を持っている。つまりこの遺伝子は、特にサハラ以南のアフリカでは役に立っていたのだ。もっとも、現在ではマラリアの治療法が確立されているため、（いくつかの地域を除けば）この遺伝子は以前ほど有益でなくなった。それでもこの疾患は、「母なる自然」に手を加えようとするわたしたちに、遺伝子には複数の役割と進化的な存在理由があることを思い出させる。

仮に、鎌状赤血球貧血症の変異を編集しても何ら問題はないことが研究によって明らかになったとしよう。その場合、子どもを持とうとする患者がその原因遺伝子を排除することを禁止する理由があるだろうか？

ここで、デヴィッド・サンチェスという名の朗らかな若者が登場し、この話をいっそう複雑にする。彼はカリフォルニアに住むアフリカ系アメリカ人のティーンエイジャーで、活発でチャーミングで思慮深く、バスケットボールが大好きだ。しかし、鎌状赤血球貧血症のせいで時折、堪えがたいほどの痛みに襲われる。鎌状赤血球が肺へ向かう血管をブロックして、急性胸部症候群を発症したため、高校を退学せざるを得なくなった。二〇一九年のクリスパーをテーマとした説得力のあるドキュメンタリー『ヒューマン・ネイチャー』は、彼にスポットライトを当てた。「たぶん、ぼくの血は、ぼくのことをあまり好きじゃないんだ」と彼は言う。「時々、鎌状赤血球貧血症になる。とてもひどくなることもある。でも、ぼくはバスケットボールをやめるつもりはないよ(3)」。

毎月、サンチェスは祖母に連れられてスタンフォード大学の小児病院へ行き、そこで健康な血液を輸血する。そうすれば、痛みは一時的に緩和される。スタンフォードのゲノム編集の先駆者マシュー・ポルテウスは、サンチェスの治療に協力している。彼はサンチェスに、将来、生殖細胞系列におけるゲノム編集によって、この病気が撲滅される可能性があることを語った。「もしかするといつかクリスパーを使って胎児の遺伝子を変え、生まれてくる子どもが鎌状赤血球を持たないようにできるかもしれない」とポルテウスは説明した。

サンチェスは目を輝かせて、「それってちょっとクールだね」と言った。それから少し黙り込んだ。「でも、そうするかどうかは、後でその子が決めることだと思うよ」。その理由を聞かれて、彼は少し考えてから、ゆっくりとこう語った。「鎌状赤血球を持っているからわかったことがたくさんあるんだ。この病気があるから、ぼくは誰に対しても辛抱強くなれる。どうすればポジティブになれるかってことも学んだ」。

でも、鎌状赤血球を持たずに生まれたほうがよかったのでは、と尋ねられ、彼は再び黙った。そして「ううん、そうは思わない」と答えた。「この病気でなかったらよかったのに、とは思わないよ。そうなったら、ぼくはぼくでなくなるから」。それから、にっこりと素敵な笑顔を浮かべた。まるでこのドキュメンタリーに出演するために生まれてきたかのような若者だ。

すべての鎌状赤血球貧血症患者がサンチェスと同じというわけではない。サンチェス自身も、ドキュメンタリーの中のサンチェスといつも同じというわけではないだろう。カメラの前ではそう言ったが、鎌状赤血球貧血症でない人生より、その病気とともに生きる人生を若者が自ら選ぶというのは、わたしには信じがたかった。ましてや、鎌状赤血球貧血症がもたらす苦難を経験した親が、子どもが同じ病気を持つことを望むとは、とても思えない。実際、サンチェスは鎌状赤血球貧血症を悪化させないためのプログラムに参加しているのだから。

本当のところはどうなのかと疑問に思ったわたしは、サンチェスにいくつか質問を投げかけた。(4)今回の彼の答えは、ドキュメンタリーでインタビューを受けた時とは少し違っていた。このように複雑で個人的な問題に関して、考えが揺らぐのは当然のことだ。「きみの子どもが鎌状赤血球を持たずに生まれるようにできる確かな方法を見つけたいと思う？」とわたしは尋ねた。「もちろん」と彼は答えた。「そうできるなら、もちろんそうするよ」。

「ドキュメンタリーでプロデューサーに話していたけれど、鎌状赤血球貧血症であることで学んだ辛抱強さやポジティブさについてはどう思う？」「共感することは、人間にとって本当に大切だ」と彼は答えた。「それは、ぼくが鎌状赤血球から学んだことだし、もしぼくの子どもが鎌状赤血球を持たずに生まれてきたら、ぜひそれを伝えたい。でも、ぼくの子どもにも他の子どもにも、ぼくと同じ経験をしてほしいとは思わない」。彼は、クリスパーについて知れば知るほど、自分の病気は治るかもしれないし、子どもを守ることができるかもしれない、と期待を膨らませている。しかし、それは単純な話ではない。

性格——自閉症の困難と強みをどう評価すべきか

サンチェスの賢明な言葉は、より大きな問題を提起する。困難や障害は、しばしば優れた人格を形成し、忍従を教え、立ち直る力を育てる。それは創造性とさえつながっているかもしれない。たとえばマイルス・デイヴィスも鎌状赤血球貧血症を発症しており、その痛みから逃れようと、麻薬と酒に走った。この病気は、彼の早すぎる死の遠因であったかもしれない。しかし、それが彼を創造的なアーティストに育て、『カインド・オブ・ブルー』や『ビッチェズ・ブリュー』といった名盤が生まれたとも言える。もし鎌状赤血球貧血症でなかったら、マイルス・デイヴィスはマイルス・デイヴィスだっただろうか。

これは新しい疑問ではない。フランクリン・ルーズベルトの人格は、ポリオによって磨かれた。困難が彼を変えたのだ。同様に、ポリオワクチン開発以前にポリオに感染した最後の世代である男性をわたしは知っている。彼は成功を収めたが、その理由の一部は思慮深い性格にあると、わたしは感じている。彼はわたしたちに勇気と感謝と謙虚さが大切であることを教えてくれた。また、わたしのお気に入りの小説、ウォーカー・パーシーの『映画狂時代』では、障害のある少年ロニーが周囲の人々に多大な影響を与える。

生まれつき腕に障害を持つ生命倫理学者ローズマリー・ガーランド゠トムソンは、遺伝性疾患を持つ三人の女性との友情について語る。一人は視覚、一人は聴覚、もう一人は筋肉に障害がある。「わたしたちは遺伝性疾患のおかげで、表現力、創造性、臨機応変な対応、交流といった機会、つまり人間的な豊かさを育む機会に、他の人より早くアクセスすることができた」と彼女は記している。(5)同様に、ジョリー・フレミングは素晴らしい若者だが、重度の自閉症とさまざまな持病を持って生まれた。学校に馴染めず、自宅で教育を受けた。成長するにつれて、他の人と異なる自分の内面世界をうまく扱うすべを、自力で学んでいった。そして、ついにはローズ奨学金を得てオックスフォードで学んだ。二〇二一年の回想録『人間になる方法』で彼は、もしゲノム編集で自閉症の原因を取り除けるようになったら、そうすべきかどうかについて熟考している。

「それは人間の経験の一面を取り除くことになるが、一体どんな利点があるのだろう?」。自閉症は困難な病気だが、その困難さの大半は、独特な感じ方をする人を社会が受け入れにくいことに起因している。実のところ、自閉症の特徴が、他の人々に有益な視点をもたらす場合もある。感情に過度に左右されずに意思決定できるというのもその一つだ。「社会は自閉症を障害と見なすのではなく、その良いところを認める方向へ変わるべきではないだろうか?」と彼は問いかける。「たしかに、わたしの人生は困難の連続だったが、努力は報われた。そして今、人生をかけて、他の人のためになることをしたいと思っている[6]」。

これは興味深いジレンマだ。かつてポリオワクチンが開発されたとき、わたしたちは、未来のフランクリン・ルーズベルトが人格を磨かれないとしても、ワクチンでポリオを根絶するという決断を下した。ゲノム編集によって障害をなくすと、社会から多様性と創造性がいくらか失われるかもしれない。しかし、だからと言って政府は親に、その目的でゲノム編集をしてはならないと命じることができるだろうか。

聾(ろう)――遺伝的な障害か、それとも社会構造や偏見による不利益か

ここで、どのような特性を障害と呼ぶべきかという問題が生じる。シャロン・ダシェスノウとキャンディ・マクロウはレズビアンのカップルで、子どもを授かるために精子ドナーを探した。二人とも聾だが、それを治すべき障害ではなく、自分たちの個性の一部と見なしている。そして、自分たちの文化的アイデンティティを受け継ぐ子どもがほしいと思った。そこで二人は、先天的に耳が聞こえない精子ドナーを募集し、見つけた。今二人には耳の聞こえない子どもがいる。

このカップルの話がワシントン・ポスト紙に掲載されると、一部の人は、子どもに障害を押しつけたとして二人を強く非難した。[7] しかし、聾のコミュニティは二人に喝采を送った。どちらの反応が正しいのだろう？　彼女らは、子どもに障害を負わせたことを非難されるべきなのか、それとも、社会の多様性とおそらくは共感性に貢献するサブカルチャーを維持したとして、称賛されるべきなのだろうか？　もし耳の聞こえないドナーの精子を使う代わりに、着床前診断で聾の遺伝子変異を持つ胚を選択していたら、世間の反応は違っていただろうか？　あるいは、正常な胚を、聾になるようゲノム編集したら、どうだろう？　問題はないだろうか？　さらには、健常な子どもが生まれた後に、鼓膜《こまく》を破るよう医師に頼んだとしたらどうだろう？

道徳的な議論を展開する際には、反転《リバーサル》テストが有益な場合がある。ハーバードの哲学者、マイケル・サンデルはリバーサルテストとして、次のような思考実験を行っている。親が医師のところへ来て、こう言ったとしよう。「子どもは聾で生まれてくる予定ですが、耳が聞こえるようにしてほしいんです」。医師は治療を試みるべきだと、あなたは思うだろう。しかし、親がこう言ったとしよう。「子どもは健康に生まれる予定ですが、確実に聾で生まれるようにしてほしいんです」。もし医師が承諾したら、ほとんどの人はひるむはずだ。聾を障害ととらえるのが、わたしたちの自然な反応なのだ。

本当の障害と、社会の適応能力が低いせいで障害と見なされている特性を、どのように区別すればよいのだろう？　たとえば、例の聾でレズビアンのカップルについて考えてみよう。ある人々は、聾とレズビアンの両方を不利益な特性と見なすかもしれない。このカップルが、自分たちの子どもをストレート（異性愛者）になりやすくするゲノム操作を望んだとしたら、どうだろう？　その逆で、二人が子どもをゲイ（同性愛者）になりやすくする操作を望んだとしたら？（これは思考実験だ。単一のゲイ遺伝子は存在しない）。同様に、アメリカで黒人に生まれるのは不利だと考えることができる。肌の色は主に*SLC24A5*という遺伝子が決めている。黒人の夫婦が、自分たちの人種を社会的なハンディキャップと見なし、その遺伝子を改変して肌の白い赤ちゃんを作ろうとしたら、どうだろう？

このような質問は、わたしたちに「障害」に目を向け、どこまでが遺伝的な機能障害で、どこまでが社会構造や偏見のせいで人に不利益をもたらす特性なのかを問い直すことを促す。聾が不利益をもたらすことは、人間にとっても他のどんな動物にとっても、事実である。逆に、ゲイや黒人であることの不利益は、社会の姿勢に起因するものであり、そうした姿勢は、変えることが可能であり、変えるべきだ。そういうわけで、聾を防ぐために遺伝子技術を使うことと、肌の色や性的指向を変えるためにこれらの技術を使うことは、道徳的に区別できる。

筋肉とスポーツ——アスリートの大半は優れた運動能力の遺伝子を持つ

ここで、真の障害を治療するためのゲノム編集と、子どもを強化するためのゲノム編集との間にある曖昧な境界線を、わたしたちが越えようとするかどうかを知るために、いくつか思考実験をしてみよう。*MSTN*（ミオスタチン）遺伝子は、筋肉が十分成長すると、その成長を止めるタンパク質を生成する。この遺伝子を抑制すると、ブレーキが外れる。研究者はすでにこのシステムを利用して、「マイティ（強力な）・マウス」や「ダブル・マッスル（二倍の筋肉を持つ）」のウシをつくり出している。これこそ、我らがバイオハッカー、ジョサイア・ザイナーが、カエルの筋肉増強キットや自分に注入したクリスパーでやっていることだ。

この種のゲノム編集には、畜産業者はもちろんのこと、スポーツチームの監督も関心を寄せている。将来チャンピオンになる子どもを欲しがる親もその後に続くだろう。生殖細胞系列でそのようなゲノム編集をすれば、より大きな骨格とより強い筋肉を持つ、まったく新しいタイプのアスリートが生まれる可能性があるからだ。

オリンピックで金メダルを獲得したスキー選手、イーロ・マンチランタで発見された珍しい遺伝子も、身体能力を強化する。マンチランタは当初ドーピングを疑われたが、調べたところ、赤血球の数を二五パーセント以上増やす遺伝子を持っていることがわかった。そのせいで持久力と酸素利用能力が自然に高くなったのだ。

では、ゲノム編集によって、より大きく、より筋肉質で、より持久力のある子どもを作ろうとする親に対して、わたしたちはどのような言葉を投げかければよいだろうか。楽々とマラソンしたり、タックルを振り払ったり、素手で鋼鉄を曲げたりできる子どもだ。そうなったら、スポーツに対するわたしたちの見方は変わるだろうか。アスリートの不断の努力を称賛する代わりに、ゲノム編集の巧みさを称賛するようになるのだろうか。ホセ・カンセコやマーク・マグワイヤがステロイドの使用を認めたら、彼らの本塁打記録に星印［参考記録の印］を付けるのは簡単だ。しかし、アスリートの過剰な筋肉が遺伝子に由来する場合は、どうすればいいだろう。さらには、それらの遺伝子がランダムな自然のくじ引きによって与えられたものではなく、両親が買い与えたものであっても問題にならないのだろうか。

スポーツの役割は、紀元前七七六年とされる最初のオリンピックが開催されて以来、生まれ持つ才能とたゆまぬ努力という二つの要素を称賛することにある。ゲノム編集で生来の素質を強化すると、そのバランスは崩れ、努力はそれほど必要でなくなる。そうなったら、スポーツの偉業に寄せられる賞賛も、それがもたらす感動も、減るだろう。また、アスリートが医用工学によって身体を強化して成功すると、不正と見なされる可能性がある。

しかし、この公平さについての議論には問題がある。アスリートとして成功している人の大半は、優れた運動能力をもたらす遺伝子を持っている。個人の努力も重要だが、より良い筋肉、血液、コーディネーション（身体機能の協調性）などをもたらす遺伝子を持って生まれることも助けになる。

たとえば、*ACTN3*遺伝子にはRR型、RX型、XX型の三つの多型が存在するが、Rアレル（対立遺伝子）を持つRR型とRX型は、速筋線維を作るタンパク質を生成し、筋力の向上や筋肉損傷からの回復とも関連がある。[8] 世界の一流ランナーの大半は、この遺伝子がRR型かRX型だ。将来、このRR型かRX型をあなたの子どものDNAに組み込むことが可能になるかもしれない。それは不公平だろうか？　生まれつきそれを持つ子どもがいることの方が不公平なのではないか？　どちらかがより不公平だと、なぜ言えるのか？

身長――「つま先立ち」問題

ゲノム編集による強化の公平性について考える一つの方法は、身長に目を向けることだ。低身長をもたらすIMAGe症候群は、*CDKN1C*遺伝子の変異によって起きる。子どもが平均的な身長にまで成長できるよう、この欠陥をゲノム編集で取り除くことは許されるだろうか？　ほとんどの人は許されると考えるだろう。

では、たまたま身長の低い両親について考えてみよう。彼らが子どものゲノムを編集して、平均的な身長にまで成長できるようにするのは、許されるだろうか。許されないとしたら、この二つの事例の道徳的な違いは何だろう。

たとえば、子どもの身長を二〇センチメートル高くできるゲノム編集の方法があるとしよう。その方法によって、自然にまかせると身長が一五〇センチに届かないはずの子どもを、平均身長にまで成長させることはどうだろう。あるいは、平均的な身長になるはずの子どもを二メートルにまで成長させるというのは？

これらの問題に対処する一つの方法は、「治療」と「強化」を区別することだ。身長、視力、聴力、筋肉の協調性といったさまざまな形質について、統計的手法によって典型的な機能を定義することができる。それを著しく下回る形質は、障害と見なすことができる[9]。この基準に照らすと、身長が一五〇センチに届かない子どもの治療は認められるが、平均的な身長になる子どもをさらに強化するというアイデアは却下されるだろう。

身長の問題を熟考することで、もう一つ有益な区別ができる。それは、絶対的向上と相対的向上の区別だ。前者は、あなたを含む全員が手に入れたとしても、あなたにとって有利な向上である。たとえば、記憶力や、ウイルス感染症への抵抗力を強化する方法があるとしよう。それはあなたに恩恵をもたらす。他の人が同じようにそれらを強化しても、あなたにとってそれがプラスになることに変わりはない。むしろ、コロナウイルス感染症の流行が示すように、他の人が強化されることは、あなたにとって望ましいことだ。

しかし、身長を伸ばすことがもたらすメリットは、もっと相対的なものだ。これを「つま先立ち」問題と呼ぶことにしよう。あなたは混雑した部屋の真ん中にいる。前方で起きていることを見るために、あなたはつま先で立つ。見えた！　しかし、その後、周囲の人々もそうする。すると皆、五センチほど背が高くなる。すると最前列の人は別として、あなたを含む全員が、よく見えなくなる。

同様に、わたしが平均身長だとしよう。もし二〇センチ身長が伸びたら、ほとんどの人より背が高くなり、何らかのメリットがあるだろう。しかし、もし他の全員が同じく二〇センチ高くなったら、わたしのメリットは消える。また、その強化は、わたしや社会全体をより良くしたわけではない。航空機の座席の足元の狭さを思うとなおさらである。確実に利益を得るのは、ドアフレームを高くするのを専門とする大工さんだけだろう。つまり、身長を高くするのは相対的な向上であり、ウイルスへの抵抗力を強化するのは絶対的な向上なのだ[10]。

これは、ゲノム編集による強化を許可すべきかどうかという問いの答えにはならない。しかし、その道徳基準に含める原則を模索する上で、この違いは、考慮すべき一つの要因を指し示すだろう。その要因とは、社会全体にとって役立つ強化を、個人に相対的な優位性をもたらす強化より優先する、ということだ。

超人間主義（トランスヒューマニズム）――遺伝子操作で強化された兵士をつくる

おそらくいくつかの強化は広く社会に受け入れられるだろう。では、超強化についてはどうだろう。わたしたちは、これまで人間が持たなかった特徴や能力をゲノム操作によって得ようとすべきだろうか？　プロゴルファーのタイガー・ウッズはレーシック手術で視力を矯正した。わたしたちは子どもに優れた視力を授けたいと思うだろうか？　赤外線や新しい色が見える能力を追加したいだろうか。

将来、アメリカ国防総省の調査機関であるＤＡＲＰＡ（国防高等研究計画局）は、暗視能力を持つ兵士を作りたいと思うようになるかもしれない。また、核攻撃に備えて、人間の細胞に放射能耐性を持たせるという強化も、想像できる。実のところ、ＤＡＲＰＡはただ想像しているだけではない。すでにダウドナの研究室と共同で、遺伝子操作によって強化された兵士を作る方法の検討に着手している。

超強化がもたらす奇妙な結果の一つは、子どもたちがiＰｈｏｎｅのようになることだろう。つまり、数年ごとに、よりよい機能とアプリを備えた新しいバージョンが出てくるのだ。子どもたちは年をとるにつれて、自分が旧型になっていくと感じるのだろうか。最新バージョンの子どもが持つクールなトリプルレンズ機能が自分の眼にはないと嘆くのだろうか。幸い、わたしたちにとってこのような質問はほんのお遊びであって、答えが出るものではない。答えを見つけるのは、孫の世代に委ねよう。

精神疾患――本人や家族は苦しむが、偉大な芸術家になる場合も

ヒトゲノム計画の完了から二〇年が経つが、遺伝的要因が精神に及ぼす影響は、まだほとんどわかっていない。しかし、やがては統合失調症、双極性障害、重度のうつ、その他の精神障害の

原因遺伝子が特定されるかもしれない。

そうなったら、親が自分の子どもからそれらの遺伝子を削除しようとするのを許可、あるいは推奨すべきかどうかを、わたしたちは判断しなければならないだろう。過去に遡って考えてみよう。もしジェームズ・ワトソンの息子ルーファスを統合失調症にした遺伝的要因を排除できたら、それは良いことだろうか。ワトソン夫妻がそう決断するのを、わたしたちは認めるべきだろうか?

ワトソンはその答えがどうあるべきかを確信している。「もちろん、生殖細胞系列でのゲノム編集によって、統合失調症などの自然が犯す恐ろしい過ちを正すべきだ」と彼は言う。そうすることで、苦しみは大いに減るだろう。統合失調症、うつ、双極性障害は残酷で、死をもたらすこともある。個人はもとよりその家族にも、それらの病気の負担を負わせたいと思う人はいない。

しかし、わたしたちは、統合失調症や同様の疾病を人類から消し去ることに同意するとしても、そうすることが社会や、ひいては文明に、いくらか損失をもたらす可能性を考慮すべきだ。フィンセント・ファン・ゴッホは統合失調症か双極性障害だった。数学者のジョン・ナッシュも同様だ(もっとも、凶悪な犯罪者チャールズ・マンソンとジョン・ヒンクリーも統合失調症だった)。双極性障害を持つ人々には、アーネスト・ヘミングウェイ、マライア・キャリー、フランシス・フォード・コッポラ、キャリー・フィッシャー、グレアム・グリーン、ジュリアン・ハクスリー(優生学者)、グスタフ・マーラー、ルー・リード、フランツ・シューベルト、シルヴィア・プラス、エドガー・アラン・ポー、ジェーン・ポーリー、など数多くの芸術家やクリエイターが含まれる。深刻なうつ病を持つ創造性豊かな芸術家は何千人もいる。統合失調症研究の先駆者ナンシー・アンドレアセンが行った、現代の有名な作家三〇人を対象とする調査によると、二四人が少なくとも一回は深刻なうつまたは気分障害を経験しており、一二人が双極性障害と診断されていた。[11]

気分の変動、空想、妄想、強迫観念、躁状態、うつ状態に対処することは、人によっては、創造性や芸術性を刺激する助けになるのだろうか？　少々の強迫観念か躁病の傾向を持たずに、偉大な芸術家やクリエイターになるのは難しいのだろうか？　仮にあなたの子どもが統合失調症で、治療しなければフィンセント・ファン・ゴッホのようになって芸術の世界を変えるとわかっていても、あなたは子どもが統合失調症にならないようにするだろうか（ファン・ゴッホが自殺したことを忘れてはならない）。

ここまで考えを進めたところで、わたしたちは個人が望むことと、人類の文明にとって良いこととの潜在的な対立と向き合わなくてはならない。気分障害に苦しむ人、その両親や家族は、気分障害の軽減を恩恵と見なし、望むだろう。しかし、社会の観点に立つと、この問題は違って見えるのではないか？　気分障害を薬によって、やがてはゲノム編集によって、治療できるようになると、わたしたちはより幸福になるが、ヘミングウェイのような人は減る。わたしたちはファン・ゴッホのいない世界に住みたいだろうか？

気分障害をゲノム編集で取り除くことへの疑問を突き詰めると、さらに根本的な疑問に行き着く。人生の目的や目標は何だろう。幸福になることだろうか。満足することだろうか。それとも、痛みや不快感がないことだろうか。もしそうだとしたら、そうなるのは簡単かもしれない。『すばらしい新世界』の支配者は、苦痛のない世界を設計した。大衆は、気分を高め、不快と悲しみと怒りを抑えることができる薬、ソーマを与えられる。この状況は、哲学者ロバート・ノージックが考案した「経験機械」という思考実験に似ている。経験機械に脳をつなぐと、望み通りの人生を経験することができる。ホームランを打ったり、映画スターと踊ったり、美しい湾でボートに乗ったり、何でも思い通りだ。[12] わたしたちは常に幸福な気分でいられるだろう。だが、それは望ましいことだろうか？

それとも、人生にはもっと深遠な目的や目標があるのだろうか。わたしたちは自らの才能や個性を心から満足できる形で発揮し、より深い意味での成功を目指すべきなのだろうか？　そうだとしたら、ゲノム編集によって作られたものではない、本物の体験と達成と努力が必要とされるだろう。良い人生を送るには、コミュニティや社会や文明に貢献することが欠かせないのではないだろうか？　進化はそのような目的を人間の本質に組み込んだのではないだろうか？　その目的を果たすには、犠牲や痛み、苦悩、それに、自ら選択するとは限らない困難が必要なのかもしれない。[13]

賢さ――その本質はまだ解明されていない

さあ、最後のフロンティアに取り組もう。それは最も有望だが、恐ろしくもあるフロンティアだ。すなわち、記憶力、集中力、情報処理などの認知スキルを向上させ、やがては、漠然とした概念である「知性」を向上させることだ。身長と違って、認知スキルがもたらす利益は、相対的な利益だけでない。もし誰もがもう少し利口になったら、おそらくわたしたち全員はもっと豊かになるだろう。人口の一部が利口になっただけでも、社会の全員が利益を受けるかもしれない。

記憶力は、精神的機能の中で最初に工学的に改善できる可能性があり、幸い、ＩＱに比べて、それほど異論の多いテーマではない。マウスではすでに、神経細胞のＮＭＤＡ受容体の遺伝子を強化するなどして、記憶力の向上が計られてきた。人間の場合、それらの遺伝子を強化すると、高齢者の記憶障害を防ぐだけでなく、若い人の記憶力を高めることが期待できる(14)。

おそらく、認知スキルが向上すれば、わたしたちはテクノロジーをより賢く使いこなせるようになるだろう。しかし、「賢く」というのはどういう意味だろう。ヒトの知性に組み込まれているあらゆる複雑な要素の中で、賢さは最もとらえどころのないものだろう。賢さの遺伝的要素を理解するには、まず意識の本質を理解しなければならないが、それは今世紀中には実現しないだろう。それまでわたしたちは、自然から与えられた限りある知恵をうまく使って、自ら発明したゲノム編集技術をどう使うかを熟考しなくてはならない。賢さを伴わない発明は危険だ。

第42章

誰が決めるべきか？

> Dream of being stronger? 💪 Or smarter? 🧠 Do you dream of having a top student or star athlete? Or a child free of inheritable #diseases? 👨‍🏫 ⛹️‍♀️ Can human #GeneEditing eventually make this and more possible?

2019年9月、米国科学アカデミーがツイート

米国科学アカデミーのビデオ

そのツイートは意図されたより、挑発的で、少し刺激的だった。

もっと強くなりたい？💪　それとも賢くなりたい？🧠　トップの学生やスター選手になりたくはない？　それとも遺伝する病気のない子ども？👨‍🏫⛹️　ヒト#ゲノム編集はこんなことや、もっとすごいことができるのかな？

二〇一九年九月にこのツイートを投稿したのは、厳格なことで知られる全米科学アカデミーだ。目的は、ゲノム編集に関する会議の大半が推奨する通り、「社会の幅広い議論」を喚起することだった。このツイートは生殖細胞系列でのゲノム編集に関するクイズと解説動画にリンクしていた。

その動画は、五人の「平凡な人たち」が人体図に付箋を貼り、自分の遺伝子をどう改変するかについて空想しているところから始まる。ある人は、「もっと背が高くなりたい」と言った。他には、こんな願望が述べられた。「体脂肪を減らしたい」「ハゲないようにしたい」「失読症を予防したい」。

画面にダウドナが登場し、クリスパーが働く仕組みを説明する。続いて、生まれてくる子どもの遺伝子をどう設計するかについて話し合う人々が映し出された。「完璧な人間を作ろうか？」

と、一人の男性が言う。「それはすごい！」と、もう一人が言った。「子孫には最高品質を望むというわけだね」。ある女性は、「もし子どものために最高のＤＮＡを選ぶチャンスがあったら、絶対に頭のいい子にしたいわ」と言う。注意欠陥障害や高血圧といった自分の健康問題について語る人もいた。ある男性は自分の心臓病について「ぼくはその因子を確実に取り除きたい」と言った。「自分の子どもには同じ苦労をさせたくないからね(1)」。

ツイッターでは、生命倫理学者たちが即座に反応した。「なんたる間違い」と、ツイートしたのは、カリフォルニア大学デービス校のがん研究者で生命倫理学者のポール・ノフラーだ。「米国科学アカデミーの広報部門のいったい誰が、この変なツイートとリンク先のページを仕立てたのか。このツイートは遺伝するヒトゲノム編集をあまりにも楽観し、デザイナーベビーというアイデアを当たり前のことのように見せかけている」。

当然ながら、ツイッターは生命倫理の議論に最適なフォーラムとは言いがたい。インターネット掲示板では、どんな議論でも七つ目のレス（返答《レスポンス》）までに誰かが「ナチ！」と非難する、という定説がある。ゲノム編集のスレッドでは、七つ目どころか三つ目で、「ぼくらはまだ一九三〇年代のドイツにいるわけ？」と、ある人がツイートした。別の人がこう付け加えた。「きっとオリジナルはドイツ語だ。ドイツ人の反応やいかに？(2)」

わずか一日で、米国科学アカデミーの担当者たちは撤退した。ツイートは消され、動画はウェブから削除された。広報担当は「ゲノム編集による人間の形質の『強化』が容認されている、あるいは軽視されているという誤解を与えてしまった」として謝罪した。

この騒動は、ゲノム編集のモラルについて幅広い社会的議論を呼びかけることが、言うほど簡単ではないことを明らかにした。それはまた、将来ゲノム編集ツールはどのように使われるべきかを誰が決めるか、という疑問も提起した。前章の思考実験で見てきたように、ゲノム編集に関する難問の多くは、その問題をどう決めるかだけでなく、誰が決めるべきかということと関係がある。そして、多くの政治的課題と同様に、個人の願望がコミュニティの利益と相反するおそれがある。

個人か、コミュニティか？

主要な道徳的問題の大半は、二つの対立する見方から成り立っている。一つは個人の権利、個人の自由、個人の選択を尊重しようとするものだ。ジョン・ロックなどの一七世紀の啓蒙思想家から始まるこの伝統は、人生において何を大切に思うかは人それぞれだということを認める。その上で、国家は国民に、他人を傷つけない限り自ら選択する自由を与えるべきだと論じる。

対照的な見方は、社会にとって、さらには（バイオエンジニアリングや気候政策の場合）人間という種にとって最善は何かという観点から正義と道徳性を評価しようとする。その例としては、学童へのワクチン接種や、感染症流行中のマスク着用の命令を挙げることができる。個人の権利より社会の利益を重視することは、ジョン・スチュアート・ミルの功利主義のように、「個人の自由を犠牲にしても、社会における最大多数の最大幸福を追求する」という形をとることもあれば、「誰もが暮らしたいと思える社会を形成するために交わされる合意から道徳的義務が生じる」という、より複雑な社会契約論の形をとることもある。

これらの対照的な見方は、現代の基本的な政治的見解の相違を形成している。一方は、可能な限り個人に自由を与え、規制や税金を減らし、国が個人の生活に干渉しないことを望む。もう一方は公共の利益を最優先とし、自由市場が個人の仕事や環境に及ぼす害と、利己的な行動がコミュニティや種や地球に及ぼす害を抑制することを望む。

この二つの見方の近代的基盤は、半世紀前に書かれた二つの影響力ある書物で説明された。ジョン・ロールズの『正義論』と、ロバート・ノージックの『アナーキー・国家・ユートピア』である。前者は公共の利益を優先する立場をとり、後者は個人の自由を支える道徳的基盤を重視する。

ロールズは、人々が集まって契約を結ぶ場合のルールを定義しようとした。彼はこう述べた。――社会の「公平さ」を確保するには、社会における自分の地位や能力がわからない状態で、自分はどんなルールを定めるだろうと想像しなければならない。この「無知のベール」に包まれた人々は、不平等は、社会全体、特に最も恵まれない人々に利益をもたらす範囲内において許される、と判断するだろう――。この考えに基づいてロールズは、遺伝子工学は不平等を拡大しない場合にのみ正当化される、と結論づけている[3]。

一方、ノージックの著書はハーバードの同僚であるロールズの著書に対抗して書かれたもので、同じく、自然の無秩序な状態からどのように社会が形成されていくかを想像した。社会的ルールは、複雑な社会契約によってではなく、個人の自発的選択から生まれるべきだとノージックは論じる。彼の基本理念は、他者が考案した社会的・道徳的目標を達成するために個人が利用されてはならない、というものだ。この観点から彼は、「最小国家」を支持する。それは、公共の安全の確保と契約の執行のみを担い、規制や富の再配分を行わない国家だ。脚注で彼は、遺伝子工学の問題について、リバタリアン〔自由意志論者〕の自由市場の考え方を採用して、こう書いている——中央集権化された管理や、規制当局によるルールの代わりに、「遺伝子のスーパーマーケット」を作るべきだ。医師は、（道徳的に許される範囲内で）「両親になる人が求める個別の仕様」に応えなければならない(4)——。この著作以降、「遺伝子のスーパーマーケット」という言葉は、遺伝子工学上の決定を個人と自由市場に委ねることを意味するキャッチフレーズになり、賛否双方の陣営で使われるようになった。(5)

『1984年』と『すばらしい新世界』

二つのSF作品も議論の形成に一役買っているだろう。ジョージ・オーウェルの『1984年』と、オルダス・ハクスリーの『すばらしい新世界』だ。(6)

オーウェルは、常に人々を監視している指導者「ビッグ・ブラザー」が、情報テクノロジーを利用して超大国に権力を集中させ、大衆を脅し支配する世界を描いた。この「オーウェル的世界」では、個人の自由と自律的思考は、電子的な監視と完全な情報統制によって押しつぶされる。オーウェルは、スターリンやフランコ〔スペイン内乱を率いたファシスト派の将軍〕がいつの日か情報テクノロジーを支配し、個人の自由を破壊する危険性を警告した。

しかし、そうはならなかった。現実の一九八四年、アップルは使いやすいパーソナル・コンピュータ、マッキントッシュを発表し、スティーブ・ジョブズはその広告にこう書いた。「一九八四年が『1984年』にならない理由を、あなたは知るだろう」。この言葉には深い真実が込められていた。コンピュータは、中央集権国家による抑圧の道具にはならなかった。それどころか、パーソナル・コンピュータと、インターネットの分散型の性質の組み合わせは個人により多くの力をもたらし、表現の自由とメディアの民主化が、急速に、過剰なほど進んだ。この新たな情報テクノロジーの暗い側面は、政府に言論の自由を抑圧させたことではない。逆に、このテクノロジーによって、誰でも、責任を問われることなく、あらゆる考え、陰謀、嘘、憎悪、詐欺、計画を拡散できるようになった。その結果、社会の公民性と統治能力が低下した。

遺伝子テクノロジーについても、同じことが言えそうだ。ハクスリーは一九三二年の小説『すばらしい新世界』において、中央集権化された政府が生殖科学を管理する新世界について警告を発した。孵化《ふか》センターでつくられたヒトの胚は、異なる社会的目的に合わせて選別される。「アルファ」階級に選ばれた人は、指導者になるよう、身体的にも精神的にも強化される。一方、「イプシロン」階級になると、単純作業を行う労働者になるよう育てられ、半ば昏睡状態で幸福に生きるよう条件づけされる。

ハクスリーはその本を、「あらゆることを全体主義的に管理しようとする現代の流れ」に対する反発として書いた、と述べている。[7] しかし、情報テクノロジーの場合と同様に、遺伝子テクノロジーの危険性は、「政府」による管理が行きすぎることではなく、「個人」による管理が行きすぎることにあるようだ。二〇世紀初頭にアメリカで起きた優生学運動と、その後のナチスの悪魔的計画のせいで、国家による遺伝子プロジェクトというアイデアには悪臭が漂うようになった。「良い遺伝子」という意味の優生学（eugenics）に悪いイメージが焼きつけられたのだ。しかし、今、わたしたちは新たな優生学を導入しようとしているのかもしれない。それは、自由な選択と、市場ベースの消費者主義に基づく、自由主義《リベラル》の、あるいは自由意志論者《リバタリアン》の優生学だ。

ハクスリーはこの自由市場の優生学を支持したかもしれない。彼は一九六二年に『島』というあまり知られていないユートピア小説を書いたが、そこでは女性が、ＩＱが高く芸術的才能のある男性の精子で受精することを選ぶ。「ほとんどの既婚者カップルは、卑しい生殖を行って夫の家系の望ましくない特質や欠陥を再現するリスクを冒すより、優れた品質の子どもを授かるチャンスに挑戦するほうが、道徳的だと感じている」と、主人公は説明する。(8)

自由市場の優生学

現在、ゲノム編集に関する決定は、良くも悪くも、消費者の選択と自由市場の力に委ねられようとしているようだ。なぜ、それがいけないのだろう？　生殖に関する他の選択と同様に、ゲノム編集に関する決定を、個人や生まれてくる子の両親に委ねてはなぜいけないのだろう。なぜ、倫理会議を開いて社会のコンセンサスを得ようとしたり、集団として悩んだりしなければならないのだろう？　ゲノム編集に関する決定は、自分の子どもや孫のために最善の未来を望む人々に任せるのが最善ではないのか。(9)

心を解放し、現状維持に陥らないために、最も基本的なことについて自問しよう。遺伝子を改良することの何がいけないのか？　安全にそれを行えるのであれば、異常、病気、障害を防ぐべきではないか？　なぜ、人間の能力を向上させ、機能を強化してはいけないのか。「子どもの障害を取り除いたり、目を青くしたり、ＩＱを一五ポイント高めたりすることが、どうして公衆衛生や道徳を脅かすことになるのか、ぼくにはわからない」と、ダウドナの友人であるハーバードの遺伝学者、ジョージ・チャーチは言う。(10)

それどころか、わたしたちは、子どもや将来の人類の幸福に配慮するという道徳的義務を担っているのではないのか。ほぼすべての種は、子孫が繁栄する可能性を高めるためにあらゆる手を尽くすという進化的本能を備えている。それこそが進化の本質ではないだろうか。

オックスフォードの哲学者にして実践倫理学教授のジュリアン・サバレスキュは、この考え方の主唱者として知られる。サバレスキュは「生殖の善行」という言葉を作り、生まれてくる子どものために最善の遺伝子を選ぶのは道徳的行為だと主張した。彼は、そうしないのは非道徳的だ、とさえ言う。「カップルは最善の人生を送る可能性の高い胚や胎児を選ぶべきだ」と主張する。また、そうなると富裕層が子どものためにより良い遺伝子を購入し、強化されたエリート層が（あるいは人類の亜種さえ）生まれるのではないか、という懸念を彼は却下した。「たとえ社会的不平等を維持あるいは助長することになっても、疾患のない遺伝子の選択は認められるべきだ」と記し、具体的には「知能に対応する遺伝子」を挙げている。[11]

多様性がもたらす価値は、個人にとっての価値と相反する

サバレスキュの観点を分析するために、別の思考実験をしてみよう。ゲノム操作が主に個人の自由な選択に任され、政府による規制はほとんどなく、厄介な生命倫理学の有識者があれこれ口出しすることもない世界を想像しよう。あなたが不妊治療クリニックに行くと、まるで遺伝子のスーパーマーケットに来たかのように、子どものために購入可能な形質のリストを渡される。ハンチントン病や鎌状赤血球貧血症など、重い遺伝病を取り除きますか？　もちろん、あなたはそうする。わたし自身は、失明する危険性のある遺伝子を子どもが持たないようにしたい。平均以

下の身長、平均以上の体重、低いＩＱを回避しますか？　これらについても、おそらく誰もが同じ選択をするだろう。わたしなら、身長と筋肉量とＩＱを高めるために、プレミアム価格のオプションを選択するかもしれない。さらに、ゲイではなくストレートになる可能性が高い遺伝子があったとしよう。あなたはゲイに偏見を持っていないので、その遺伝子を選ぶことに、少なくとも最初は抵抗を感じるだろう。しかし、それを選択しても非難されないとわかっていたら、自分の子どもが差別されず、孫が生まれる可能性が高くなる選択をし、それを正当化するのではないだろうか。ついでに、金髪と青い目も選びたくなるのでは？

危ない！　何だかおかしなことになってきた。これでは本当に、滑りやすい坂だ！　門や警告の旗がなければ、わたしたちは皆、制御不能なスピードで、社会の多様性とヒトゲノムを道連れに坂を下っていくことになりそうだ。

まるで『ガタカ』のワンシーンのようだが、二〇一九年には現実に、着床前診断を利用して赤ちゃんを設計するサービスが、ニュージャージー州のスタートアップ、ゲノミック・プレディクションによって開始された。体外受精クリニックが、受精数日後の胚から採取したＤＮＡサンプルを同社に送る。同社ではそれを配列決定し、数多くの病気を発症する確率を、統計的に見積もる。親になる人は、子どもに望む特徴に基づいて、着床させる胚を選ぶことができる。その検査により、嚢胞性線維症や鎌状赤血球貧血症などの単一遺伝子疾患はもちろんのこと、糖尿病、心臓発作リスク、高血圧などの多遺伝子疾患と、同社の販促資料によれば、「知的障害」と「身長」についても統計的に予測できる。一〇年以内にＩＱの予測が可能となり、両親はとても賢い子どもを選べるようになる、とその創設者は言う[12]。

というわけで、そのような決定を個人の選択に委ねることの問題点が見えてきた。個人の選択を尊重するリベラルまたはリバタリアンの遺伝学は、政府が管理した優生学と同様に、最終的に、多様性も標準からの逸脱も少ない社会をもたらす。それは親にとっては喜ばしいことかもしれないが、やがてわたしたちは創造性、インスピレーション、斬新さに欠ける社会に暮らすことになる。多様性は社会にとってだけでなく種にとっても好ましい。他のあらゆる種と同じく、わたしたちの進化と回復力は、遺伝子プールのランダムさによって強化されているのだ。

問題は、先ほどの思考実験で明らかになったように、多様性がもたらす価値は、個人にとっての価値と相反することだ。わたしたちは、背が高い人も低い人も、ゲイもストレートも、穏やかな人も苦しむ人も、盲目の人も目の見える人もいる方がコミュニティにとって有益だと感じるかもしれない。しかし、社会の多様性を高めるためだけに、有益なゲノム操作を他の家族に諦めさせる権利がわたしたちにあるのだろうか？ 国がそうさせることを、わたしたちは望むだろうか？

金銭的な不平等が、遺伝的な不平等になりかねない

ゲノム編集に関して、個人の選択と自由市場に制限を設けようとする理由の一つは、ゲノム編集が不平等を助長し、さらには種の中に永久に刻み込む可能性があることだ。もちろん、わたしたちはすでに出生や親の選択に基づくいくらかの不平等を甘受している。子どもに本を読み聞かせたり、良い学校に通わせたり、サッカーを教えたりする親を、わたしたちは称賛する。また、SAT［大学進学適性試験］のための家庭教師を雇ったり、子どもをコンピュータ特訓キャンプ

に行かせたりする親のことも、多少は驚きながらも受け入れる。このような親の多くは、世襲の特権による優位性を子どもに与えている。しかし、不平等がすでに存在するからと言って、それを助長したり、永久に定着させたりしていいというわけではない。

親が子どものために最高の遺伝子を買うことを許可すると、不平等は飛躍的に進むだろう。言い換えれば、それはただの大きな跳躍ではなく、未踏の軌道への飛躍になるはずだ。出生に基づく貴族制やカースト的な社会制度を数世紀かけて縮小してきた結果、現在、ほとんどの社会は、民主主義の大前提でもある一つの道徳原則を受け入れている。その原則とは、「機会の均等」である。この「人間は平等に創られている」という信条から生まれる社会の結束は、金銭的な不平等が遺伝的な不平等に変換されるようになると、失われるだろう。

ゲノム編集が本質的に悪いということではない。ゲノム編集が自由市場の一部となり、富裕層がそこで最高の遺伝子を買って、自分の家系に根づかせることを批判しているのだ。[13]

個人の選択を制限するのは難しい。さまざまな大学で起きた不正入学のスキャンダルを見れば、自分の子どもに優位性を与えるために親がどこまでやるか、どれほどの金額を支払うかがわかる。加えて、科学者には、何らかの手法を人より早く開拓したい、発見したい、という自然な欲求がある。したがって、もしある国が強い制限を課せば、その国の科学者は他の国に逃げるだろう。そして子どものゲノム編集を望む裕福な親は、進取の精神に富むカリブ海の島か、そうした制限のない外国のクリニックを探すだろう。

ゲノム編集を個人の選択に任せず、ある種の社会的コンセンサスを目指すのは可能だ。万引きから性的人身売買まで、わたしたちが完全には管理できない行為は、法的制裁と社会的羞恥心によって最小限に抑えられている。たとえば、アメリカ食品医薬品局(FDA)は、新しい薬や治療法を規制している。中には、薬を本来の目的以外で使用する人や、型破りな治療を受けるために外国へ行く人もいるが、それでもFDAの規制はかなり有効だ。わたしたちの課題は、ゲノム編集の規範はどうあるべきかを明らかにすることだ。それができたら、多くの人が従うような規制と社会的制裁を模索できるようになるだろう。[14]

神を演じる

人間の進化の方向性を決めたり、赤ちゃんをデザインしたりすることに違和感を覚えるもう一つの理由は、それが「神を演じる」ことになるからだ。プロメテウスが火を盗んだように、わたしたちは自分の階級より上に存在するはずの力を奪うことになる。そうするうちに、人間は創造物の一つにすぎないという謙虚な気持ちが失われていくだろう。

「神を演じる」ことに抵抗を感じる理由は、神話を引き合いに出さなくても理解できる。あるカトリックの神学者は、全米医学アカデミーの公開討論会で次のように述べた。「神を演じるべきではないと誰かが言うのを聞くと、九〇パーセントの確率でその人は無神論者だとわたしは思う」。つまり、美しく驚異的で神秘的で繊細に絡みあった自然の力を人間はもてあそぶことができる、と思うこと自体が傲慢だと言っているのだ。「進化は三八・五億年かけて、ヒトゲノムの最適化に取り組んできた」と、NIH所長で、キリスト教を信仰するフランシス・コリンズは言う。「ヒトゲノムをいじくっている少人数の集団が、意図しない結果を招くことなくうまくやれると、わたしたちは本当に思っているのだろうか?」[15]。

自然とその神聖さに対する敬意は、自らの遺伝子をいじくりまわすことを慎もうとする謙虚さをわたしたちに植えつけているはずだ。しかし、その行為は全面的に禁じられるべきなのだろうか？　結局、わたしたちホモ・サピエンスもまた、細菌やサメやチョウと同じく自然の一部である。自然はその無限の知恵によって、あるいは盲目の手探りによって、わたしたちの種に自分のゲノムを編集する能力を授けた。もしわたしたちがクリスパーを使うことが間違いだとしても、その理由は、それが不自然だからではない。なぜなら、細菌とウイルスが使うあらゆる策略と同じく、クリスパーを使うのは自然なことなのだ。

歴史を通じて、人間（および、他のすべての種）は、自然が差し出す毒を受け入れるのではなく、それと戦ってきた。母なる自然は大いなる苦しみを生み出し、不平等に分配してきた。だからこそ、わたしたちは、疫病と戦い、病気を治し、障害を克服し、より良い作物と動物と子どもを育てるための方法を考案してきた。

ダーウィンは「不器用で無駄が多く、不注意で粗野で、恐ろしく残酷な、自然の働き」について記した。進化には、知的な設計者《インテリジェント・デザイナー》の指紋も、慈悲深い神の指紋も残されていないことを彼は発見した。彼は進化の失敗と思える事例の詳細なリストを作成した。それには哺乳類のオスの尿路、霊長類の副鼻腔の排水不良、ヒトがビタミンCを合成できないことが含まれる。

このような設計不良は例外ではなく、進化のプロセスがもたらした自然な結果である。進化は、最終的な製品を念頭において基本計画《マスタープラン》に沿って進むのではなく、マイクロソフト・オフィスの最悪の時代と同じく、新しい機能を偶然見つけては、適当に組み合わせていく。進化が主な指針にしているのは、繁殖適応度、つまり、どの特徴が、より多くの子孫を残すことにつながるかであり、したがって進化は、コロナウイルスやがんを含むありとあらゆる病気が、子どもを産む役目を終えた生物を苦しめることを許し、おそらくは奨励さえする。だからといって、わたしたちは自然に敬意を表してコロナウイルスやがんへの対策を探すのをやめるべきだ、というわけではない[16]。

適切なバランスを見つける賢さも

しかし、「神を演じること」に対しては、もっと深遠な反論があり、それを最も明確に述べているのは、ハーバード大学の哲学者マイケル・サンデルだ。彼は次のように述べている。もし人間が、自然のくじ引きに手を加えて自分と子どもたちの遺伝的才能を操作する方法を見つけたら、わたしたちは自分の特徴を、受け入れるべき贈り物と見なしにくくなる。そうなると、「神のご加護があればこそ今の自分はある」という思いに根ざす、恵まれない人に対する共感は損なわれるだろう。「遺伝をコントロールしようとする熱意が見落とし、破壊さえしかねないのは、人間の力と業績は天与のものだという認識である。……贈られしものとしての人生に感謝することは、自分の才能や能力のすべてが自分の努力によるわけではないと認めることだ[17]」。

もちろん、わたしもサンデルも、自然が差し出す贈り物をすべて恭しく受け入れなければならないと考えているわけではない。人間の歴史は、伝染病、干ばつ、嵐といった思いがけず降りかかる困難を克服しようとする探究の歴史であり、アルツハイマー病やハンチントン病を天からの贈り物と見なす人はいないだろう。がんと戦うための化学療法や、コロナウイルスと戦うためのワクチン、さらには先天性欠損と戦うためのゲノム編集ツールを生み出す時、わたしたちは、天からの贈り物をありがたく受け取るのではなく、当然のこととして自然をコントロールしようとしているのだ。

それでも、サンデルの言葉は、子どものために強化や完璧さを設計しようとする時に、いくらかの謙虚さを思い出させてくれるだろう。天与の運命の完全なコントロールを目指すのは慎むべきだという彼の主張は、深遠で、美しく、崇高でさえある。人間の素質をコントロールしようとするプロメテウス的探究を避けながら、同時に、気まぐれなくじ引きへの絶対的服従も避ける道を進むことは可能だ。賢さとは、適切なバランスを見つけることだ。

第43章　ダウドナの倫理の旅

香港サミットでのダウドナ

遺伝性疾患の赤ちゃんに「母親として身につまされた」

自分が共同発明したクリスパー・キャス9ツールによって、ヒトゲノムを編集できることが明らかになると、ダウドナは「理屈抜きの、反射的な反応」をした。子どものゲノムを編集するという考えは不自然で、人間性を脅かすと感じられた。「当初わたしは本能的にそれに反対した」と彼女は回顧する。[1]

この立ち位置が変わりはじめたのは、彼女が企画に携わり二〇一五年一月にナパバレーで開かれた、ゲノム編集に関する会議がきっかけだった。あるセッションで、生殖細胞系列でのゲノム編集を認めるべきかどうかについて激しい議論が交わされた。ある参加者が、身を乗り出して、静かにこう言った。「いつの日か、人間の苦痛を和らげるために生殖細胞系列ゲノム編集を使わ・な・い・ことが、非倫理的だと見なされるようになるかもしれません」。

それを境に、生殖細胞系列でのゲノム編集が「不自然」だという考えは、彼女の思考の中で後退し始めた。あらゆる医学の進歩は、「自然に」起きたことを修正しようとするものだということに気づいたのだ。「時として自然は残酷なことをするし、多大な苦しみをもたらす変異もたくさんある。だから、生殖細胞系列でのゲノム編集が不自然だという考えは、次第にわたしにとってそれほど重みを持たなくなった」と彼女は言う。「自然なことと不自然なことを、医学的にどう区別できるのか、わたしにはわからない。したがって、その二分法によって、苦痛と障害を軽減する可能性があるものを遮断するのは危険だと思う」。

クリスパー・キャス9ツールの発見で一躍有名になった彼女のもとには、遺伝性疾患に苦しめられ、科学の助けを待ち望む人々からの手紙が数多く届くようになった。「子どもに関する話は、母親として特に身につまされた」と彼女は振り返る。中でも一つの事例を彼女は忘れることができない。ある女性が、生まれたばかりの可愛い息子の写真を送ってきた。その美しい赤ちゃんの姿はダウドナに、息子のアンディが生まれた時のことを思い出させた。しかし、その赤ちゃんは、遺伝性の神経変性疾患と診断されていた。まもなくその子の神経細胞は死滅しはじめ、やがて歩くことも話すこともできなくなり、ついには飲みこむことも食べることもできなくなる。彼は苦しみに満ちた早い死を迎える運命にあった。その手紙には、助けを求める痛切な思いがつづられていた。「そのような病気を防ぐために前進することを、望まずにいられるだろうか?」とダウドナは問いかける。「わたしは胸が痛んだ」。そして、もしゲノム編集によってこうした悲劇を防ぐ見込みがあるのなら、それを追求しないことは道徳に反する、と確信した。彼女はそれらのメールのすべてに返信した。先の母親への返信では、自分たち研究者は、そのような遺伝性疾患の治療法と予防法を見つけるために懸命に取り組みます、と約束した。「けれども、ゲノム編集技術が彼女の役に立つようになるまでに何年もかかることを伝えなければならなかった」とダウドナは言う。「彼女に誤解させたくなかったから」。

医療当事者との対話から

ダウドナは、二〇一六年一月に開催されたダボス会議〔世界経済フォーラム〕に出席し、ゲノム編集に関する倫理的な課題について語った。その公開討論会で、一人の女性パネリストから声をかけられた。自分の妹は遺伝性の神経変性疾患だと彼女は言った。それは妹本人だけでなく、家族全員の生活と財政状況に影響しているという。「もしゲノム編集によってそれを避けることができるのであれば、家族全員が絶対に賛成するでしょうと彼女は言った」とダウドナは振り返る。「生殖細胞系列ゲノム編集を阻止しようとする人々は残酷だと、彼女は感情的に語り、泣きそうになった。わたしは心を揺さぶられた」。

その年の後半、一人の男性が、ダウドナに会うためにバークレー校を訪れた。彼の父親と祖父はハンチントン病で亡くなり、姉妹のうち三人がその病気と診断され、緩慢な、苦痛に満ちた死へと向かっていた。ダウドナは、彼もその病気なのかどうかはあえて尋ねなかった。しかし、彼と会ったことで、もし生殖細胞系列のゲノム編集によって、安全かつ効果的にハンチントン病をなくすことができるのであれば、それに賛成しようと決意した。ひとたび遺伝性疾患を持つ人と会えば、とりわけ、それがハンチントン病のような病気を抱える人なら、ゲノム編集の抑制を支持するのは難しくなる、と彼女は言う。

また彼女は、トロント小児病院の研究主任ジャネット・ロサントや、ハーバード・メディカル・スクールの学部長ジョージ・デイリーとの長い対話からも影響を受けた。「わたしたちは疾患の原因になっている変異を修正できる寸前まで来ていることがわかった」と彼女は言う。「あと一歩なのだから、それを望まないわけがない」。なぜクリスパーだけが、他の医療処置よりもはるかに高い倫理基準に縛られなければならないのだろうか？

彼女は考えを進めていくうちに、ゲノム編集に関する多くの決定は、官僚や倫理委員会ではなく個人に委ねられるべきだという意見に共感するようになっていった。「わたしはアメリカ人であり、個人の自由と選択を重視することはわたしたちの文化の一部になっている」と彼女は言う。「また、親としても、このような新しい技術が登場した時に、自分や家族の健康について自ら選択できるようにしたいと思う」。

しかしクリスパーには未知の大きなリスクが潜んでいる可能性があるため、医学的に必要で、他に適切な手段がない場合にのみ使用されるべきだと彼女は考えている。「したがって、今のところ、それを行う理由はない」と彼女は言う。「フー・ジェンクイがＨＩＶ免疫を獲得させるためにクリスパーを使用したことを、わたしが問題視したのはそのためです。適切な手段は他にもあった。あれは医学的に必要ではなかった」。

「医療」と「強化」の線引き

彼女から見て、ますます大きくなってきている道徳的問題の一つは、不平等の拡大で、特に富裕層が子どもの遺伝子を強化する可能性だった。「わたしたちが作り出す遺伝的不平等は、世代を経るごとに広がっていく可能性がある」と彼女は言う。「もしあなたが、現在わたしたちは不平等に直面していると思うのであれば、その上、社会が経済的なヒエラルキーに沿って遺伝的に階層化され、経済的不平等が遺伝コードに書きこまれたらどうなるか、想像して欲しい」。

彼女はこう語った。「親がゲノム編集によって子どもを強化しようとするのは、道徳的にも社会的にも間違っている。ゲノム編集を医学的に必要なものに限定すれば、親がそれを求める可能性を低くすることができる。医療と強化の線引きは曖昧になるかもしれないが、全く無意味なわけではない。有害な変異を修正することと医学的に必要のない遺伝的特徴を追加することの違いは明白です。遺伝子の変異を、その遺伝子の正常なバージョンに戻すことで修復する限り、つまり、一般的なヒトゲノムには見られない新たな強化を加えない限り、わたしたちは安全な側にいることができるでしょう」。

最終的にクリスパーがもたらす公益が、それがもたらす危険を上回ることを、彼女は確信している。「科学は後戻りできないし、この知識を知らなかったことにはできない。したがって、慎重に前進する道を見つけるしかない」と、二〇一五年のナパバレー会議の後で自らが書いた報告書のタイトルに使った言葉を繰り返しながら、彼女は言う。「これは人類が初めて目にするものです。今やわたしたちは自らの遺伝的未来をコントロールする力を手に入れた。それは素晴らしいと同時に恐ろしいことでもある。だからこそ、この新たに得た力を大切にしながら、慎重に前進しなければならない」。

第八部

前線で
起きていること

Dispatches from the Front

クレイジーな人たちがいる。はみ出し者、反逆者、厄介者と呼ばれる人たち。四角い穴に丸い杭を打ち込むように、物事をまるで違う目で見る人たち。彼らは規則を嫌う。彼らは現状を肯定しない。彼らの言葉に心を打たれる人がいる。反対する人も、賞賛する人も、けなす人もいる。しかし、彼らを無視することは誰にもできない。なぜなら、彼らは物事を変えたからだ。彼らは人類を前進させた。彼らはクレイジーと言われるが、わたしたちは天才だと思う。自分が世界を変えられると本気で信じる人たちこそが、本当に世界を変えているのだから。

——スティーブ・ジョブズ、アップルの広告
〝Think Different〟、一九九七年

第44章 生物学が新たなテクノロジーに

ダウドナの愛弟子、サミュエル・スターンバーグ。
フェン・チャンと熾烈な競争を繰り広げた

二〇一九年、ケベックでのクリスパー会議――バイオテクノロジーはクールな存在へ

二〇一九年、わたしはケベックで開催されたクリスパー会議に参加し、生物学が新たなテクノロジーになっていることを知って衝撃を受けた。その会議は、一九七〇年代末のホームブリュー・コンピュータ・クラブやウエスト・コースト・コンピュータ・フェアと同じような雰囲気に包まれていたが、若いイノベーターたちが熱っぽく語っていたのは、コンピュータ・コードのことではなく、遺伝コードについてだった。会場は競争と協力を触媒とする刺激的な空気に満ちていて、ビル・ゲイツとスティーブ・ジョブズが初期のパソコンの見本市に足繁く通っていた頃を彷彿とさせた。もっとも、今回のスターはジェニファー・ダウドナとフェン・チャンである。

バイオテクノロジーのオタクたちは、もはや、はみ出し者ではなかった。クリスパー革命とコロナウイルス危機が、彼らを最先端のクールな若者に変えたのだ。かつてサイバーフロンティアを開拓したオタクたちがそうなったのと同じだ。わたしは、その革命の最前線をリポートしながら歩き回っているうちに、あることに気づいた。彼らは新たな発見を追求しながらも、自分たちが創造している新たな時代について、道徳的問いに取り組む必要性を感じていた。その気づきに関しては、デジタルの専門家より早かった。

ジャンプする遺伝子――チャンvs.ダウドナ、ふたたび

ケベックで話題の的になっていたのは、ダウドナとチャン、両陣営の間の緊張に再び火をつけ

た、魅力的なブレイクスルーのことだった。両陣営はそれぞれ、クリスパーを用いてＤＮＡに配列を挿入するための、より効率的な方法を発見した。その方法では、キャス９でＤＮＡ二本鎖を切断する代わりに、「ジャンプする遺伝子」と呼ばれるトランスポゾン（染色体上を自由に移動できるＤＮＡ断片）を使って、狙った場所に新たな配列を挿入する。

頭脳明晰な生化学者、サム・スターンバーグは、ダウドナの研究室で学んだ後、コロンビア大学に移って自分の研究室を開設した。最近、彼は、助教として初めての重要な論文をネイチャー誌で発表した。その論文は、クリスパー・システムを用いて標的ＤＮＡの狙った場所にトランスポゾンを挿入する方法を述べるものだった。しかし、スターンバーグが驚いたことに、数日前にチャンがよく似た内容の論文を、サイエンス誌のオンライン版で発表した。[1]ケベックにやってきたスターンバーグは、気落ちしているように見えた。そしてダウドナをはじめとする彼の友人たちは、憤慨していた。スターンバーグは三月一五日に論文をネイチャー誌に送ったが、彼の研究室の大学院生が外部に漏らしたせいで、その発見の噂は急速に広まった。「その後、チャンは、自分の論文を先に発表するために迅速に動いた」と、マーティン・イーネックがわたしに教えてくれた。ダウドナから見れば、いかにもチャンらしいやり方だった。「仲間が論文の存在を彼に教え、彼は走り出す、いつものことです」と彼女は言う。[2]

彼女とエリック・ランダーは、二〇一二年の競争を振り返り、「競争に気づいて論文の発表を急ぐのはフェアプレーだ」と認めた。それでも、トランスポゾンに関するチャンの論文の発表は怒りを買った。彼が論文をサイエンス誌に送ったのは五月四日で、スターンバーグが論文をネイチャー誌に送った七週間も後のことだったが、チャンの論文がオンラインで公開されたのは六月六日、スターンバーグの論文が発表されたのは六月一二日だった。

もっとも、わたし自身は、ダウドナ陣営のチャンに対する怒りには共感しがたい。二つの論文はどちらもジャンプする遺伝子に関わるものだが、重要な点では違いがあり、それぞれクリスパーの進歩に大きく貢献している。チャンの論文がオンラインで公開された翌日、わたしはたまたまブロード研究所を訪れてチャンに会った。ケベック会議の一〇日前のことで、彼はトランスポゾンについて行ってきた研究について説明した。彼の論文は、急ごしらえのものではなく、長期にわたる研究の成果だ。しかし、ライバルの動きを察知した時、彼はサイエンス誌に圧力をかけ、論文の査読とオンラインでの迅速な発表を求めた。——この展開は、二〇一二年にヴァギニウス・シクシニスらの動きを知ったダウドナが、シャルパンティエと共著した重要な論文の公表を急がせたのと何も変わらない。(3)

とはいえ生物学の研究には、協力が織り込まれている

ケベック会議の初日、ダウドナも含め、スターンバーグの友人たちは、ホテルのロビーのバーに集い、カナダ産の香り高いロメオズ・ジンを飲みながら、スターンバーグを祝福したり、なぐさめたりした。彼は明朗な性質なので、翌日、チャンに続いて発表する頃には、怒りを乗り越えていたようだ。結局のところ彼の発見は、そのキャリアにおける偉業にして重要な一歩であり、チャンの補完的な発見によって損なわれるようなものではなかった。スターンバーグは発表に先立って、礼儀正しくこう述べた。「先ほどフェン・チャン氏は、クリスパー・キャス12がトランスポゾンを動員する仕組みについて説明されました。わたしがこれからご説明するのは、最近、論

文で発表した1型システムについてであり、チャン氏が用いた細菌のトランスポゾンを動員する方法と似ていますが、異なるものです」「チャンらが用いたシアノバクテリアのクリスパーはV－K型、スターンバーグらが用いたコレラ菌のクリスパーはI－F型であり、DNAの挿入効率や正確性などに違いが見られた」。彼は、主な実験を担当した、自らの研究室に所属する博士課程の学生、サネ・クロンペの貢献を称えることも忘れなかった。

「生物学の研究ほど熾烈な競争が繰り広げられている分野が他にあるでしょうか?」と、チャンとスターンバーグによるプレゼンテーション対決が終わった後、参加者の一人がわたしに尋ねた。思うに、ビジネスからジャーナリズムまで、ほとんどの分野がそうなのではないだろうか。それらと生物学の研究が異なるのは、そこに協力《コラボレーション》が織り込まれていることだ。ケベック会議では、同じテーマを探究するライバルとの間に芽生えた仲間意識が会場を満たしていた。賞や特許を獲得したいという思いは競争をもたらし、それが発見のスピードを速める。しかし、同じくその原動力になっているのは、レオナルド・ダ・ヴィンチが「自然の無限の驚異」と呼んだものを解き明かそうとする情熱であり、細胞の中の働きのような、息をのむほど美しいものについてはなおさらだ。「ジャンプする遺伝子の発見は、生物学がいかに楽しいかを教えてくれる」とダウドナは言う。

強化は多様性を失わせる――サンデルの講義を受けていたチャン

プレゼンテーションの初日が終わると、ダウドナとスターンバーグはケベック旧市街のカジュアルなレストランへ向かった。わたしはチャンからの誘いを受けて、彼と彼の友人たちと夕食をともにすることにした。チャンの考えを聞きたかったのに加えて、彼が選んだ独創的で新しいレストラン、シエ・ブレをチェックしたかったからだ。その店はアザラシ肉のミートローフ、巨大な生のホタテ、北極イワナ、バイソンのステーキ、キャベツ入りブラッドソーセージを売りにしている。食事をした十数名ほどのグループの中には、チャンのトランスポゾンの論文の共著者でアメリカ国立生物工学情報センターのキラ・マカロワ、クリスパーの先駆者でルチアーノ・マラフィーニの指導教官だったが、クリスパーをめぐる競争からは距離を置くエリック・ゾントハイマー、ダウドナの研究室の元ポスドクで、今はサイエンス誌やネイチャー誌と肩を並べる査読誌、『セル』の編集者をしているエイプリル・パウルクがいた。自分の論文への素早く好意的な対応を望むトップ研究者と、重要な新発見をいち早く掲載したいパウルクのような切れ者の編集者は共生関係にある。

ゾントハイマーが注文したケベック産のワインは思いのほかおいしく、わたしたちはトランスポゾンを祝して乾杯した。話題が科学からクリスパーに付きまとう倫理的問題に移ると、テーブルを囲むほぼ全員が、ゲノム編集が安全に行えるようになり、ハンチントン病や鎌状赤血球貧血症といった悪性の単一遺伝子疾患を防ぐために必要であれば——仮にそれが、生殖細胞系列における遺伝性のゲノム編集であったとしても——、実践されるべきだという意見に同意した。しかし、人間の強化、たとえば子どもの筋肉を増やしたり、身長を伸ばしたり、ＩＱや認知能力を高めたりするために、ゲノム編集を用いることには誰もが抵抗を感じていた。

問題は、その違いを定義するのは難しく、強化を禁止するのはさらに難しいことだった。「異常の修正と、機能の強化との境界は曖昧だ」とチャンは言う。そこでわたしは、「強化の何が悪いのか?」と尋ねた。彼は長い間、沈黙していた。「とにかくぼくはそれが嫌いだ」と彼は言う。「強化は自然に手を加えることだ。長期的な人間の集団の観点に立てば、多様性が失われていくだろう」。彼はハーバード大学の哲学者マイケル・サンデルによる、有名な道徳的正義に関する講義を受講していたので、これらの問題に真剣に取り組んでいるのは確かだ。しかし、他の人と同じく、容易に答えを出すことはできなかった。

同席した誰もが認めることだが、浮上しつつある道徳的問題は、ゲノム編集が社会の不平等を深刻化し、コード化さえしかねないことだ。「富裕層が最高の遺伝子を買うことは、許されるのだろうか」と、ゾントハイマーが問いかける。医療も含め社会のあらゆる利益が不平等に分配されているのは事実だが、強化された遺伝子を売買する市場を作ることは、まったく別次元の話だ。チャンは言う。「子どもをいい大学に入れるために親が何をするかを考えて欲しい。子どもを遺伝子レベルで強化するためにお金を払う親は、確実にいるはずだ。メガネさえ買えない人々がいる不平等な世界で、遺伝的強化を誰もが平等に受けられるようになるとは到底思えない。それはわたしたちの種にどのような影響を及ぼすだろうか」。

第45章

ゲノム編集を学ぶ

著者（左）に編集の仕方を教えるギャビン・ノット（右）

白衣とゴーグルを着用して

クリスパー先駆者たちの世界にどっぷり浸ったわたしは、自分なりのささやかな方法で、そのクラブに入門することにした。クリスパーでDNAを編集する方法を学ぶのだ。

ダウドナの広々とした研究室で、数日を過ごすことになった。そこには遠心分離機やピペットやペトリ皿が置かれた作業スペースが数十もあり、学生やポスドクが自分の実験を行っている。目標は、これまでに語ってきた大きな進歩を再現することだ。つまり、ダウドナとシャルパンティエが二〇一二年六月に発表した通り、試験管の中でクリスパー・キャス9を使ってDNAを編集し、それからチャン、チャーチ、ダウドナらが二〇一三年一月に述べた通り、ヒト細胞内でクリスパー・キャス9を使ってDNAを編集するのである。

最初、ギャビン・ノットに手助けしてもらった。ノットはオーストラリア西部出身の若いポスドクで、顎髭を生やした、気さくな人物だ。彼は大学院生だった時に、DNAではなくRNAを攻撃するクリスパー関連酵素を発見しようと決意し、ダウドナに手紙を書いて、彼女の下でその研究をさせてほしいと頼んだ。ダウドナのチームはすでにそのテーマに取り組んでいて、キャス13と呼ばれる酵素を研究していた。「彼女はぼくよりはるかに先に進んでいた」とノットは言う。それでもダウドナは彼をポスドクとして迎え入れた。彼はいくつかの仕事を担当し、DARPA（国防高等研究計画局）の「安全な遺伝子」計画のメンバーにもなった。(1)

わたしは、実験を行う場所へ行き、白衣とゴーグルを着用し、手袋をはめた手に滅菌スプレーをかけた。一気にプロになったように感じた。ノットはわたしをフードへ案内した。フードとは、三方がプラスチックの壁に囲まれ、換気されている卓上の作業スペースのことだ。ちょうど作業を始めようとしていた時にダウドナが颯爽《さっそう》と現れた。ジーンズにイノベーティブ・ゲノミクス・インスティテュートの黒いTシャツ、その上に白衣といういでたちだ。彼女は賑やかに話しながら、学生の一人一人（それに、わたし）が行っている実験をすばやくチェックすると、研究室のトップ研究者たちと共に撤退し、その後はあえて姿を見せなかった。

ノットの説明によると、この実験で使うＤＮＡ断片には、細菌に抗生物質アンピシリンへの耐性を持たせる遺伝子が含まれている。つまり、細菌を薬剤耐性菌にするのだから、良いことではなく、特に、わたしが細菌に感染していた場合は、困ったことになる。そのためノットはその遺伝子を除去するためのキャス９とガイドＲＮＡを用意してくれていた。この研究室は、こうしたものをすべてゼロから作り出してきた。「わたしたちが必要とするキャス９はＤＮＡ断片上でコード化されていて、研究室で細菌を培養できる人なら誰でも、大量に作ることができます」とノットは請け合う。しかし、わたしの顔には、それは自分の得意分野ではないという気持ちが表れていたのだろう。「心配いりません」と、ノットは言った。「すべてを一から作りたくなければ、ＩＤＴ（Integrated DNA Technologies）のような企業からオンラインでキャス９を買えばいいのです。ガイドＲＮＡも買えます。遺伝子を編集したければ、その成分もオンラインで簡単に注文できます」。

（その後、わたしはオンラインをチェックした。ＩＤＴのウェブサイトには「ゲノム編集を成功させるために必要な試薬すべて」と宣伝されており、ヒト細胞に運ぶためのキットが九五ドルで販売されていた。GeneCopoeiaというサイトでは、核局在化シグナル付きのキャス9タンパク質が八五ドルから、となっていた。(2))

ウォルター・アイザックソンが成功！

ノットが用意したバイアル［小瓶］の一部は、氷で冷やす旧式の保冷箱の中に並べられていた。「この保冷箱には重要な歴史があります」と彼は言って、箱の向きを変えた。その背面には「マーティン」という名前が刻まれていた。イーネックがチューリッヒ大学に移る前に使っていたものだ。「ぼくが受け継いだのです」とノットは誇らしげに言う。わたしは歴史の連鎖を感じた。これから行う実験は、イーネックが二〇一二年に行ったものと同じだ。DNA断片と、その狙った場所を切断するためのキャス9とガイドRNAを一緒に培養するのだ。その作業にイーネックの保冷箱を使うのは、うれしい偶然だった。

ノットに教わりながら、わたしは各段階をこなしていった。まず、ピペットを使って材料を混ぜ合わせ、一〇分間培養する。染料を加えて、結果がよく見えるようにした後、電気泳動でDNA断片を大きさごとに分離し、その画像を作成する。電気泳動とは、通電したゲルの中でDNA断片を移動させ、サイズによって分離する方法だ。DNA断片が大きいほど移動速度は遅いので、ゲル上にDNA断片の到達点を示す帯ができる。それを調べることで、DNAがキャス9によって切断されたかどうか、どのように切断されたかがわかる。「教科書通りの成功です！」。ノットは画像をプリンターから取り出して叫んだ。「帯の違いを見てください」。

研究室を出る時、エレベーターのそばでダウドナの夫ジェイミー・ケイトに出会った。プリントアウトした画像を見せると、彼は二つの列の一番下にあるぼやけた線を指差し、「これは何でしょう?」と尋ねた。ノットに教わった通り、「RNAですよ」と答えた。ケイトはその日のうちに、ノットとわたしが実験台で作業している写真を添付したツイートを送信した。「ウォルター・アイザックソンはわたしの抜き打ちテストにも合格した!」。ほんの一瞬、実際の作業はすべてノットがやったことに気づくまで、わたしは本物のゲノム編集者になった気分だった。

ヒト細胞を編集し、その遺伝子を変えるのは簡単だった

わたしの次なる挑戦はヒト細胞でゲノムを編集することだ。つまり、チャンとチャーチとダウドナの研究室が二〇一二年の年末に達成したことを再現するのである。

そのために、ダウドナ研究室のもう一人のポスドク、ジェニファー・ハミルトンとチームを組んだ。彼女はシアトル出身で、ニューヨーク市のマウント・サイナイ・メディカル・スクールで微生物学の博士号を取得した。大きな眼鏡をかけ、いつも笑顔のハミルトンは、ウイルスを利用してゲノム編集ツールをヒト細胞に送り込むことに情熱を注いでいる。二〇一六年、ダウドナが女性科学者向けの講演をするためにマウント・サイナイを訪れた時、ハミルトンはエスコート役を務めた。「わたしはすぐ、ダウドナとの縁を感じました」とハミルトンは思い起こす。

当時、ダウドナはバークレー校にベイエリアの研究者を何人か集めて、イノベーティブ・ゲノミクス・インスティテュートを設立しようとしていた。その使命のひとつは、治療のためにクリスパー編集ツールをヒト細胞内に運ぶ方法を見つけることだった。そのため、彼女はハミルトンを採用した。「わたしはウイルスを操作するスキルを持っていて、それを応用してクリスパーを

ヒト細胞に運ぶ方法を見つけたいと思っていました」とハミルトンは言う。[3]この技術は、後に研究室がコロナウイルスのパンデミックに直面し、クリスパー・ベースの治療剤をヒト細胞内へ運ぶ方法を見つけなければならなくなった時に、真価を発揮した。

わたしと一緒にチャレンジを始めた時、彼女は、ヒト細胞内でのゲノム編集は試験管内で行うよりはるかに難しいことを強調した。前日にノットと編集したＤＮＡはわずか二・一キロベース（二一〇〇塩基対）だったが、今回、使用するヒト肝細胞に由来するＤＮＡは六四〇万キロベースだ。「ヒトゲノム編集が難しいのは、まず編集ツールに細胞膜と核膜を通過させてＤＮＡまでたどり着かせ、さらにそのツールにゲノム上の標的とする場所を見つけさせなければならないからです」と彼女は言った。

こうした彼女の言葉は、ゲノム編集を試験管内からヒト細胞内へ移行するのは容易ではないというチャンの主張を、うかつにも裏づけているように思えたが、素人のわたしがそれをやろうとしているという事実が、逆の主張の裏づけになるのでは、とも思えた。

彼女の説明によると、この実験では、ヒト細胞のＤＮＡ二本鎖の標的箇所［狙った場所］の切断と、テンプレート［ＤＮＡ複製の鋳型《いがた》になるＤＮＡ］による新たな遺伝子の導入に挑戦する。わたしたちが扱うヒト細胞は、あらかじめゲノム編集によって、青く光る蛍光タンパク質を生成する遺伝子を導入されている。サンプルのＡグループに対しては、クリスパー・キャス９を使ってその遺伝子を切断する。この操作によって、細胞は光らなくなるはずだ。Ｂグループに対しては、クリスパー・キャス９でＤＮＡを切断するだけでなく、同時にテンプレートを送り込んで、ＤＮＡの三塩基対を変更し、蛍光タンパク質を青から緑へ変える。

クリスパー・キャス9とテンプレートを細胞の核に送り込む方法は、ヌクレオフェクションと呼ばれる。それは電気パルスによって細胞膜に瞬時に細孔を形成し、透過性を高める技術だ。いくつもの編集プロセスの最後に、蛍光顕微鏡で結果を見た。何も手を加えていない対照群は、まだ青く光っている。クリスパー・キャス9で切断しただけのAグループは、まったく光らない。そして最後に見るのは、切断と、テンプレートによる遺伝子の導入を施したBグループだ。顕微鏡を覗くと、それは緑色に光っていた！　わたしはヒト細胞を編集し、その遺伝子を変えたのだ——まあ、実際に編集したのはハミルトンで、わたしは熱心な副操縦士だったわけだが。

わたしがやったことを知ってぞっとする前に、ご安心を。作ったものはすべて、塩素系漂白剤と混ぜ合わせてシンクに流した。しかし、実験台での作業に慣れている学生や悪質な科学者にとって、このプロセスがいかに簡単であるかを、身をもって学んだのだった。

第46章 ワトソン、ふたたび

コールド・スプリング・ハーバーに
飾られたワトソンの肖像画。
ルイス・ミラー作

ジェームズ・ワトソン（左）と息子ルーファス（右）。
PBSドキュメンタリー『Decoding Watson』より

知性は何で決まるか

一九八六年以来、コールド・スプリング・ハーバー研究所では、ワトソンが立ち上げたヒトゲノムに関する重要な会議が毎年開かれてきたが、二〇一五年秋から新たにクリスパー・ゲノム編集に焦点を当てた会議が開かれることになった。最初の年の講演者には、本書の主役四人が顔を揃えた。ジェニファー・ダウドナ、エマニュエル・シャルパンティエ、ジョージ・チャーチ、フエン・チャンである。

ワトソンはその最初の会議に出席し、コールド・スプリング・ハーバーで開かれるほとんどの会議でそうしているように、自分の巨大な肖像画が見下ろすオーディトリアムの最前列に座って、ダウドナの話を聞いた。彼女が一九八七年の夏に大学院生として初めてそこを訪れた時を再現するかのようだった。その時もワトソンは最前列に座り、彼女が若々しい緊張感をもってRNAの自己複製に関する論文を発表するのを聞いたのだった。今回、ダウドナの講演が終わると、ワトソンは彼女に近づき、称賛の言葉をかけた。それも三〇年前と同じだった。知性の強化も含め、ヒトゲノムを編集する科学を推進することが重要だ、と彼は言った。出席者の中には、それを歴史的瞬間だと感じた人もいたようだ。スタンフォードの生物学教授、デヴィッド・キングスレーは、ワトソンとダウドナが話しているところを写真に収めた。(1)

しかし、四年後の二〇一九年の会議をわたしが訪れた時、最前列にワトソンの姿はなかった。彼は会議から追放され、肖像画も撤去されていた。現在、彼は国内追放の身となり、妻のエリザベスとともにコールド・スプリング・ハーバーの北端にあるバリバングと呼ばれるパラディオ様式の邸宅で、優雅だが孤独に苛まれる日々を送っている。

ワトソンのトラブルは、二〇〇三年にＤＮＡ構造の共同発見五〇周年を記念したＰＢＳとＢＢＣによるドキュメンタリーのインタビューを受けたことに始まる。遺伝子工学は将来、知性の低い人々を「治療」するために使われるべきだ、と彼は言った。「もしあなたが本当にばかなのであれば、それは病気と呼ぶべきだ」。おそらくそれは、ＤＮＡには人間の本質が刻まれているという彼の深い信念の表れだった。自らの重要な科学的発見への誇りと、統合失調症の息子ルーファスと暮らすことの不安も、その信念を強めたのだろう。「小学生でさえ、下位の一〇パーセントは勉強に苦労しているが、その原因は何だろう？」と、ワトソンは問いかけた。「多くの人は貧困のせいだと言うだろう。だが、そうではない。わたしはその本当の原因を取り除いて、下位の一〇パーセントを助けたいのだ」。ワトソンは、まるで論争が起きることを望んでいるかのように、ゲノム編集は人の容姿の向上にも役立つと付け加えた。「女の子を全員、可愛くしたらとんでもないことになると言う人もいるが、わたしは、それは素晴らしいことだと思う[2]」。

ワトソンは政治的には進歩主義を自任しており、フランクリン・ルーズベルトからバーニー・サンダースまで、民主党を支持していた。自分がゲノム編集を支持するのは、恵まれない人々を救いたいからだ、と主張した。しかし、ハーバードの哲学者マイケル・サンデルが述べた通り、「ワトソンの言葉には、古い優生学の気配が少なからず漂っている[3]」。コールド・スプリング・ハーバーがかつて優生学研究を牽引したことを思うと、それはその研究所から漂ってくるとりわけ不快な気配だった。

人種差別発言

この二〇〇三年の、知性についてのワトソンのコメントは物議を醸したが、二〇〇七年に彼はそれを人種と結びつけて、越えてはならない一線を越えた。その年、彼は新たな回顧録『アボイド・ボアリング・ピープル』を出版した。そのタイトルはボアリング（boring）を動詞ととるか、形容詞ととるかによって、「人々を退屈させるのを避けろ」と「退屈な人々を避けろ」の二通りに解釈できるが、ワトソンはあえてそうしたのだろう。退屈な人を軽蔑していた彼は、しばしば鼻を鳴らしながら、皮肉な笑みを浮かべて、露骨で挑発的なコメントをつぶやいた。その本の宣伝活動の一環で、フリーランスの科学ジャーナリスト、シャーロット・ハント＝グラッブのインタビューに応えて、ワトソンが語った露骨な言葉は、批判の嵐を引き起こした。インタビューはロンドンのサンデー・タイムズ紙に掲載する彼の紹介記事のためのものだったが、いつも軽率な彼が、今回いっそう軽率にしゃべったのは、ハント＝グラッブが学生時代にコールド・スプリング・ハーバーでワトソン夫妻と一年間、生活をともにし、ワトソンのテニス友達でもあったからだ。

出来上がった特集記事は面白みのない内容だった。ハント＝グラッブはワトソンの案内で彼の家の図書室から地元の軽食レストランを経て、パイピング・ロック・クラブ［ゴルフ場］の芝のテニスコートを訪れた。そこでテニスをした後、ワトソンは現在の生活について語った。「わたしは今も考えている。わたしが生きている間に、精神疾患の遺伝子が見つかるだろうか。一〇年以内にがんを治せるようになるだろうか。それに、わたしのテニスのサーブは上達しているだろうか?」[4]

四〇〇〇語に及ぶ記事の終わり近くで、ハント＝グラッブはうかつにも、ワトソンが人種について語った言葉を紹介した。

ワトソンは「わたしは基本的に、アフリカの未来を悲観している」と言い、その理由をこう語った。「それは、我々の社会政策のすべてが、彼らと我々の知性が同じだということを前提にしているからだ――ところが、あらゆるテストは、実はそうでないことを示しており、この厄介な問題はますます対処が難しくなることが、わたしにはわかっている」。ワトソンは人種による差がないことを望んでいるが、「黒人の従業員を扱わなければならない人たちは、それが真実でないことを知っている」と述べた。

この記事は爆発的な反響を呼び、ワトソンはコールド・スプリング・ハーバーの所長を辞任せざるを得なくなった。しかし、当面のあいだ、キャンパスの丘の上にある自宅から坂道を下って、興味のある会議に出席することを許された。

ワトソンはどうにか発言を撤回しようとして、アフリカ人が「遺伝的に劣っている」とほのめかしたことについて、「恥じ入っている」と述べた。コールド・スプリング・ハーバーが発表した声明で、彼はこう付け加えた。「わたしはそういう意味で言ったのではありません。さらに重要なこととして、そのような見方に科学的根拠はないとわたしは考えています」[5]。この謝罪には問題があった。実のところ彼は「そういう意味で」言ったのであり、また、彼のようなタイプの人間にとって、この先ずっと、そのような発言をしないでいるのは、かなり難しかったのだ。

九〇歳の誕生日

二〇一八年四月、ワトソンは九〇歳の誕生日を迎えた。その頃には彼をとりまく論争は収束したかのように見えた。彼の誕生日と、コールド・スプリング・ハーバー着任およびエリザベスとの結婚五〇周年を祝して、キャンパスのホールでチャリティ・コンサートと祝宴が開かれた。著名なピアニストのエマニュエル・アックスがモーツァルトの曲を演奏した後、特別なディナーが供された。寄付金は七五万ドルにのぼり、ワトソンに敬意を表して、コールド・スプリング・ハーバーの寄付基金教授職［寄付によって給与や研究費がまかなわれる教授職］の費用にあてられた。

ワトソンの友人と同僚は、微妙なバランスを保とうとした。彼は現代の科学界で最も影響力のある思想家の一人として高く評価されており、その著作や会話での無礼さは大目に見られてきたが、人種の知性に関する発言は強く非難されていた。友人や同僚にとって、そのバランスを保つのは、時として難しかった。誕生日の祝賀会の数週間後、キャンパスで開かれた遺伝学の会合で、エリック・ランダーは、聴衆席に座っていたワトソンのための乾杯の音頭を頼まれた。ランダーはワトソンには「欠点があった」としつつも、彼はヒトゲノム計画を主導し、「人類のために科学のフロンティアを探求するよう、わたしたちを後押ししてくれた」と、いつもの快活な口調で讃えた。

その乾杯は反発を招き、特にツイッターでは厳しいコメントが寄せられた。すでに「クリスパーの英雄」と題した小論でダウドナとシャルパンティエの役割を過小評価したことで集中砲火を浴びていたランダーは、謝罪した。「乾杯したのは間違っていた。申し訳ない」と、彼はブロード研究所の同僚に宛てたメールに記し、それを公表した。「わたしはワトソンの見解を卑《いや》しむべきものとして拒絶する。あのような見解は、誰もが歓迎されるべき科学の世界にふさわしくない」。さらに彼は、かつてワトソンと交わした、互いの研究機関へのユダヤ人からの寄付に関する会話に言及して、謎めいたコメントを付け加えた。「彼の忌《い》まわしい発言を聞いたことのある者として、どんな形であれ彼を認めることがもたらすダメージに敏感であるべきだった」(6)

ランダーが「どんな形であれワトソンを認めること」は間違いだったと主張し、ワトソンは反ユダヤ主義者だとほのめかしたことに対して、ワトソンは激怒した。「ランダーの発言はジョークとしか思えない」と切り捨て、さらに「父親がユダヤ人に好意的で、また、アメリカでの親友が皆ユダヤ人だったことは、わたしの人生に大いに影響した」と主張した。ワトソンは、わたしと会った時にも、反ユダヤ主義でないことを強調し、ヨーロッパ北部に数世紀にわたって暮らしたアシュケナージ系ユダヤ人は遺伝的に他の民族より知能が高いと述べ、その証拠として、ノーベル賞を受賞したユダヤ人の名を列挙したが、この論法はワトソンを批判する人々を黙らせるものではなかった。(7)

自身が特集されたドキュメンタリーでも人種とIQについて発言

二〇一八年にアメリカの公共放送局PBSは、『アメリカン・マスター』シリーズ「アメリカの文化に影響を及ぼした芸術家や作家などを特集するドキュメンタリー」でワトソンを特集することにした。ワトソンの科学における成功と、物議を醸す見識の両方を、バランスのとれた観点から、親密に、かつ繊細に、描くことを目指した。ワトソンは全面的に協力し、豪華な自宅やコールド・スプリング・ハーバーのキャンパス周辺での撮影を許可した。番組は、フランシス・クリックとの知的な親密さから、ロザリンド・フランクリンのＤＮＡ画像の無断使用をめぐる論争、がんの遺伝子治療を見つけようとする晩年の取り組みまで、彼の生涯を網羅した。最も印象的だったのは、妻と息子ルーファスとともに自宅で過ごす場面で、ルーファスは四八歳になった今も、統合失調症と付き合いながら自宅で暮らしている。(8)

番組は、人種に関するワトソンの発言をめぐる論争も取り上げた。アフリカ系アメリカ人で初めて進化生物学の博士号を取得したジョセフ・グレイブスが登場し、学識に基づいて、ワトソンの見方に反論した。「ヒトの遺伝的バリエーションと、それが全世界にどう分布しているかについては、多くのことがわかっています」と彼は述べた。「そして人類のどの集団も、他の集団に比べて知能に遺伝的な差異があるという証拠は一切ありません」。その後、インタビュアーはワトソンに、物議を醸した前言を訂正、あるいは撤回するチャンスを与えた。と言うより、撤回を求めたと言うべきだろう。

だが、ワトソンはそうしなかった。カメラが近づき、大写しになると、まるで言いたいことが言えない小学生のように――かなり年老いた小学生だが――動きを止め、わずかに震えてさえいた。体裁よく言葉を取り繕《つくろ》ったり、思っていることを言わずにすませたりする能力を、生まれつき持ち合わせていないようだった。「自分の考えが変わってほしいと思っている。育ちは生まれよりもはるかに重要だという新しい知見があればね」とカメラが回っている時に言った。「だが、そんな知見は聞いたことがない。黒人と白人では概してＩＱテストで差がある。わたしの考えでは、その差は遺伝的なものだ」。彼は自己賛美を忘れなかった。「二重らせんを発見するレースに勝った人間が、遺伝子は重要だと考えるのは当然と言うべきだろう」。

そのドキュメンタリーは二〇一九年一月の最初の週に放映され、ニューヨーク・タイムズ紙のエイミー・ハーモンが、ワトソンの発言を記事にした。見出しにはこうあった。「ジェームズ・ワトソン、人種問題で名誉挽回するチャンスを台無しに」(9)。ハーモンは、人種とＩＱに関しては、複雑な論争があることを指摘した上で、ワトソンの後任としてヒトゲノム計画の代表を務める国立衛生研究所の所長、フランシス・コリンズの言葉を引用して、大多数のコンセンサスとした。知性の専門家は、「黒人と白人のＩＱテストの差は主に環境に起因するものであり、遺伝子によるものではないと考えている」(10)。

コールド・スプリング・ハーバーの理事会はついに、わずかに残っていたワトソンとのつながりのほぼすべてを断ち切らざるを得ない、と判断した。ワトソンの発言を「非難されるべき、科学的根拠のないもの」と公に断じ、彼の名誉称号をはく奪し、オーディトリアムに飾られていた、さりげない優雅さを漂わせる大きな肖像画を撤去した。しかし、キャンパスの敷地内にある、湾を望む邸宅にとどまることだけは許した(11)。

ジェファーソンの難問――欠点が偉大さの裏返しとして、それを言い訳にできるか

こうしてワトソンは、「ジェファーソンの難問」と呼べそうな問題を歴史家に突きつけた。それは、偉大な業績を成し遂げながら、非難すべき欠点のある人物を、どの程度、尊敬すべきか、という難問だ［第三代大統領トーマス・ジェファーソンは奴隷制に反対したが、自らは多くの黒人奴隷を

所有していた」。ジェファーソンが起草者の一人であるアメリカ独立宣言にはこうある。「我々は以下の事実を自明のことと信じる。すなわち、すべての人間は生まれながらにして平等である」。

この難問がもたらす一つの問いは、少なくとも比喩的には、ゲノム編集と関連がある。望ましくない形質（鎌状赤血球貧血症やＨＩＶ受容性）の遺伝子を取り除くと、いくつかの望ましい形質（マラリアや西ナイルウイルスへの抵抗性）が変わる可能性がある。これは単に、ある人の功績への敬意と欠点への軽蔑のバランスをどうとるか、といったことではない。問うべきは、その功績と欠点は表裏一体ではないのか、ということだ。もしスティーブ・ジョブズがもっと優しく穏やかだったら、現実を変え、人類を前進させようとするほどの情熱を持ち得ただろうか。ワトソンには生来、異端で挑発的な傾向があり、それが正しい方向に働けば、科学のフロンティアを切り拓く助けとなり、悪い方向に働けば、偏見という暗闇へ彼を導いたのではないだろうか？

人の欠点が偉大さの裏返しであったとしても、それを言い訳にはできないとわたしは考える。しかし、ワトソンはこの物語で重要な役割を担っている――何と言っても本書は、ダウドナが彼の代表作である『二重らせん』を手に取り、生化学者になることを夢見るところから始まるのだ。それに、遺伝学とヒトの強化についての彼の見解は、ゲノム編集をめぐる政策論争の底流になっている。そこでわたしは、二〇一九年秋にコールド・スプリング・ハーバーで開催されるクリスパー会議の直前に、ワトソンを訪ねることにした。

ワトソンを訪問する――依然として頭脳明晰だったが

ワトソンとは一九九〇年代初頭からの付き合いだ。当時彼は、今ほど物議を醸しておらず、タイム誌の編集長だったわたしは、ヒトゲノム計画における彼の業績を特集したり、彼にエッセイを依頼したりした。一九九九年には「タイム一〇〇」（タイム誌が選ぶ二〇世紀で最も重要な一〇〇人）の一人に彼を選出した。その前年、タイム誌創刊七五周年を祝うディナーで、わたしは彼に、DNA構造発見のレースで彼に敗れた故ライナス・ポーリングを讃えて乾杯の音頭を取ってほしいと頼んだ。「失敗は不快なほど成功のすぐ近くにある」と、彼はポーリングのことを描写した。「しかし、今、重要なのは彼が何を成し遂げたかであり、何ができなかったかではない」[12]。もしかすると、いつか人々はワトソンについてそう言うかもしれないが、二〇一九年の時点では、彼は社会から追放されていた。

コールド・スプリング・ハーバーのキャンパスにある邸宅を訪れた時、更紗張りの肘掛け椅子に座るワトソンの姿は、ひどく弱々しく見えた。数か月前に中国訪問から戻った折に、研究所が空港に迎えの車をよこさなかったので、ワトソンは夜道を自分で運転して、自宅へ向かった。ところが、家まであと少しのところで道からはずれて六メートル下の溝に落ち、頭部を負傷して長期入院するはめになったのだった。しかし、この日の彼は、依然として頭脳明晰で、クリスパーを公平な形で利用することに関心を寄せていた。「もしそれが上位一〇パーセントの問題や欲望を解決するためだけに使われたら、恐ろしいことになる」と彼は言った。「過去数十年間で社会はどんどん不公平になっているが、これはそれをさらに悪化させるだろう[13]」。

わずかでも効果が期待できるのは、遺伝子工学の技術に特許を与えないことだ、と彼は言う。そうしても、ハンチントン病や鎌状赤血球貧血症などの深刻な病気を治療する安全な方法を開発するためには多くの資金が投入されるだろう。だが、特許がなければ、強化の方法をいち早く見つけようとするレースの賞金は減るだろうし、発明された技術を模倣して、より安価に幅広く提供できるようになるだろう。「社会を公平にするためなら、科学がいくらかスローダウンしても仕方がない」と彼は言う。

人にショックを与えることを承知の上で主張するとき、彼は鼻先で笑って、いたずらをしたばかりの悪童のようにニヤリと笑う。「無遠慮であまのじゃくなわたしの性質は、科学を行う助けになったと思う。なぜなら、他の人がそう考えているからといって、そのまま受け入れたりしないからだ。わたしの強みは、人より利口なことではなく、大勢の人を怒らせても平気なことだ」。時には持論を押し通すために「あまりにも正直になりすぎた」と彼は認める。「マスコミは何でも大げさに捉えるからね」。

人種の知性についての発言もそうなのか、とわたしは尋ねた。性格なのだろうが、彼は後悔しているようだが、悔い改めているようには見えなかった。「PBSのドキュメンタリーは実によくできていたが、人種に関する昔のコメントを蒸し返すのはやめてほしかった」と彼は答えた。「その件については、もう公に言うつもりはないよ」。

しかし、まるで強制されたかのように、彼は再びその話題に戻った。「自分の信念を否定できなかったんだ」と彼は言った。そして、過去に行われてきたIQのさまざまな測定方法、気候の影響、それに、シカゴ大学の学生だったルイス・レオン・サーストンから教わった知能の因子分析について語った。

なぜ、あのようなことを言う必要があると思ったのか、とわたしは尋ねた。「サンデー・タイムズ紙の女の子［シャーロット・ハント＝グラップ］と話して以来、人種に関するインタビューには一度も応じていない」と、彼は言う。「彼女はアフリカに住んでいたから、状況をよく知っていたよ。その後、一度だけテレビのインタビューで同じことを話したが、それは、言わずにいられなかったからだ」。自分のためを思えば、黙っていた方がよかったのでは？　とわたしは示唆した。「真実を語りなさいという父の教えに、わたしはいつも従っている」と彼は答えた。「誰かが真実を語らなければならない」。

しかし、あれは真実ではない。「専門家のほとんどは、あなたの考えは間違っていると言っていますよ」とわたしは言った。

反応がないので、他に父親から教わったことはありますか、とわたしは尋ねた。

「いつも人に親切にしなさい、と言われていた」と、彼。

その助言をあなたは聞いていた？

「ちゃんと聞いておけばよかったのだが」と、彼は認める。「いつも親切でいるよう、もっと努力するべきだった」。

彼は一週間後にコールド・スプリング・ハーバーで開かれるクリスパーの年次総会に出席することを切望していたが、研究所はそれを許可しなかった。そこで彼はわたしに、会議の後で丘の上へダウドナを連れてきてほしい、彼女と話したいから、と言った。

四〇代後半、統合失調症の息子

わたしがワトソンと話している間、彼の息子のルーファスはキッチンにいた。彼は話には加わらなかったが、そのすべてをしっかり聞いていた。

　写真で見る少年時代のルーファスは、父親の若いころによく似ていた。背が高く痩せていて、髪はボサボサで、にこやかに笑い、何かに興味を引かれたのか、骨ばった顔を傾けている。生まれも育ちも、確かにワトソンの息子だ。しかし、今、四〇代後半のルーファスは、ずんぐりと太り、どことなくだらしなく見えた。彼は気軽には笑えなくなっていたが、自分の状態と父親の状態をよく認識していた。気まぐれで、繊細で、聡明で、だらしなく、不器用で、よく暴言を吐き、率直で、あらゆる会話に注意を払い、しかも優しい。――これらはルーファスの統合失調症の特徴だ。そして程度の差はあるが、そのいずれもが、父親にもあてはまる。おそらく、いつの日かヒトゲノムを解読することによって、そのわけを説明できるようになるだろう。あるいは、そうはならないかもしれない。

　かつてルーファスは、『アメリカン・マスター』のインタビューに応えて、こう語った。「父は、『息子のルーファスは、頭は良いが、精神を患っている』と言うだろう。でも、ぼくは逆だと思っている。ぼくは頭が鈍いけれど、精神の病気ではない」。父親の期待を裏切ったと彼は感じている。「頭の悪さを自覚してからは、これはおかしい、父は頭が悪くないのに、と思うようになった」と言う。「両親にとってぼくは重荷だと思った。なぜなら、父は成功していて、出来のいい息子を持つ資格があるからだ。父は懸命に働いてきたのだから、業《カルマ》を信じるのなら、父は立派な息子を持てるはずなんだ[14]」。

　わたしと話している時に、ワトソンが人種の問題に触れると、ルーファスはキッチンから飛び出してきて、こう叫んだ。「父にこんな話をさせるのなら、お引き取り願いますよ」。ワトソンはただ肩をすくめただけで、息子には何も言わず、人種について話すのをやめた。[15]

ルーファスは、父親を守りたいと思っているようだった。感情を爆発させたのも、父親にはしばしば欠けている賢さの表れだ。以前、彼はこう言った。「父の発言は、父が偏屈で差別的だという印象を与えるが、それはただ、父が遺伝的運命をかなり狭く解釈していることの表れにすぎない」。ルーファスは正しい。多くの点で、父親より賢明だ。[16]

第47章　ダウドナ、ワトソンを訪問する

ジェームズ・ワトソンの肖像画の下で彼と話をするダウドナ

誰もが慎重に会話した

ワトソンの求めに応じて、わたしはダウドナに、クリスパーの年次総会の期間中に彼を訪ねてくれないかと依頼した。二人でワトソンの家へ入ると、彼は学会誌を見せてほしいと言った。総会で発表された論文の要旨を収めた冊子だ。わたしは見せるのをためらった。なぜなら、その表紙を飾っているのは、ワトソンのDNA構造発見を助けたロザリンド・フランクリンのX線回折写真「フォトグラフ51」だったからだ。しかし、ワトソンは、気を悪くするどころか、面白がっているようだった。「やれやれ、あの写真はいつもわたしにつきまとう」と言い、少し間をおいて、おなじみの茶目っ気のある笑みを浮かべ、こう言い添えた。「だが彼女は、それがらせん構造を示していることにまったく気づかなかったのだ[1]」。

木漏れ日の差す居間で、桃色のセーターを着たワトソンは、長年かけて収集した絵画を指差して説明した。実のところ最も目を引いたのは、感情に歪む顔が描かれたいくつかの現代的な抽象画だ。それらには、ジョン・グラハム、アンドレ・ドラン、ヴィフレド・ラム、ドゥイリオ・バルナベ、パウル・クレー、ヘンリー・ムーア、ジョアン・ミロの絵画やドローイングがあった。デイヴィッド・ホックニーによるワトソンの肖像画もあり、そのわずかに歪んだ顔は、物思いに耽《ふけ》っているように見える。部屋にはクラシック音楽が流れている。ワトソンの妻エリザベスは隅に座って本を読み、ルーファスはキッチンのこちらからは見えない場所で、耳をそばだてている。誰もが慎重に言葉を選ぼうとした――ワトソンでさえそうだった。最初から最後まで、というわけではなかったが。

「クリスパーが、ＤＮＡ構造が発見されて以来最も重要な発見である理由は」と、彼はダウドナに言った。「我々が二重らせんで行ったように世界を記述するだけでなく、世界を容易に変えることができるからだ」。ワトソンのもう一人の息子でバークレーのダウドナの近所に住んでいるダンカンのことも話題になった。「つい最近、息子に会うためにバークレーに行ってきたよ」と、ワトソンは言う。「バークレーの学生は最悪だな。進歩的すぎる。進歩的な子どもというのは、共和党員よりばかだ」。エリザベスが、話題を変えましょう、と言った。

ダウドナは、ずいぶん前にワトソンが招集したコールド・スプリング・ハーバーでのゲノム編集に関する会議のことを回想し、聴衆席にいたワトソンから受けた質問について語った。ワトソンは、「当時わたしはクリスパーの使用に乗り気だった」と言った。「まともに考えられない人間を、ずいぶんましにしてやれるだろうからね」。またもやエリザベスが話題を変えさせた。

人は誰でも欠点があるという間接的な告白

短い訪問を終え、ワトソンの邸宅を出て、坂を下りながら、わたしはダウドナに感想を尋ねた。「一二歳の時に『二重らせん』を読みはじめた時のことを思い出した」と、彼女は言う。「何十年も後に彼の自宅を訪ねて、あのような会話をすることを当時のわたしが知ったら、どれほど驚いたでしょうね」。

その日、ダウドナは多くを語らなかったが、余韻は長く続いた。数か月の間、わたしと彼女は何度も、この訪問について語った。「心の痛む、悲しい訪問だった」と、彼女は言う。「確かに彼は、生物学と遺伝学に多大な影響を与えたけれど、彼が述べているのは、嫌悪すべき考えです」。

彼と会うことについてはかなり悩んだ、と彼女は認める。「それでも会うことに同意したのは、彼が生物学とわたしの人生に大きな影響を与えたからだった。信じられないほど素晴らしい経歴を持つ人がいて、その分野で大いに尊敬されて当然なのに、ある考えに固執したせいで、すべてが台無しになってしまった。彼と会うべきではなかったと、人は言うかもしれないが、わたしにとっては、それほど単純なことではなかった」。

ダウドナは、父親の性格のある面に、しばしばがっかりさせられたことを語った。父マーティン・ダウドナは人を良い人と悪い人に分類しがちで、ほとんどの人に備わる影の部分を見ようとしなかった。「この人は素晴らしく立派で、尊敬に値する、だから間違ったことをするはずがない。一方、あの人はとんでもない人物で、ことごとく自分と意見が合わない、だからまともなことをするはずがない、というのが父の見方だった」。その反動で、ダウドナは人々の中に複雑さを見出そうと努力した。「世界はグレースケール［灰色の濃淡］のようなものだとわたしは思う。素晴らしい資質を持つ人にも欠点はある」。

わたしは生物学でよく使われる「モザイク」という言葉を口にした。彼女は、「グレースケールよりその方が合っている」と言った。「率直に言って、それはすべての人について言えることでしょう。誰でも、自分にはうまくこなせることと、そうでないことがあるとわかっているはずです」。

人は誰でも欠点があるという間接的な告白に、わたしは興味をそそられた。彼女の本音を知りたくて、それはあなた自身にはどうあてはまるのか、と尋ねた。「後悔していることがあるとすれば、それは父との関わり方が、場合によっては、人に誇れるようなものではなかったことです」と、彼女は答えた。「父が人間を黒と白のレンズを通して見ていることに、不満を感じていたから」。

それは、ワトソンに対するあなたの見方に影響しているのだろうか、とわたしは尋ねた。「わたしは父のように、単純な判断を下したくはない」と彼女は答える。「偉大なことを成し遂げたけれど、ある点では自分とまったく意見が異なる人を、どうにか理解したいと思う」。ワトソンはその最たるものだと彼女は言う。「彼は本当にひどいことを言っているけれど、彼に会うたび、『二重らせん』を読んで、いつかこんな研究がしたいと思った日のことを思い出します(2)」。

第九部

コロナウイルス

Coronavirus

これからどうなるのか、すべて終わった時に何が起こるのか、わたしにはわからない。今、わかっているのは、病気の人々がいて、彼らは治療を必要としているということだ。

——アルベール・カミュ、『ペスト』、一九四七年

第48章　召集令状

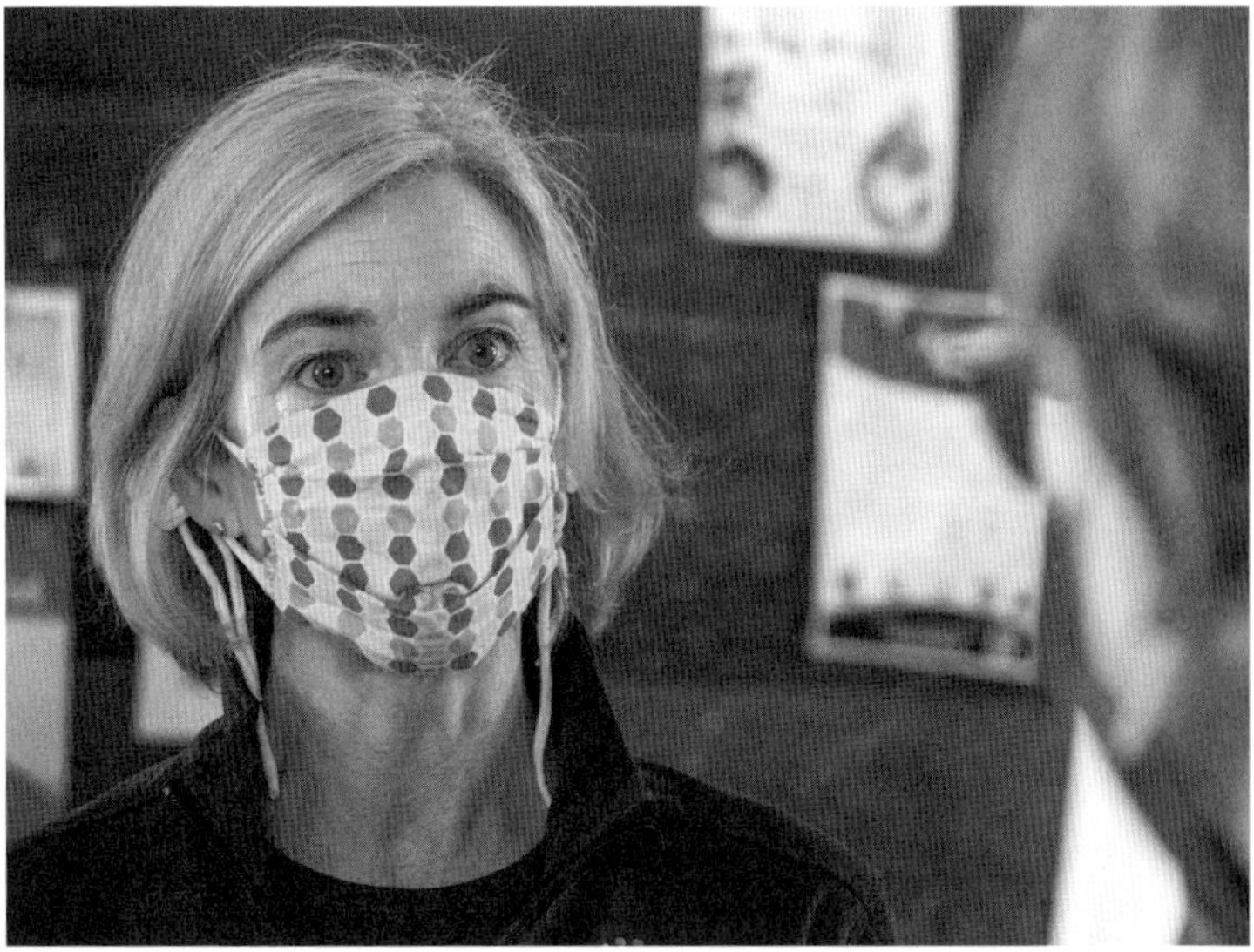

イノベーティブ・ゲノミクス・インスティテュート

二〇二〇年二月末、ダウドナはあるセミナーに出席するために、バークレーからヒューストンへ行く予定だった。アメリカではまだ、コロナウイルスによる混乱は起きていなかった。公式に報告された死者はいなかった。しかし、危機は急速に近づきつつあった。中国では二八三五人の死者が出ており、株式市場も反応しはじめた。二月二七日には、ダウ平均株価は一〇〇〇ポイント以上、下落した。「わたしは神経をとがらせていた」と、ダウドナは回想する。「ヒューストンへ行くべきかどうか、夫と話し合った。けれども、知人は皆、ふだんどおりに生活していたので、行くことにした」。とりあえず、ウェットティッシュを持って行くことにした。

バークレーに戻った彼女は、パンデミックと戦うために、自分と同僚は何をすべきだろう、と考えはじめた。クリスパーをゲノム編集ツールとして使ってきた彼女は、その分子メカニズムは人間が感染したウイルスを検知し破壊できることを熟知していた。さらに重要なこととして、彼女は共同作業の達人になっていた。明らかに、コロナウイルスとの戦いには、多くの専門家からなるチームをまとめる必要があった。

幸い、彼女には、そのような取り組みを可能にする基盤があった。エクゼクティブ・ディレクターを務めるイノベーティブ・ゲノミクス・インスティテュート（ＩＧＩ）である。それは、カリフォルニア大学バークレー校とサンフランシスコ校の共同研究機関で、バークレーのキャンパスの北西の隅にある五階建ての広々とした近代的な建物を拠点とする（当初は、遺伝子工学センターという名前にする予定だったが、その名称を不穏に感じる人がいることを大学は懸念した[1]。IGIの基本方針の一つは、異分野間のコラボレーションを促進することであり、この建物には植物学者、微生物学者、生物医学の専門家が研究室を構えている。ダウドナの夫ジェイミー、最初のクリスパー共同研究者だったジリアン・バンフィールド、元ポスドクのロス・ウィルソン、それに生化学者のデーヴ・サヴェージもそのメンバーだ。サヴェージは、クリスパーを使って池の微生物のゲノムを編集し、光合成の能力を向上させた[2]。

ほぼ一年前から、ダウドナと、隣のオフィスにいるサヴェージは、学際的なチームワークのモデルとなるプロジェクトをIGIで立ち上げることについて話し合ってきた。きっかけの一つをもたらしたのは、ダウドナの息子アンディだ。彼は地元のバイオテック企業で夏季のインターンシップに参加したが、そこでの一日は、各部門のリーダーが集まって、会社のプロジェクトのために部門がしていることを報告しあうことから始まった。アンディからそれを聞いたダウドナは、大学ではあり得ないことねと、笑いながら言った。「どうして?」と、彼は尋ねた。大学の研究者は周囲に垣根を築いて、独立性を守ろうとしすぎるからだ、と彼女は説明した。以来、ダウドナの家庭では、チームワークやイノベーション、それに創造性を刺激する職場環境の作り方について話し合ってきた。

アカデミックとチームを組み合わせる

二〇一九年末、バークレーの日本食レストランで、ダウドナとサヴェージは、この件について話し合った。どうすればチームワークの利点と、アカデミックな独立性を組み合わせることができるだろうか、と彼女は尋ねた。さまざまな研究室の研究者が一つの目標に向かって結束するプロジェクトを立ち上げることはできないだろうか。彼らはその構想を、「Workshop for IGI Team Science」を略して「Wigits〔ウィジッツ〕」と名づけ、協力してウィジェット〔ちょっとした道具〕を作ろう、と冗談を言った。

このアイデアを、IGIの金曜ハッピーアワーで提案したところ、一部の学生は強く支持したが、教授の大半はそうではなかった。ウィジッツの実現を願う学生のギャビン・ノットはこう語った。「産業界では誰もが、皆が合意した目標の達成にエネルギーを注ぐけれど、学術界では誰もが、自分の狭い世界の中だけで仕事をしている。自分が興味を持つ研究だけに取り組んでいて、協力するのは必要なときだけだ」。そういうわけで、資金源もなく、教授たちの賛同も得られなかったウィジッツ構想は、宙に浮いたままになった(3)。

そこへコロナウイルスが到来した。サヴェージは学生たちから、バークレーはこの危機にどう対処するつもりか、という質問のメールをいくつも受け取り、この問題を軸にすれば、ダウドナと検討してきたチームワークを実現できそうだ、と気づいた。そう考えながらダウドナのオフィスへ行くと、彼女も同じことを考えていた。

二人で話し合った結果、ダウドナが発起人となって、コロナウイルス対策に興味を持ってくれそうなIGIの同僚とベイエリアの仲間に声をかけて、会議を開くことになった。本書（上巻）の冒頭で紹介したのがその会議で、三月一三日金曜日の午後二時に開かれた――ダウドナ夫妻がロボコンに出かけた息子を迎えにフレズノまで夜明け前のドライブをした翌日のことだ。

SARS-CoV-2

急速に広まりつつあった新型コロナウイルスにはすでに正式名称が付けられていた。重症急性呼吸器症候群コロナウイルス2（severe acute respiratory syndrome coronavirus 2）、すなわちSARS-CoV-2である。そう名づけられたのは、二〇〇三年に中国で流行し、世界中で八〇〇〇人以上が感染したSARSコロナウイルスと症状が似ていたからだ。この新型ウイルスによる病気の名称は、COVID-19になった。

ウイルスは厄介なものを運ぶカプセルだが、その構造はごくシンプルで、タンパク質の殻の中に少量の遺伝物質、DNAかRNAのどちらかが入っているだけだ（有益で必要なウイルスもたくさんあるが、本書とは関係ない）。ウイルスは、生物の細胞に侵入すると、その機構を乗っ取って自己複製を始める。コロナウイルスの遺伝物質はRNAで、ダウドナの専門分野だ。ヒトゲノム（二本鎖DNA）は三〇億超の塩基対からなるが、SARS-CoV-2のゲノム（一本鎖RNA）はおよそ二万九九〇〇塩基で、コードするタンパク質はわずか二九種類だ。[4]

次に示すのは、コロナウイルスRNAの文字列断片のサンプルだ。

CCUCGGCGGGCACGUAGUGUAGCUAGUCAAUCCAUCAUUGC
CUACACUAUGUCACUUGGUGCAGAAAAUUC

この配列は、ウイルスの殻の外側にあるタンパク質を作るための暗号《コード》の一部である。そのタンパク質は突起《スパイク》のような形をしていて、ウイルス粒子を電子顕微鏡で見ると王冠のように見えることから、コロナ（ｃｏｒｏｎａ、ラテン語で王冠）と名づけられた。このスパイクは鍵《かぎ》のようなもので、ヒト細胞の表面にある特定の受容体と結合する。注目すべきは、この配列の最初の一二文字によって、スパイクがヒト細胞の特定の受容体としっかり結合することだ。この短い配列の進化の過程を見れば、このウイルスがどのようにコウモリから他の動物へ、そして人間へと飛び移ってきたかがわかる。

ＳＡＲＳ－ＣｏＶ－２コロナウイルスのスパイクと結合するヒト細胞の受容体タンパク質は、ＡＣＥ２と呼ばれる。悪いウイルスと結合するという点では、ＡＣＥ２は、中国の利己的な科学者フー・ジェンクイが双子のクリスパー・ベビーから取り除いたＣＣＲ５タンパク質（ＨＩＶウイルスの受容体を作る）に似ている。しかし、ＡＣＥ２タンパク質は他にも機能を持っているので、それをわたしたちの種から取り除くのは良いアイデアとは言えないだろう。

新型コロナウイルスは二〇一九年末にヒトに侵入し、二〇二〇年一月九日には、最初の死者が報告された。その日、中国の研究者たちはウイルスの全ゲノム配列を公表した。構造生物学者は、液体中で凍結した試料に電子線を照射する低温電子顕微鏡法によって、コロナウイルスとスパイクの原子やねじれの一つ一つを再現した精密なモデルを作った。配列情報と構造データを手に入れた分子生物学者たちは、ヒト細胞にとりつくウイルスの機能をブロックする治療法やワクチンの開発競争に乗り出した。(5)

戦いの順序

ダウドナが招集した三月一三日の会議には、彼女とサヴェージの予想をはるかに超える数の参加者が集まった。キャンパスが封鎖された金曜の午後、IGIの建物の一階にある会議室には、主要な研究室から指導者と学生が十数名集い、ベイエリアから五〇名の研究者がZoomで参加した。ダウドナは言う。「こうなるとは、計画はもとより想像もしていなかったのに、日本食レストランで生まれたわたしたちの考えが現実になった(6)」。

このような場合に、UCバークレー校やIGIのような大きな組織に所属することのメリットは大きく、ダウドナはそれを実感した。イノベーションはしばしばガレージや寮の部屋で起こるが、それは組織によって支えられる。複雑なプロジェクトのロジスティクスをうまく処理するには、インフラが欠かせない。とりわけパンデミックに対処するには、堅牢なインフラが不可欠だ。「IGIに拠点を置いたのは正解だった」と、ダウドナは言う。「そこには、提案書の作成、Slackのチャンネル設定、グループメールの送信、Zoomミーティングの手配、機器の調整などを手伝える人々がたくさんいた」。

バークレーの法務チームは、コロナウイルスの研究者たちが発見を自由に共有できるようにしながら、土台になっている知的財産は保護する、という方針を立てた。最初の会議で、大学の弁護士は「ロイヤリティ・フリー・ライセンス」［使用料を支払わない実施権］のためのテンプレートを提示した。「プロジェクトから生まれた成果については、非独占的で無料のライセンスを許可します」と弁護士は言った。「発見されたものについては、やはり特許出願したいと思いますが、その後、この目的のために無料で使えるようにします」。三月一八日に開かれた二回目のZoomミーティングで、ダウドナはこの決定についてスライドで説明した。彼女はメッセージを簡潔に述べた。「わたしたちの目的は、お金を儲けることではありません」。

ダウドナは二回目のミーティングまでに、遂行する一〇のプロジェクトと、そのチームリーダーの名前を記したスライドを用意した。プロジェクトのいくつかは、最新のクリスパー技術を活用するもので、クリスパーに基づく検査方法の開発や、ウイルスの遺伝物質を狙って破壊するクリスパー・システムを肺に運ぶ安全な方法を見つけることなどが含まれた。

次々にアイデアが出始めたとき、バークレー校の生化学者ロバート・ティジャンがきっぱりとこう言った。「仕事を二つの段階に分けよう」。そして彼は、新しいことへの挑戦も重要だと言いながら、「だが、状況は差し迫っている」と言った。一瞬、間をおいて、彼は説明した。研究室の作業台の前に座って未来のためのバイオテクノロジーに取り組む前に、公式の検査方法を見つける必要がある、と。そこで、ダウドナが立ち上げた最初のチームには、今いる会議室のすぐ近くのスペースを、最先端の高速自動コロナウイルス検査ラボに改造するという任務が与えられた。

第49章　検査をめぐる混乱

バークレー消防署のドリ・ティエウ（右）から最初の検査試料を受け取る
フョードル・ウルノフ（左）と、それを見ているディルク・ホックマイヤー（奥）

ＣＤＣが検査方法を開発するが——アメリカの失敗

二〇二〇年一月一五日、疾病予防管理センター（ＣＤＣ）の微生物学者スティーブン・リンドストロームは、各州の保健当局者との電話会議で、新型コロナウイルス検査に関するアメリカ初の公式ガイダンスを伝えた。「ＣＤＣは新型コロナウイルスの検査法を開発したが、食品医薬品局（ＦＤＡ）の承認を得るまで、州保健局で使うことはできない。承認はまもなく得られるはずだが、それまで医師は検査試料をアトランタのＣＤＣへ送らなければならない」というのがその内容だ。

翌日、シアトルの医師が、三五歳男性の鼻腔拭い液をCDCに送ってきた。その男性は武漢から帰国したばかりで、インフルエンザに似た症状が見られた。彼はアメリカ初の陽性患者になった。[1]

一月三一日、ＦＤＡを管轄する保健福祉省（ＨＨＳ）のアレックス・アザー長官は、公衆衛生上の緊急事態を宣言した。その宣言によって、ＦＤＡはコロナウイルス検査の承認を早める権限を得た。しかし、それは意図しない奇妙な結果をもたらした。通常、病院や大学の研究機関は、市場に出さないことを条件として、診断検査を独自に開発して使用できる。しかし、公衆衛生上の緊急事態宣言が出されると、そのような検査方法は、「緊急使用許可」を得るまで使えなくなる。公衆衛生が危機に瀕している時に、効果が証明されていない検査法が使われるのを防ぐためだ。こうして緊急事態宣言は、大学研究室と病院に新たな制限を課した。それでも、ＣＤＣが開発した検査法を広く利用できるのなら、問題はなかったが、それはまだＦＤＡの承認を得ていなかった。

ついに承認が下りたのは二月四日で、翌日からCDCは、州と地方の研究所に検査キットを送りはじめた。その検査では、長い綿棒を鼻腔の奥に挿入する。各地の研究所では、キットに含まれるウイルスRNA分離用試薬を使って、綿棒に付着した粘液からRNAを抽出する。その後、RNAは「逆転写」によってDNAに変換される［RNAのままだと不安定で扱いにくいため］。検出するにはある程度の量が必要なので、そのDNAは、ポリメラーゼ連鎖反応（PCR）というよく知られる方法によって数百万のコピーに増幅される。そのやり方は、大学の生物学部の学生の大半が知っている。

PCRは、バイオテック企業の化学者だったキャリー・マリスが一九八三年に発明した。マリスはある晩、ドライブ中にそれを思いついた。PCRでは、まず二本鎖DNAを加熱して一本ずつに分離する。次に、それを鋳型にして冷却しながら酵素によって元の二本鎖を複製する。この二段階を繰り返して、DNAを倍々に増やしていく。「PCRは、たった一個のDNA分子から始めて、ほんの半日で同様の分子を一〇〇〇億個生成できる」と、マリスは記している。[2] 現在、PCRは、電子レンジほどの大きさの装置で加熱と冷却を繰り返して行うのが一般的だ。コロナウイルスの遺伝物質（RNA）が粘液の中に含まれていたら、PCRはそれを増幅して検出できるようにする。

CDCから検査キットを受け取った各州の保健局は、陰性か陽性かが判明している患者のサンプルで試して、ウイルスを検出できるかどうかを調べた。「二月八日早朝、最初のCDC検査キットが、フェデックスの小包でイーストサイド・マンハッタンの保健局研究所に到着した」と、ワシントン・ポスト紙は報じた。同研究所のスタッフは何時間もかけて、その能力を調べた。ウイルスが含まれる試料で検査すると、陽性の結果が出た。合格、と思えたが、水で調べても陽性になった。製造過程で、検査キットの試薬の一つに汚染物質が混入していたのだ。「何てことでしょう」と、市の保健局の局長補、ジェニファー・レイクマンは言った。「これからどうすればいいの？」[3]。

さらに不名誉なことに、世界保健機関はすでに二五万回分の正しく機能する検査キットを各国に提供していたのだが、アメリカは、それを使うことも複製することも拒否していた。

ＦＤＡという壁

アメリカ国内で初めてコロナウイルス感染者が確認されたのはワシントン州シアトルだった。まさにその震源地にあるワシントン大学は、どこよりも早くこの地雷原に踏み込んだ。一月の初め、中国からの報道を見た後、ワシントン大学医療センターの臨床ウイルス学研究所の若い副所長アレックス・グレニンガーは、上司のキース・ジェロームに、独自の検査方法を開発することを提案した。「かなりの金額を無駄遣いすることになるだろう」と、ジェロームは言った。「感染症がここまで来ることはなさそうだが、備えよ常に、と言うからね」[4]。

二週間以内に、グレニンガーはその検査方法を完成させた。通常の規制の下でなら、それを同大学の病院システムで使うことができた。しかし一月三一日にＨＨＳのアザー長官が緊急事態宣言を発令し、規制が厳しくなった。そこでグレニンガーはＦＤＡに「緊急使用許可」を申請した。その申請書の記入には一〇〇時間近くかかったが、ＦＤＡの対応は、驚くほど融通がきかなかった。二月二〇日にＦＤＡから戻された回答には、申請書は電子申請するだけでなく、プリントアウトとコンパクトディスク（読者諸氏はそれがどういうものか、ご記憶だろうか？）をメリーランド州のＦＤＡ本部に郵送しなければならない、と書かれていた。その日、グレニンガーは友人へのメールで、ＦＤＡの杓子定規《しゃくしじょうぎ》な対応への不満を述べ、こう書いた。「リピート・アフター・ミー［ぼくの言葉を復唱してほしい］、緊急事態なんだ」。

数日後、ＦＤＡはグレニンガーに追試を求めてきた。その検査がＭＥＲＳウイルスとＳＡＲＳウイルスを誤認する恐れはないか、確認せよ、と言うのだ。いずれのウイルスも何年も休眠状態にあり、検査に使うウイルス試料さえ手元になかった。彼はＣＤＣに電話をかけて、ＳＡＲＳウイルスの試料を入手できないかと尋ねたが、断られた。後にグレニンガーは記者のジュリア・ヨッフェにこう語った。「その時、ぼくは思った。やれやれ、たぶんＦＤＡとＣＤＣはこの件について何も話し合っていないんだ。これはしばらく時間がかかるぞってね」[(5)]。

別のところでも似たような問題が起きていた。メイヨー・クリニックはパンデミックに対応するための緊急対策チームを立ち上げた。しかし一五人のメンバーのうち五人は、ＦＤＡが求める書類の作成にかかりきりになった。二月末までに、スタンフォード大学とブロード研究所を含む数十の病院と大学の研究室が検査法を開発したが、いずれもＦＤＡの承認を得られなかった。

国立アレルギー・感染症研究所所長アンソニー・ファウチ登場

そこに登場したのが、感染症に関するアメリカの第一人者と呼ばれる、国立アレルギー・感染症研究所所長のアンソニー・ファウチだ。二月二七日、彼はＨＨＳのアザー長官の首席補佐官、ブライアン・ハリソンを通じて、大学、病院、民間の検査機関が、緊急使用許可を待たずに、独自の検査方法を使用できるようにすることを、FDAに求めた。ハリソンは関係機関と電話会議を開き、そのための計画を迅速に立てるよう強く命じた。[6]

二月二九日土曜、FDAはようやく折れて、非政府系の研究所が緊急使用許可を得ないまま独自の検査を行うことを許可した。週明けの月曜日、グレニンガーの研究所は三〇人の患者を検査し、二、三週間後には、一日に二五〇〇人以上を検査するようになった。

エリック・ランダーのブロード研究所も参戦した。同研究所の感染症プログラムの共同ディレクターであるデボラ・フンは、ボストンのブリガム・アンド・ウィメンズ病院で医師としても働いていた。三月九日夜には、州内のコロナウイルス感染者が四一人になり、彼女はそのウイルスの攻撃力に衝撃を受けた。彼女は同僚でブロード研究所のゲノム・シーケンシング施設の所長を務めるステイシー・ガブリエルに電話をかけた。その施設は、ブロード本部から数ブロックのところにあり、元はフェンウェイ・パーク［野球場］向けのビールやポップコーンを保管する倉庫だった。「あなたの研究所をコロナウイルス検査用の施設にしてもらえませんか？」とフンが尋ねると、ガブリエルは快諾し、ランダーに連絡してその許可を求めた。ランダーはいつもと同じく、科学を公共のために役立てることに熱心で、自分が選んだ仲間がその思いを共有することを誇りに思った。「非常識な要請だったが」とランダーは言う。「もちろん、わたしはイエスと言った。いずれにせよ、ガブリエルはそうするつもりだったし、そうすべきだった」。その急ごしらえの検査施設は、三月二四日には、ボストン・エリア各地の病院から試料を受け取ってフル稼働するようになった。[7] トランプ政権が広範な検査を実施できない状況下で、大学の研究所は、通常は政府が果たすはずの役割を担い始めた。

第50章　バークレー研究所

ダウドナが編成したコロナウイルス検査ラボで活躍する
エンリケ・リン・シャオ（左）とジェニファー・ハミルトン（右）

義勇軍

三月一三日の会議で、ダウドナとイノベーティブ・ゲノミクス・インスティテュート（ＩＧＩ）の仲間は、独自のコロナウイルス検査ラボの立ち上げに注力することを決めたが、用いる技術について意見が分かれた。綿棒で拭い取ったＲＮＡをポリメラーゼ連鎖反応（ＰＣＲ）で増幅するという、手間はかかるが信頼性の高い方法を採用するか、それとも、クリスパー技術でウイルスのＲＮＡを直接検出する、新しいタイプの検査法を開発すべきだろうか？

彼らは両方ともすることにしたが、まずは一番目のアプローチを急いで行うことにした。「走る前にまず歩かなければならない」と、ダウドナはその議論の結論として述べた。「今ある技術を使いましょう。発明するのはそれからです」[1]。また、独自の検査ラボを開設することで、ＩＧＩは新たなアプローチを試すためのデータと患者の試料を得ることができるだろう。

その会議の後、ＩＧＩは次のようにツイートした。

Innovative Genomics Institute @igisci: わたしたちは#COVID19の臨床検査法を@UCBerkeleyのキャンパスで確立するために、できる限りの努力をしています。このページは試薬、機器、ボランティアを求めるために頻繁に更新する予定です。

二日たたないうちに、八六〇人以上がボランティアに申し込んだため、募集は打ち切られた。

指揮官はゲノム編集の魔術師

ダウドナが編成した検査チームは、彼女の研究室とバイオテック業界の多様性を反映していた。ダウドナは作戦の指揮官にフョードル・ウルノフを選んだ。IGIで鎌状赤血球貧血症の廉価な治療法の開発に取り組んできた、ゲノム編集の魔術師だ。

一九六八年にモスクワの中心部で生まれたウルノフは、両親から英語を学んだ。母のジュリア・パリエフスキは教授で、父のドミトリー・ウルノフは著名な文芸評論家にしてシェイクスピア学者、ウィリアム・フォークナーのファンであり、ダニエル・デフォーの伝記作家でもある。今はバークレーでフョードルの近くに住んでいる。わたしはフョードルに、コロナウイルスの流行をきっかけに、デフォーの一七二二年の作品『ペスト』についてお父さんに尋ねたか、と聞いてみた。「ええ」と彼は答えた。「わたしとパリに住んでいる娘のために、その本についてZoomで講義してもらうつもりです[2]」。

ダウドナと同じように、フョードルも一三歳の頃にワトソンの『二重らせん』を読み、生物学者になろうと決意した。「ジェニファーとぼくは、ほぼ同じ年齢で『二重らせん』を読んだという偶然を面白がっている」と彼は言う。「ワトソンは人間として見れば、相当大きな欠点があるが、生命のメカニズムの探究をエキサイティングに描く、並外れた冒険譚を生み出した」。

一八歳のとき、少し反抗的だったウルノフは、ソビエト軍に徴兵され、坊主頭にさせられた。「ぼくは無傷で生還した」と彼は言う。その後、アメリカに渡った。「ブラウン大学に合格し、一九九〇年の八月、ボストンのローガン空港に降り立った。その一年後に、母はフルブライト奨学金を得て、バージニア大学の客員研究員になった。まもなく彼はブラウン大学で博士課程に進み、研究に没頭した。「もうロシアには戻らないことがわかっていた」。
ウルノフは片足を学術界に、もう一方の足を産業界に置くことに抵抗を感じない研究者の一人だ。バークレーで教えながら、一六年にわたって、ゲノム創薬企業、サンガモ・セラピューティクスのチームリーダーとして、科学的発見を医療につなげる仕事をしてきた。そのロシアのルーツと文学の家系ゆえに、ドラマティックな雰囲気を漂わせているが、アメリカ流の「為せば成る」精神を学ぶことにも熱心だった。ダウドナから検査チームの指揮を任せられた時、彼はトールキンの『指輪物語』から引用した次の言葉を、周囲の人々に送った。

「(この戦いが)なにも、ぼくの時代に起きなくてもよかったのに」と、フロドは言った。「それはわしも同じ思いだ」と、ガンダルフは言った。「この時代に生まれ合わせた者は皆、そう思っておるだろう。だが、どんな時代に生まれるかを、自分で決めることはできない。わしらが決めるべきことは、生まれついた時代にどう向き合うかだ」。

多様で異なる才能が集まる

ウルノフ直属の最高司令官は二人いる。一年前に一日がかりでわたしに、クリスパーによるヒトゲノム編集のやり方を教えてくれたジェニファー・ハミルトンはその一人だ。彼女はシアトルで育ち、ワシントン大学で生化学と遺伝学を学んだ後、ポッドキャスト［ネット配信される無料講座］で「今週のウイルス学」を聞きながら、研究室の実験助手として働いた。ニューヨークのマウント・サイナイ・メディカル・スクールで博士号を取得し、ウイルスやウイルス様粒子に治療薬を運ばせるメカニズムについて研究した後、ダウドナの研究室にポスドクとして加わった。ハミルトンは、二〇一九年のコールド・スプリング・ハーバーの会議で、ウイルス様粒子を用いてクリスパー・キャス9ツールをヒト細胞内へ運ぶ研究について発表した。ダウドナはその様子を誇らしげに見守っていた。

三月上旬にコロナウイルス危機が発生すると、ハミルトンはダウドナに、自分も母校ワシントン大学の人々のように、この問題に関わりたいと話した。そこでダウドナは彼女を技術開発のリーダーに任命した。「軍隊への召集のように感じました」とハミルトンは言う。「当然ながら、わたしはイエスと応じました」。世界が危機に瀕し、RNA抽出を最適化する自分の技術が緊急に必要とされるというのは、彼女にとって予想外の展開だった。また、この取り組みを通じて彼女と仲間の研究者は、ビジネスの世界では一般的なプロジェクト指向のチームワークを経験した。「異なる才能を持つ多くの人が一丸となって共通の目的に取り組む科学チームに参加するのは、わたしにとって初めての経験でした[3]」。

ウルノフ直属の、もう一人の最高司令官はエンリケ・リン・シャオだ。彼はコスタリカで台湾からの移民の息子として生まれ育った。両親は新天地での生活を始めるためにすべてを捨てて、コスタリカに渡ったのだ。リン・シャオは一九九六年のクローン羊ドリーの誕生をきっかけとして、遺伝学に興味を持つようになった。高校卒業後、奨学金を得てミュンヘン工科大学に進み、そこでは、DNAをさまざまな形にたたんで生物学のナノテクツールにする研究を行った。その後、ケンブリッジ大学で、DNAの折りたたみが細胞の働きにとっていかに重要であるかを研究した。さらにペンシルベニア大学で博士号を取得し、以前は「ジャンクＤＮＡ」と呼ばれていたゲノムの非コード領域が、病気の進行に影響を及ぼすことを解明した。つまり、フェン・チャンと同じく、リン・シャオもまた、アメリカが世界の多様な才能を惹きつけていた時代における典型的なサクセスストーリーの主人公だった。

リン・シャオはダウドナの研究室のポスドクとして、長いＤＮＡ配列をカット＆ペーストするための、新しいゲノム編集ツールの開発に取り組んでいた。二〇二〇年三月の自宅待機中にツイッターを見ていて、ＩＧＩの同僚が書いた、新設の検査ラボで働く研究者を募集するツイートに気づいた。「ＲＮＡ抽出とＰＣＲの経験が必要とされたが、それはぼくが日常的に研究室でやっていることだった」と彼は言う。「翌日、ダウドナからメールが届いて、その検査ラボの共同リーダーにならないかと尋ねられたので、すぐ承諾した[4]」。

コロナウイルス検査ラボ

幸い、ＩＧＩの建物の一階には二五〇〇平方フィートの空きスペースがあったので、そこにコロナウイルス検査ラボを急造することになった。ダウドナのチームは新しい機械と化学薬品の入った箱を運び込み、そこを検査ラボへと変えていった。通常は数か月かかるラボ建設プロジェクトは、数日で完了した[5]。

彼らは必要な物資を、学内の研究室からもらったり、借りたり、奪い取ったりした。ある日、実験を始めようとして、ＰＣＲ装置のプレートがないことに気づいた。リン・シャオたちはＩＧＩの建物内と近くの二つの建物にあるすべての研究室をまわって、いくつかかき集めた。「キャンパスの大半が閉鎖されていたので、大掛かりな借り物競走をしているみたいだった」と、彼は言う。「毎日がちょっとしたジェットコースターのようで、早朝に新たな問題が見つかり、あれこれ心配するものの、その日が終わるまでには解決していた」。

ラボでは、装置と必需品におよそ五五万ドルを費やした。[6] 特に重要だったのは、患者試料からＲＮＡを自動的に抽出する装置、ハミルトン社のＳＴＡＲｌｅｔである。それは、自動化されたピペットで試料を少量吸い上げ、ｉＰｈｏｎｅ大のプレートに並ぶ九六個の小さな試験管に入れる。そのプレートが載ったトレイを、装置のチャンバーに移動し、試薬を注入してＲＮＡを抽出する。各試料の患者の情報は、個人情報を保護するためにバーコードで表示されている。これは学術研究者にとって初めての経験だった。「通常、ぼくたちのようなベンチ・サイエンティスト［実験台から離れず研究を進める科学者］は、自分の研究の結果を、ずいぶん後になって、やや間接的な形で知ることになるが」と、リン・シャオは言う。「ＳＴＡＲｌｅｔでは、結果はすぐに、直接知ることができた」。[7]

ハミルトンの祖父はＮＡＳＡのアポロ・ロケット打ち上げのエンジニアだった。ある日、ハミルトンのチームは仕事の手を休めて、Ｓｌａｃｋチャンネルに誰かが投稿した映画『アポロ13』のある場面を見ていた。それは、宇宙飛行士を救うためにエンジニアが「丸い穴に四角い杭をはめる」方法を見つけなければならない場面だった。「毎日、難問が見つかったけれど、時間がないとわかっていたので、その都度、解決していきました」と、ハミルトンは言う。「祖父が一九六〇年代にＮＡＳＡで働いていた時も、こんなふうだったのかな、と思いました」。それは、ぴったりのたとえだった。コロナウイルス感染症とクリスパーは、人間が次なるフロンティアを開拓するのに役立っていた。
ダウドナは、外部の患者を検査することでカリフォルニア大学がどのような法的責任を負うかについて考えなければならなかった。通常なら、弁護士たちが何週間もかけて悩むところだが、ダウドナはカリフォルニア大学学長で国土安全保障省の元長官であるジャネット・ナポリターノに電話を入れた。ナポリターノは一二時間たたないうちに、ダウドナたちの取り組みを承認し、国土安全保障省の法務官僚に協力を約束させた。こんな場合、大物ダウドナが登場すると話はすぐまとまった、とウルノフは言う。「ぼくは冗談で、彼女を『USSジェニファー・ダウドナ』（軍艦ダウドナ号）と呼んでいるんだ」。
連邦政府の検査はまだ混乱しており、民間の検査機関では結果が出るまでに一週間以上かかるという状況にあって、ダウドナたちのラボは、膨大な量の検査をこなすことを期待された。バークレー市の保健衛生官リサ・ヘルナンデスはウルノフに五〇〇〇件の検査を依頼したが、その一部は貧困層とホームレスが対象だった。また、消防署長のデヴィッド・ブラニガンは、部下の消防士三〇人が検査結果が出ないせいで隔離されている、どうにかならないか、とウルノフに相談した。ダウドナとウルノフはそれらすべての検査を約束した。

市民からの感謝「ありがとう、IGI」

新しいラボを始動させるには、まず検査キットの精度を確認する必要があった。この作業に関して、ダウドナは特別な目を持っていた。大学院生だった頃から彼女は、RNAに関する計測値の解読に熟達していた。結果が出ると、ラボの研究者たちはそれをZoomで共有し、ダウドナが身を乗り出して画像を注視する様子を、オンラインで見守る。画像には、データポイントを示す青の逆三角形、緑の三角形、四角形が並んでいる。時々彼女は画面をじっと見つめたまま動かないことがあり、その間、他のメンバーは息をひそめる。あるセッションでは、検査結果の一部にカーソルを合わせて、「はい、よさそうね」と言った後、表情を一変させて、別の場所を指し示して「だめ、だめ、だめ」とつぶやいた。

四月初旬、ついに彼女は、リン・シャオが集めた最新データを見てこういった。「完璧ね」。検査を始める準備は整った。

四月六日月曜の午前八時、消防署のワゴン車がＩＧＩの玄関前に停まった。署員のドリ・ティエウが、試料の入った箱を届けにきたのだ。白い手袋と青いマスクをしたウルノフは同僚のディルク・ホックマイヤーが見守る中、彼女から発泡スチロールのクーラー・ボックスを受け取り、翌朝には結果を出すと約束した。

ラボの稼働に向けて、最後の準備を進めている時に、ウルノフは近所に住む両親のためにテイクアウトの食事を取りに行った。ＩＧＩに戻ってくると、大きなガラスのドアに一枚の紙が貼られていた。そこにはこう書いてあった。「ありがとう、ＩＧＩ！　バークレーと世界の市民より、心からの感謝を込めて」。

第51章　マンモスとシャーロック

メモ

ありがとう、IGI！
バークレーと世界の市民より、
心からの感謝を込めて

メモを撮影するときガラスに映った
フョードル・ウルノフ

ダウドナと共に研究し、のちに起業したジャニス・チェン（左）とルーカス・ハリントン（中央）

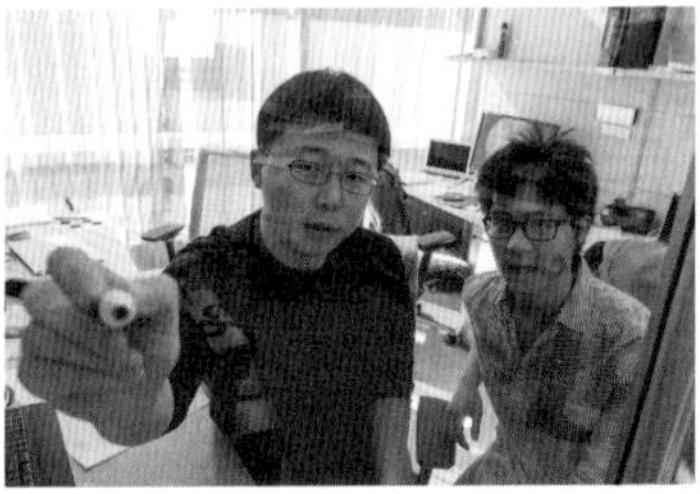

フェン・チャン（左）とパトリック・シュー（右）

検出ツールとしてのクリスパー

コロナウイルスに対処するためにダウドナが招集した三月一三日の会議で、彼女は従来のPCR検査を高速で行うラボの創設を最優先にすることを決めたが、その時の話し合いで、フョードル・ウルノフは、より革新的なアイデアも検討してはどうか、と提案した。それは、細菌が攻撃してくるウイルスをクリスパーで見つけるように、コロナウイルスのRNAをクリスパーで見つけるというものだ。

「ちょうどそれについて発表した論文がある」と、他の参加者が口をはさんだ。

ウルノフはわずかに苛立ち、顔を紅潮させて、その論文のことはよく知っている、と返した。

「以前ダウドナの研究室にいた、ジャニス・チェンの論文だね」。

実のところ、それに関して最近発表された論文は二本あった。一つはウルノフが指摘した、ジャニス・チェンのものだ。チェンはダウドナの研究室を出た後、クリスパーを検出ツールにする会社を興していた。そしてもう一つは、驚くようなことではないが、ブロード研究所のフェン・チャンが出したものだ。再び二つの陣営は競い合っていた。もっとも、今回は、ヒトゲノム編集の特許をめぐってではなかった。この新しい競争のゴールは、新種のコロナウイルスから人類を救うことであり、彼らの発見は無料で共有されることになっていた。

キャス12とマンモス

ここで話は二〇一七年にさかのぼる。当時、ジャニス・チェンとルーカス・ハリントンはダウドナの研究室に所属する博士課程の学生で、新たに発見されたクリスパー関連酵素を研究していた。それは後にキャス12aと名づけられる酵素で、特別な性質を持っていた。キャス9と同じように、DNAの特定の配列に狙いをつけ、それを見つけて切断することができる。しかし、それだけではなかった。いったん標的DNAを切断すると、無差別の切断魔と化し、近くにある一本鎖DNAを手あたり次第に切り刻むのだ。「ぼくはこの奇妙なふるまいに注目するようになった」と、ハリントンは言う。[1]

ある日の朝食の席で、ダウドナの夫ジェイミー・ケイトは、この特性を利用して診断ツールを作ることを提案した。チェンとハリントンも同じことを考えていた。彼らはクリスパー・キャス12システムと、切断されると蛍光シグナルを発するようにした一本鎖DNA（レポーター分子）を組み合わせた。クリスパー・キャス12システムは、標的DNAの配列を見つけると、レポーター分子も切り刻むので、蛍光のシグナルが発せられる。この働きを利用すれば、患者の体内に標的DNA（特定のウイルス、細菌、がんなど）があるかどうかを診断できる。チェンとハリントンはそれを「DNA endonuclease targeted CRISPR trans reporter」（DNAエンドヌクレアーゼ標的クリスパー・トランス・レポーター）と名づけたが、とても言いにくかったので、クリスパーと同じように頭字語でDETECTR（デテクター）と呼ぶことにした。

二〇一七年一一月、チェン、ハリントン、ダウドナがその発見をまとめた論文をサイエンス誌に送ったところ、編集者はその発見を診断テストに変える方法についてもっと詳しく書くことを求めた。伝統ある科学誌でさえ、基礎科学を将来性のある応用につなげることに強い関心を持つようになっていたのだ。「雑誌がそうしろと言うのなら」と、ハリントンは言う。「必死でやるしかない」。二〇一七年のクリスマス、彼とチェンは休暇を返上し、サンフランシスコ校の研究者と協力して、クリスパー・キャス12システムがヒト試料中の性感染症ヒトパピローマウイルス（HPV）を検出できることを示した。「ぼくたちは巨大な実験装置をレンタカーに載せて行ったり来たりして、さまざまな患者試料を検査した」とハリントンは明かす。

ダウドナはサイエンス誌に、その論文をファスト・トラック〔短期間で査読を行う制度〕扱いにして発表を早めるよう催促し、さらには編集者の求めに応じて、デテクターがHPV感染症を検出することを示すデータを添えて、二〇一八年一月に論文を再提出した。それは受理され、二月にオンラインで公開された。

ワトソンとクリックが有名なDNAの論文を、「我々が仮定した特異的塩基対が、ただちに遺伝物質の複製メカニズムについて、ある可能な機構を示唆することに、当然ながら、我々は気づいている」という言葉で締めくくってからというもの、雑誌に掲載する論文を、控え目ながらも未来志向の文章で終わらせるのがスタンダードになっていた。チェン、ハリントン、ダウドナも論文の最後に、クリスパー・キャス12システムは「ポイント・オブ・ケア診断〔臨床現場でのリアルタイムの診断〕のための核酸〔DNA・RNA〕検出のスピード、感度、特異度を向上させる新たな戦略を提供する」と述べている。つまり、それを利用して簡易検査技術を作れば、自宅や病院でウイルス感染を迅速に検出できるようになる、と言っているのだ(2)。

当時、ハリントンとチェンはまだ博士号を取得していなかったが、ダウドナは彼らに会社の設立を勧めた。それは、彼女が基礎科学と橋渡し研究を組み合わせて、実験台（ベンチ）での発見を臨床（ベッドサイド）で活かすべきだという強い信念を持っていたからだ。「これまで科学者が発見してきた多くの技術は、それをライバルが活用するのを防ごうとする巨大企業に買い取られ、その後、発展することはなかった」と、ハリントンは言う。「だから、ぼくたちは自分で会社を設立することにした」。マンモス・バイオサイエンシズ社はダウドナを科学諮問委員会のトップに据え、二〇一八年四月に正式に発足した。

キャス13とシャーロック

クリスパー関連酵素を利用して診断ツールを作成することに関しても、西海岸のダウドナとチームは、東海岸にいるライバル、ブロード研究所のフェン・チャンと競いあっていた。チャンは、NIHに所属するクリスパー研究の先駆者ユージーン・クーニンと共同研究を進めながら、計算生物学を用いて、数千の微生物のゲノム情報を処理し、二〇一五年一〇月には、多くの新しいクリスパー関連酵素を発見したことを報告した。彼らは、以前から知られていたDNAを標的にするキャス9とキャス12に加えて、RNAを標的にする一群の酵素を発見した(3)。それらはキャス13と呼ばれるようになる。

キャス13はキャス12と同じく、標的を見つけると切断魔になるという奇妙な性質を持っていた。つまり、標的RNAだけでなく、近くにあるRNAを無差別に切断するのだ。

最初、チャンは、何かの間違いだと思った。「キャス13は、キャス9がDNAを切断するようにRNAを切断すると、ぼくたちは考えていた」と彼は言う。「しかし、キャス13を使うと、R

NAはさまざまな場所で切断されてしまった」。彼は研究室のチームに、酵素を正しく精製しただろうか、汚染されたのではないか、と尋ねた。彼らは汚染源になり得るものを入念に取り除いたが、無差別な切断は続いた。チャンは、これは進化が編み出した手法で、ウイルスが侵入してきた時に、細胞を自殺させて感染が広がらないようにしているのではないかと推測した。(4)

その後、ダウドナの研究室が、キャス13の機能を明らかにした。二〇一六年の論文で、彼女と共著者（夫のジェイミー・ケイト、二〇一二年のヒト細胞でのクリスパーに関する重要な実験を行った大学院生のアレクサンドラ・イースト＝セレツキーを含む）は、キャス13のさまざまな機能を説明した。その中には、標的に到達したキャス13が、近くにある他の数千ものRNAを無差別に切断することも含まれた。この性質ゆえに、キャス13は、キャス12と同様に、レポーター分子［切断されると蛍光シグナルを発する一本鎖DNA］と組み合わせて、コロナウイルスなどのRNA配列を検出するツールとして利用できる。(5)

チャンとブロード研究所のグループは、二〇一七年四月にそのような検出ツールの作成に成功した。彼らはそれを「specific high sensitivity enzymatic reporter unlocking」（特異的高感度酵素レポーター・アンロッキング）と名づけ、（かなり無理があるが）頭文字から略称SHERLOCK（シャーロック）とした。これはおもしろいことになってきた！［シャーロック・ホームズの有名な台詞］　彼らは、シャーロックがジカ熱ウイルスとデング熱ウイルスの特定の株を検出できることを示した。(6)　次の年には、キャス13とキャス12を組み合わせたバージョンを作り、一回の検査で複数の標的を検出できるようにした。また、システムを簡略化し、妊娠検査のように、試験紙で結果を表示できるようにした。(7)

二〇二〇年初めまではそれほど話題にならなかった

チェンとハリントンがマンモスを立ち上げたように、チャンはシャーロックを商品化するために会社を設立することにした。共同設立者には、チャンの研究室が発表したキャス13の論文の多くで筆頭著者になった二人の大学院生が含まれた。オマー・アブディエとジョナサン・グーテンバーグである。グーテンバーグは、ＲＮＡを無差別に切断するキャス13の性質を最初に発見した時、それを論文にする気はほとんどなかったと言う。自然による無駄な奇行としか思えなかったからだ。しかし、チャンがその奇行を利用してウイルスを検出する方法を発見した時、グーテンバーグは、基礎科学の発見が実社会での予想もしない応用につながることを実感した。「そう、自然界には素晴らしい秘密が山のようにある」と彼は言う(8)。

その会社、シャーロック・バイオサイエンシズの資金調達と立ち上げには少々時間がかかった。チャンと二人の大学院生が、利益の追求を会社の第一の目的にしなかったからだ。彼らはその技術を発展途上国でも使えるようにしたかったので、技術革新によって利益をあげつつ、ニーズの高い地域では非営利的アプローチをとれるような構造にした。

特許をめぐる競争と違って、診断企業に関するダウドナとチャンの競争はそれほど激しい争いにはならなかった。どちらの陣営も、その技術が大いに社会のためになることを知っていたからだ。新たな伝染病が発生したら、マンモスとシャーロックはただちにその診断ツールをプログラムし直し、新たなウイルスを標的とする検査キットを製造することができた。たとえば、二〇一九年にナイジェリアでラッサ熱が大流行した時には、ブロード研究所はシャーロックのチームを

現地に送り、患者の診断を支援した。ラッサ熱はエボラと同じく、ウイルス性出血熱だ。(9)

もっとも、クリスパーを診断ツールにすることは、価値ある取り組みではあったが、当時は特に刺激的とは見なされなかった。クリスパーを病気の治療やヒトゲノム編集に使うことに比べると、それほど話題にならなかった。しかし、二〇二〇年の初めに、世界は一変した。攻撃してきたウイルスを迅速に検出できることが重要になったのだ。従来のＰＣＲ検査は、多くの複雑な手順と温度の切り替えを必要とする。それより速く、より安価にウイルスを検出する方法は、ウイルスの遺伝物質（ＲＮＡ・ＤＮＡ）を検出するようプログラムされたＲＮＡガイド酵素を活用することだ――つまり、細菌が何百万年も前から活用してきたクリスパー・システムを応用するのである。

第52章　コロナウイルス検査

フェン・チャン（上段・左）オマー・アブディエ（上段・右）
ジョナサン・グーテンバーグ（中段・右）
コロナウイルス感染症の検出に関するZoom会議にて

フェン・チャンは自らシャーロックの検出ツールを構築し直した

二〇二〇年一月初旬、フェン・チャンは中国語で書かれたコロナウイルスに関するメールを受け取るようになった。知り合いの中国人研究者からのメールが大半だったが、思いがけないことにニューヨークの中国領事館の科学担当者からもメールが届いた。「あなたはアメリカ人で、中国に住んでいるわけではありませんが」と書かれていた。「これは人類にとって実に重要な問題です」。メールは「ある村が災難にあうと、助けは四方より来る」という中国の古いことわざを引用し、「この問題に関して、ご自身に何ができるかご検討いただきたい」と、強く訴えていた。[1]

チャンは新型コロナウイルスについてはほとんど知らず、武漢の状況を伝えるニューヨーク・タイムズ紙の記事を読んだだけだったが、それらのメールを見て、「事態は緊迫していると感じた」と彼は言う。中国領事館からのメールでは特にそう感じた。「普段、領事館とは何のやりともしていない」と言う。両親とともにアイオワへ移住したのは彼が一一歳の時だった。

わたしは彼に、中国当局はあなたを中国の科学者と見なしているのだろうか、と尋ねた。「ええ、おそらく」と、彼はしばらく考えてから答えた。「たぶん、すべての中国出身者を中国人と見なしているのだろう。でも、そんなことは関係ありません。今や世界は密接につながっているのだから。特にパンデミックの時には無意味だ」。

チャンは新型コロナウイルスを検査できるよう、シャーロックの検出ツールを構築し直すことにした。研究室にその仕事をこなせる人がいなかったので、自分ですることにした。また、かつて指導した二人の元大学院生、オマー・アブディエとジョナサン・グーテンバーグにも協力を求めた。彼らはブロード研究所から一ブロック離れたＭＩＴのマクガヴァン研究所に自分の研究室を開設していたが、協力を快諾した。

当初、チャンは、患者からのコロナウイルス試料を入手できなかったので、合成版を作った。そしてシャーロックを利用して、大掛かりな装置がなくても、わずか三つの手順で、ほんの一時間でウイルスを検出できる方法を考案した。必要なのは温度を一定に保つための小型装置だけだ。試料から得た遺伝物質はＰＣＲより簡単な方法で増幅され、結果は、ディップスティック［液体に浸す厚紙の棒］で判定できる。

二月一四日、新型コロナウイルスはアメリカ国内ではまだ注目されていなかったが、チャンの研究室はこの検査方法を詳細に説明したホワイトペーパー［資料］をネットで公開し、「無料ですから自由にお使いください」と、あらゆる研究所に呼びかけた。「シャーロックを用いたＣＯＶＩＤ‐19 #コロナウイルス検出の研究計画書《プロトコル》を公開することで、このパンデミックと戦う人々の助けになることを願っています」と、チャンはツイートした。「さらなる進歩があれば、情報を更新します(2)」。

彼が設立していたシャーロック・バイオサイエンシズ社はそのプロトコルに従って、早速、病院や医院で用いる商用検査機器の開発に取りかかった。ＣＥＯのラフル・ダンダが、コロナウイルス感染症に集中してほしいとチームに告げると、研究者らは文字通り、椅子をくるりと回転させて作業台に向かい、その任務に取り組んだ。「わたしたちがピボット（回転）と言う時には、椅子を回転させるという文字通りの意味の他に、会社が新しい目標へ向かうという意味もあった」とダンダは言う。二〇二〇年末までに、同社は製造業者と協力して、一時間以内に結果を出せる小型の機械を完成させた。(3)

「科学者が協力し、情報をオープンにして共有することをうれしく思う」

チャンがコロナウイルス検査に取り組み始めた頃、マンモス・バイオサイエンシズ社のジャニス・チェンは、自社の科学諮問委員会のメンバーから電話を受けた。「クリスパーに基づく新型コロナウイルス検査法を開発することについて、どうお考えですか?」と、委員は尋ねた。チェンは試してみるべきです、と同意した。こうしてチェンとハリントンは、国を横断して繰り広げられてきたダウドナとチャン両陣営の競争に新たな局面を開いた。(4)

それから二週間たたないうちに、マンモスチームは、クリスパー・ベースの検出ツールを設計し直して、新型コロナウイルスを検出できるようにした。マンモスは、病院を持つUCサンフランシスコ校と共同研究していたので、合成ウイルスを使用しなければならなかったチャンと違って、三六人のコロナウイルス感染症患者から採取した試料を使うことができた。

マンモスの検査では、チェンとハリントンがダウドナの研究室にいた頃に研究していたクリスパー関連酵素、キャス12を利用する。キャス12はDNAを標的にするので、シャーロックが用いるキャス13(RNAを標的とする)に比べて、コロナウイルス〔遺伝物質はRNA〕の検査に向いていないように思える。しかし、どちらの検査でも、コロナウイルスのRNAを増幅するには、DNAに変換しなければならない。シャーロックの検査は、増幅したDNAをRNAに戻してから検査するので、むしろプロセスが増える。

チェンとハリントンは、マンモスの検査の詳細を記したホワイトペーパーを、急いでオンラインで公開した。多くの点でそれはシャーロックのプロセスに似ていた。必要なのは、ヒートブロック［加熱装置］、試薬、結果を読みとるための試験紙だけだ。チャンと同じく、マンモスチームも考案したものをパブリック・ドメインにして、誰でも無料で利用できるようにした。

二月一四日、ホワイトペーパーをオンラインに載せる準備をしていた時、チェンとハリントンのSlackチャンネルにメッセージが届いた。「たった今、シャーロックのプロトコルによるコロナウイルス検出法を述べたホワイトペーパーを公開した」というチャンのツイートを誰かがアップしたのだ。

「『ああ、やられた！』という気分だった」と、チェンはその金曜の午後のことを振り返る。しかし数分後には、両方のホワイトペーパーがあるのは良いことだと気づいた。そして、掲載しようとしていたペーパーに、次のような追記を添えた。「わたしたちがこのホワイトペーパーを準備していた時に、クリスパー診断を用いた別の新型コロナウイルス検出プロトコル（SHERLOCK, v.20200214）が発表された」。続いて、二つの検出法の作業の流れを比較する、便利なチャートも添付した。(5)

チャンは、マンモスチームに一日差で勝ったこともあって、礼儀正しくふるまった。「マンモスが提供したリソースをチェックしよう」と彼はツイートし、そのホワイトペーパーへのリンクを貼った。「科学者が協力し、情報をオープンにして共有することをうれしく思う。#コロナウイルス」。

このツイートは、クリスパーの世界が歓迎する新たな流れを反映していた。これまでは特許や賞を獲得するための熾烈な競争のせいで、ダウドナとチャンをはじめとするクリスパーの研究者たちは、研究内容を秘密にしたり、競合するクリスパー企業を設立したりしてきた。しかし、コロナウイルスとの戦いの緊急性ゆえに彼らは研究をよりオープンにして、積極的に共有するようになった。もっとも、競争は依然として重要で有益な要素だった。ダウドナとチャン両陣営の間では、論文を発表し、新型コロナウイルス検査で先んじるための競争が続いていた。「はっきり言って、競争は今も続いている」と、ダウドナは言う。「競争があるからこそ、人は、急いで先へ進もうとする。そうしなければ他の人に先を越されるから」。とはいえ、コロナウイルスをめぐる競争は、それほど熾烈ではなかった。なぜなら、最大関心事は、特許ではなかったからだ。「この最悪の状況に良い側面があるとすれば、それは知的財産の問題が二の次になり、誰もがひたすら解決策を見つけようとしていることです」とチェンは言う。「今、人々は研究のビジネス面ではなく、実際に役に立つものを生み出すことに集中しています」。

在宅検査

マンモスとシャーロックが開発したクリスパーを用いる検査法は、従来のＰＣＲ検査より安価で速い。また、抗原検査法（医療機器大手のアボット社が開発して二〇二〇年八月に承認されたものを含む）より優れていた。クリスパーを用いる検査法は、感染直後からウイルスのＲＮＡの存在を検出できるが、抗原検査法は、ウイルスが持つ特有のタンパク質を検出するため、患者の感染力が強くなってからでないと、正確な検査ができないのだ。

これらの検査法の最終的な目標は、家庭用妊娠検査薬のように、安く、速く、簡単で、かつ使い捨てで、町の薬局で購入でき、自宅のバスルームでプライバシーを守りながら使用できる、クリスパーによるコロナウイルス検査法を作ることだ。

マンモスのハリントンとチェンは、二〇二〇年五月にそのような検査法のコンセプトを発表し、ロンドンに本社を置く多国籍製薬会社グラクソ・スミスクライン（解熱鎮痛薬エキセドリンや胃薬タムズのメーカー）と提携して開発製造することを発表した。目指すのは、二〇分で正確な結果を出し、特別な装置を必要としない検査法だ。

同じ月、チャンの研究室は、シャーロック検出システムを簡略化する方法を開発した。二段階だった手順を一段階ですむようにしたのだ。必要な器具は、システムを摂氏六〇度に保つポットだけだ。チャンはそれをＳＴＯＰ（ストップ）と名づけた。「SHERLOCK Testing in One Pot」（ポット一つのシャーロック検査）の頭文字をとったものだ。[6]「それがどんなものかお見せしましょう」と、チャンはＺｏｏｍコールでスライドと図面を見せながら、少年のように熱っぽく説明した。「鼻腔拭い液か唾液の試料をこのカートリッジに入れて、器具の中にスライドし、一つめのブリスター［パッケージ］を破ってウイルスのＲＮＡを抽出する溶液をカートリッジに入れる。さらにもう一つのブリスターを破って、凍結乾燥させたクリスパーを入れて、増幅チャンバーで反応させるだけです」。

チャンはその器具をＳＴＯＰ－コロナ（STOP-COVID）と名づけた。しかし、その基盤《プラットフォーム》はあらゆるウイルスの検出に適用できる。「ＳＴＯＰという名前を選んだのは、どんな標的にも対応できるからだ」と、彼は言う。「ＳＴＯＰ－インフル、ＳＴＯＰ－ＨＩＶなど、同じプラットフォーム上で多くの標的を検出できる。この器具は、自分がどんなウイルスを探しているかに関知しない」[7]。

マンモスも同様に、新たなウイルスを検出するために、自社のツールを容易に再プログラムできるようにしたいと考えている。「クリスパーのすごいところは、いったんプラットフォームが出来上がったら、検査試薬を設定し直すだけで、異なるウイルスを検出できることです」と、チエンは説明する。「次のパンデミック、あるいはどんなウイルスに対しても使用可能です。また、あらゆる細菌や、遺伝子配列を持つものであれば何にでも、がんに対してさえ使用できます」[8]。

生物学が家にやってくる

家庭用検査キットの開発は、コロナウイルス感染症との戦いにとどまらない影響力を持つ可能性がある。一九七〇年代にパーソナル・コンピュータがデジタル製品とサービス――および、マイクロチップやソフトウエア・コード――を人々の日常生活と意識に持ち込んだように、それは生物学を家庭に持ち込むだろう。

パーソナル・コンピュータとそれに続くスマートフォンをプラットフォームとして、次々に革新的な製品が生み出された。さらに、それらがデジタル革命を個人的《パーソナル》なものにしたので、人々はそのテクノロジーへの理解を深めていった。

チャンは子どもの頃、よく両親から、コンピュータを物を作るためのツールとして使いなさい、と言われた。マイクロチップから微生物へと関心が移った時、彼は、なぜ生物学はコンピュータほど人々の日常生活に密着していないのだろう、と疑問に思った。生物学には、イノベーターの革新の基盤になったり、人々が家庭で使ったりできる簡単な装置やプラットフォームは存在しなかった。「分子生物学の実験をしている時にぼくはこう思った。『これはとてもクールで、とても役に立つのに、なぜソフトウェアアプリのように人々の生活に影響を与えないのだろう?』」。

大学院生になっても、彼は自問し続けた。よくクラスメイトに「どうすれば、分子生物学をキッチンや家庭に持ち込むことができると思う?」と尋ねたものだった。今、彼は、家庭用のクリスパー・ウイルス検査キットの開発に取り組むうちに、これがその手段になるのではないかと気づいた。家庭用検査キットは、プラットフォーム、オペレーティングシステム、フォームファクタ［ハードウェアの物理的規格］になって、分子生物学の素晴らしさを日々の生活に織り込むことを可能にするかもしれない。

いつの日か開発者や起業家は、クリスパーを用いる家庭用検査キットをプラットフォームにして、さまざまなバイオメディカル・アプリを開発できるようになるだろう。ウイルス検出、病気の診断、がん検診、栄養分析、マイクロバイオーム評価、遺伝子検査等々のアプリだ。「自宅にいながら、インフルエンザなのか、ただの風邪なのかを調べられるようになる」とチャンは言う。「子どもがのどが痛いと言ったら、親はレンサ球菌咽頭炎かどうかを診断できるのです」。その過程で、わたしたちは分子生物学の仕組みをより深く理解していくだろう。分子の内部構造は、多くの人にとってマイクロチップと同じく不可解なままかもしれないが、少なくとも、誰もがその素晴らしさと力を少しずつ認識するようになるはずだ。

第53章　RNAワクチン

（左から）自分でワクチンを注射する
ダリア・ダンツェワ、ジョサイア・ザイナー、デヴィッド・イッシー

RNAワクチンの治験に参加

「アイザックソンさん、わたしの目を見てください」と、プラスチックのフェイスガード越しにわたしを見つめながら、医師は命じた。彼女の瞳はあざやかなブルーで、その病院のマスクと同じくらい青かった。しかし次の瞬間、わたしは左側にいるもう一人の医師の方を向きそうになった。その医師が、わたしの上腕の筋肉に、長い針を突き刺したからだ。「だめです！　こちらを見て！」と、最初の医師が鋭く命じた。

後で彼女は説明した。わたしはコロナウイルス感染症ワクチンの二重盲検臨床試験に参加していたので[1]、自分に注射されているのが本物のワクチンか、それともプラセボ（偽薬）の生理食塩水なのかについて、何の手がかりも得ないようにする必要があったのだ。「注射器を見ただけでわかるのですか？」と尋ねると、「たぶん、わからないでしょう」と、彼女は答えた。「でも、念には念を入れたいのです」。

パンデミックが起きた二〇二〇年八月初旬、わたしはファイザーとドイツのビオンテックが共同開発したワクチンの臨床試験に参加した。それはこれまでにない新しいタイプのワクチンだった。従来のワクチンは標的ウイルスの不活性化した成分を（経口あるいは注射で）投与するが、これはRNA断片を注射するのだ。

皆さんもご存知の通り、RNAはダウドナのキャリアと本書を貫く一本の線だ。一九八〇年代、他の科学者がDNAに注目する中、彼女はハーバードの指導教授ジャック・ショスタクの勧めに従って、ＤＮＡほど有名ではないが働き者の兄弟分ＲＮＡへと方向転換した。ＲＮＡはタンパク質の生成を監督し、酵素のガイドとして働き、自己複製し、おそらく地球上のすべての生命の源である。わたしがＲＮＡワクチンの治験に参加していることを話すと、ダウドナはこう言った。「ＲＮＡの能力の多彩さに、わたしはずっと魅了されています。ＲＮＡはコロナウイルスの遺伝物質であり、何より興味をそそられるのは、ワクチンと治療法の基盤になる可能性があることです[2]」。

従来のワクチンは、弱毒化ウイルスやウイルスの断片などだった

ワクチンは、危険なウイルス（あるいはその他の病原体）（※）に似た物質、すなわち、不活性化したウイルス、ウイルスの安全な断片、あるいは、その断片を作るための遺伝的指令を人の体内に送り込む。目的は免疫システムを始動させることだ。うまくいくと、身体は抗体をつくり、時には何年にもわたって、本物のウイルスが攻撃してきても感染を防ぐことができる。

ワクチンは、一七九〇年代にイギリスの医師エドワード・ジェンナーが開発した。ジェンナーは、搾乳婦《さくにゅうふ》［牛の乳しぼりをする農婦］の多くが天然痘の免疫を持っていることに気づいた。搾乳婦たちは牛痘《ぎゅうとう》［牛の皮膚に痘疱ができる天然痘に似た伝染病。人間の症状は軽い］に感染したことがあった。ジェンナーは牛痘が彼女らに天然痘に対する免疫を与えたのではないかと推理した。そ

※しばしば「病原菌」（ｇｅｒｍ）と呼ばれる「病原体」（ｐａｔｈｏｇｅｎ）は、病気や感染症を引き起こす微生物のことで、一般的なものには、ウイルス、細菌、真菌、原生動物（原虫）などがある。

こで彼は、牛痘にかかった搾乳婦の水疱から膿《うみ》を少し取って、それを庭師の八歳になる息子の腕につけた切り傷にすり込み、(生命倫理委員会がなかった時代の話だ) 牛痘にかからせた。すると、その子は、天然痘のウイルスを接種されても発症しなくなった。

ワクチンで免疫システムを刺激する方法はいくつもある。伝統的な方法の一つは、ウイルスを弱めて安全にしたもの(弱毒化生ワクチン)を注入することだ。これらは本物にとてもよく似ているので、よい教師になる。身体はそれらと戦う抗体を作り、その免疫が生涯続く場合もある。アメリカの医学者、アルバート・サビンは、一九五〇年代にこの方法による経口ポリオワクチンを開発した。現在、弱毒化ワクチンは、はしか、おたふくかぜ、風疹《ふうしん》、水ぼうそうを防ぐ方法になっている。ウイルスを鶏卵の中で培養しなければならないため、ワクチンの開発と培養には長い時間を要するが、二〇二〇年にいくつかの企業は、コロナウイルス感染症対策の長期的戦略として、この手法を選択した。

サビンが弱体化したポリオウイルスを開発していた時、同じくアメリカの医学者、ジョナス・ソークは、より安全と思われる手法に成功した。殺したウイルスを使うのだ。この種のワクチンでも、生きたウイルスとの戦い方を免疫システムに教えることができる。北京に拠点を置く企業シノバックはこの手法で初期のコロナウイルス感染症ワクチンを開発した。

もう一つの従来型ワクチンは、ウイルスの断片、たとえば、被膜上のタンパク質などを注入するものだ。免疫システムはそれを記憶し、実際のウイルスに遭遇した時に、迅速かつ確実に反応できる。たとえば、B型肝炎ウイルスのワクチンはこの方法を採っている。ウイルスの断片のみを使用することで、患者への注入はより安全になり、ワクチンの生産もより簡単になるが、長期的な免疫は獲得しにくい。コロナウイルス感染症ワクチンをめぐる二〇二〇年の競争では、多くの企業がこの方法を採用し、コロナウイルスの表面にあるスパイクタンパク質をヒト細胞に導入する方法を開発した。

遺伝子ワクチンは遺伝子や遺伝コードの一部を投与

パンデミックに見舞われた二〇二〇年は、これらの伝統的なワクチンが遺伝子ワクチンに取って代わられた年として記憶されることになるだろう。遺伝子ワクチンは、弱毒化したウイルスや、ウイルスの断片を注入するのではなく、遺伝子や遺伝コードの一部を投与して、ヒト細胞がウイルスの成分を自ら生成するよう導く。そうやって生じた成分によって、免疫システムを刺激するのだ。

この方法の一つは、無害なウイルスに遺伝子を挿入して運ばせる、というものだ。言うまでもなく、ウイルスはヒト細胞に入り込むのがうまいので、安全なウイルスを運搬体《ベクター》として、物質をヒト細胞内に運ぶことができる。

最初期に作られたコロナウイルス感染症ワクチンの候補は、この方法によるものだった。開発したのは、オックスフォード大学の、その名もジェンナー研究所である。同研究所の科学者たちは、安全なウイルス――チンパンジーの風邪を引き起こすアデノウイルス――のゲノムに、コロナウイルスのスパイクタンパク質を作る遺伝子を組み込んだ。同じく二〇二〇年、別の企業が、ヒトアデノウイルスを使って同様のワクチンを開発した。たとえば、ジョンソン&ジョンソンが開発したワクチンは、ヒトアデノウイルスをベクターにして、スパイクタンパク質の一部を作る遺伝子を運ばせる。しかしオックスフォードチームは、チンパンジー由来のアデノウイルスを使った方がいいと判断した。なぜなら、風邪をひいたことのある人は、ヒトアデノウイルスに対する免疫を持っている可能性があるからだ。

オックスフォードとジョンソン&ジョンソンのワクチンの土台になっているのは、次のような考えだ。スパイクタンパク質の遺伝子を組み込んだアデノウイルスをヒト細胞に侵入させると、ヒト細胞はスパイクタンパク質を多く生成する。それらのタンパク質は、人の免疫システムを刺激して抗体を作らせる。その結果、その人の免疫システムは、本物のコロナウイルスが襲ってきても、速やかに対処できるようになる。

オックスフォード・チームのリーダーはサラ・ギルバートだ。(3) 彼女は一九九八年に三つ子の末熟児を出産したが、夫が仕事を休んで支えてくれたおかげで、研究室に戻ることができた。二〇一四年、彼女は中東呼吸器症候群（ＭＥＲＳ）［コロナウイルスの一種による感染症］のワクチンを開発した。それは、チンパンジーのアデノウイルスにＭＥＲＳのスパイクタンパク質の遺伝子を組み込んでヒト細胞に送り込む、というものだった。ワクチンが実用化される前に、ＭＥＲＳの流行は収まったが、彼女はこの経験があったので、新型コロナウイルス感染症が発生した時、有利なスタートを切ることができた。二〇二〇年一月に中国が新型コロナウイルスのゲノム配列を発表すると、彼女は早速、そのスパイクタンパク質の遺伝子をチンパンジーのアデノウイルスに組み込む作業に取りかかり、毎朝四時起きで作業に励んだ。

この時、彼女の三つ子は二一歳になっていて、三人とも生化学を学んでいた。彼らは初期の被験者に志願し、ワクチンを接種して抗体ができるかどうかを調べた（抗体はできていた）。三月にモンタナ霊長類センターでサルを対象として行った試験でも、有望な結果が出た。

ビル&メリンダ・ゲイツ財団が開発資金を提供してくれた。また、ビル・ゲイツは、ワクチンが成功した場合に製造・販売できる大企業と提携するよう、オックスフォード・チームに働きかけた。そこでチームは、イギリスとスウェーデンに拠点を置く製薬会社、アストラゼネカと提携した。

DNAをそのままヒト細胞へ送り込むDNAワクチン

遺伝物質をヒト細胞に運び、ウイルスの成分を作らせて、免疫システムを刺激する方法がもう一つある。成分を作る遺伝子を運搬体《ベクター》となるウイルスに組み込んで運ばせるのではなく、遺伝コード、つまりDNAかRNAをそのままヒト細胞に送り込むのだ。そうすれば、細胞はワクチン製造所になる。

まず、DNAワクチンから見ていこう。コロナウイルス感染症が流行するまで、DNAワクチンが承認されたことはなかったが、そのコンセプトは有望だった。二〇二〇年、イノビオ・ファーマシューティカルズをはじめとする少数のバイオテクノロジー企業が、コロナウイルスのスパイクタンパク質の配列の一部をコードする小さな環状DNA「プラスミド」を作った。この環状DNAは、それ自体が免疫システムを刺激するのに加えて、核内に入ると、その配列がメッセンジャーRNAに転写され、スパイクタンパク質が続々と生成されて免疫システムを刺激する。DNAは安価に作ることができる上、DNAワクチンは生きたウイルスを使わないので安全で、鶏卵で培養する必要もない。

ＤＮＡワクチンの大きな課題は、その運搬方法だ。どうすれば小さな環状ＤＮＡを、ヒト細胞の中だけでなく、核内まで運び込むことができるだろう。患者の腕に大量のＤＮＡワクチンを注射すれば、その一部が細胞内に入るだろうが、効率的とは言えない。

　バイオテクノロジー企業のイノビオを含む、ＤＮＡワクチン開発者の中には、電気穿孔法《エレクトロポレーション》と呼ばれる方法でヒト細胞内への導入を促進しようとしたグループもあった。エレクトロポレーションとは、電気パルスで細胞膜に穴をあけ、物質［この場合はＤＮＡ］を細胞内に導入する手法だが、注射した部位に電気パルスを流す「銃」には、細い針がぎっしり並んでいるので、見るとギョッとする。患者や被験者が嫌がるのも無理はない。

ＤＮＡワクチンの配送問題

　二〇二〇年三月のコロナ危機発生時にダウドナが結成したチームの一つは、ＤＮＡワクチンが直面する配送の問題に集中的に取り組んだ。チームを率いるのは、ダウドナの元学生で、現在バークレーで彼女の研究室のすぐ近くに研究室を構えるロス・ウィルソンと、カリフォルニア大学サンフランシスコ校のアレックス・マーソンだ。ダウドナの定例Ｚｏｏｍ会議で、ウィルソンはイノビオの電気穿孔用の銃のスライドを見せた。「彼らはこのような銃で患者の筋肉を撃ちます」と彼は言った。「この一〇年での目に見える進歩は、小さなプラスチックで細い針を隠して、患者をそれほど怖がらせなくなったことくらいです」。

　マーソンとウィルソンは、ＤＮＡワクチンの配送問題を解決するために、クリスパー・キャス９を用いる方法を考案した。それはキャス９、ガイドＲＮＡ、核内への導入を助ける核局在化シグナルを組み合わせたものだ。そうしてできあがった「シャトル」［定期往復便］は、ワクチンを細胞内へ送り込むことができる。その後、ＤＮＡは細胞にコロナウイルスのスパイクタンパク質を生成させ、免疫システムを活性化して本物のコロナウイルスの攻撃をかわせるようにする。[4]これは将来、多くの治療で使用可能になる名案だが、実際に機能させるのは難しい。二〇二一年の初め、ウィルソンとマーソンは、この方法が有効であることをまだ証明できていなかった。

ＲＮＡワクチンはＤＮＡの核外で機能する利点がある

ここで、わたしたちのお気に入りの分子にして本書の生化学の主役が登場する。ＲＮＡだ。わたしが臨床試験に参加したワクチンは、生物学のセントラルドグマでＲＮＡが担っている基本的な役割を利用する。つまり、メッセンジャーＲＮＡ（ｍＲＮＡ）として、細胞の核内にあるＤＮＡの遺伝情報を写し取り［転写］、それを核の外のタンパク質を生成する領域［細胞質］に運び、タンパク質生成を指示する、という役割だ。コロナウイルス感染症ワクチンでｍＲＮＡが運ぶ情報は、コロナウイルスの表面にあるスパイクタンパク質の作り方だ。[5]

ＲＮＡワクチンの実体は、ｍＲＮＡを「脂質ナノ粒子」と呼ばれる小さな油性カプセルに封入したもので、長い注射針で上腕の筋肉に注入される。数日間、わたしの腕の痛みはとれなかった。

ＲＮＡワクチンにはＤＮＡワクチンより優れた点がいくつかある。中でも注目すべきは、ＲＮＡを、ＤＮＡの本拠地である細胞核内に運び込む必要がないことだ。本来、ＲＮＡは核の外の「細胞質」で機能する。そのため、ＲＮＡワクチンは、荷物をこの外側の領域に運ぶだけで任務完了となる。

ビオンテックとモデルナが製造

二〇二〇年、二つの革新的な若い製薬会社が、コロナウイルス感染症のＲＮＡワクチンを製造した。マサチューセッツ州ケンブリッジに本社を置くモデルナと、アメリカの企業ファイザーと提携したドイツの企業ビオンテックだ。わたしの臨床試験はビオンテック／ファイザーのものだった。

ビオンテックは二〇〇八年、ウール・シャヒンとオズレム・テュレジ夫妻が設立した。目的は、免疫システムを刺激してがんと闘う免疫療法を開発することだ。やがて、同社は、ウイルスに対抗するためのｍＲＮＡワクチンの開発もリードするようになった。二〇二〇年一月、中国で発生した新型コロナウイルスに関する医学雑誌の記事を読んだシャヒンは、自社の役員にメールを送り、このウイルスがＭＥＲＳやＳＡＲＳのように簡単に消えていくと考えるのは間違いだと伝えた。「今回はそうはいかない」と、彼は役員らに告げた。[6]

ビオンテックは「光速プロジェクト」と名づけた計画を立ち上げ、コロナウイルスのスパイクタンパク質をヒト細胞に作らせるＲＮＡ配列をベースにしたワクチンを開発した。それが有望だとわかると、シャヒンはファイザーのワクチン研究開発責任者のキャスリン・ジャンセンに連絡を入れた。ビオンテックとファイザーは、ｍＲＮＡ技術を用いるインフルエンザワクチンを二〇一八年から共同開発してきた。シャヒンはジャンセンに、コロナウイルス感染症ワクチンについても同様の提携をしないか、と尋ねた。ジャンセンは、自分も同じ目的で連絡しようとしていたところだ、と言った。契約は三月に結ばれた。[7]

同じ頃、従業員八〇〇人の小規模な企業、モデルナが、同様のRNAワクチンを開発していた。モデルナの会長で共同設立者のヌーバー・アフェヤンはアルメニア人で、ベイルートに生まれ、アメリカに移住した。二〇〇五年に彼は、mRNAをヒト細胞に挿入して必要なタンパク質を生成させるというアイデアの将来性に魅了された。そこで、ハーバードのジャック・ショスタクの研究室から、数名の若い大学院生を採用した。ショスタクは、ダウドナの博士課程の指導教官で、彼女がRNAに目を向けるきっかけをつくった人だ。モデルナは主に、mRNAを用いるがんの個別化治療の開発に取り組んでいたが、その技術を利用して、ワクチンの開発も始めていた。

二〇二〇年一月、アフェヤンがケンブリッジのレストランで娘の誕生日を祝っていると、スイスにいるモデルナのCEOステファン・バンセルから緊急のメールが届いた。そこで彼は表へ出て、凍てつく寒さの中、折り返し電話をかけた。バンセルは、mRNAを使って新型コロナウイルスのワクチンを作るプロジェクトを立ち上げたいと言った。当時、モデルナは二〇種の薬品を開発中だったが、いずれも承認されておらず、治験の最終段階に到達してもいなかった。アフェヤンはすぐさま彼に権限をあたえ、取締役会の承認を待たずに着手できるようにした。ファイザーのような資金源を持たないモデルナは、アメリカ政府の援助に頼る必要があった。政府の感染症専門家であるアンソニー・ファウチは協力的で、「頑張ってくれ」と応援した。「どれほど費用がかかっても、心配は無用だ」。モデルナはわずか二日でスパイクタンパク質を生成するRNA配列をつくり、三八日後には最初の試料《バイアル》を国立衛生研究所（NIH）に送り、初期段階の臨床試験を開始した。アフェヤンはその箱の写真を携帯電話に保存している。

クリスパー治療と同様に、ワクチン開発の難しいところは、細胞への配送メカニズムの構築である。モデルナは一〇年前から、脂質ナノ粒子――RNAをヒト細胞の中へ運ぶための小さな油性カプセル――の開発に取り組んできた。これが、ビオンテック／ファイザーに勝る利点となった。脂質ナノ粒子は安定性が高く、極低温で保存する必要がなかった。モデルナはこの技術を利用してクリスパーをヒト細胞内に送り込むことにも取り組んでいる。[8]

われらがバイオハッカー、参入

この時点で、クリスパーを自分に注射したガレージ科学者、ジョサイア・ザイナーが再び舞台に上り、妖精パックを演じ始める。二〇二〇年の夏、他の人々がDNAワクチン・RNAワクチンの臨床試験の結果を待っていた時に、ザイナーは持ち前の「賢い道化」の精神を発揮し、志を同じくする二人のバイオハッカーを巻き込んでこの競争に参戦した。彼の計画は、開発された有望なコロナウイルスワクチン候補の一つを自分で作って、自分に注射する、というものだ。その後、自分は(a)生き残ったか、(b)コロナウイルス感染症に対する抗体はできたか、を調べるのだと言う。「ばかなことをすると言われそうだが、科学の主導権を握って、スピードアップするにはこうするしかないんだ」と、彼はわたしに言った。[9]

彼が選んだワクチンは、ハーバード大学の研究者たちが五月にサイエンス誌で発表し、ヒトでの治験が始まったばかりのものだった。[10] コロナウイルスのスパイクの遺伝コードを含むDNAワクチンだ。論文にはその作り方が正確に書かれていた。レシピを手にしたザイナーは、材料を取り寄せ、作業に取りかかった。

バークレーのダウドナの研究室からわずか七マイル南にあるオークランドのガレージで、ザイナーはユーチューブのストリーミング講座を立ち上げ、他の人がそれを見ながら自分で実験できるようにした。講座名は、ウイルス対策ソフト「マカフィー」にちなんで、「プロジェクト・マカフィー」だ。「バイオハッカーは、言ってみれば、現代社会のテストパイロットなんだ。少々クレイジーだけど、誰かがやらなきゃいけないことをやるのさ」と彼は言い切った。

彼には二人の副操縦士がいた。その一人、デヴィッド・イッシーは、ミシシッピの片田舎に住む犬のブリーダーで、髪をポニーテールにしている。ダルメシアンやマスティフのゲノムをクリスパーで編集し、より健康で力強くしようとしたり、極端な実験では、暗闇で光るようにしたりしている。イッシーは、自宅の庭にある、数多くの実験器具が並ぶ木造の小屋からスカイプで参加した。ザイナーが、「これから二か月にわたって、ぼくたちの実験を動画配信する」と告げると、イッシーはモンスターエナジードリンクを一口飲み、物憂げな口調で、「少なくとも、当局が乗り込んでくるまではね」と言葉を足した。スカイプで参加したもう一人のバイオハッカーは、ウクライナのドニプロの学生ダリア・ダンツェワだ。彼女はウクライナ初のバイオハッキング・ラボを作った。「ウクライナはバイオハッキングの規制がかなり緩い。だって行政機関が、文字通り機能していないのだから」と彼女は言う。「知識はエリートだけのものじゃなくて、わたしたち全員のものよ。だから、わたしはハッキングをするの」。

ザイナーがサンフランシスコの会議で自分の腕にクリスパーを注射したのは、単に目立ちたがり屋のパフォーマンスだったのかもしれないが、二〇二〇年の夏に行ったこの実験は、もっと真剣だった。「ぼくらはこいつをただ注射することもできた」と、彼はハーバードの研究者が発表したＤＮＡワクチンについて言う。「でも、そんなことをしても、おそらく誰のためにもならない。ぼくらはもっと価値あることをしたかったんだ」。そういうわけで彼と副操縦士たちは、毎週、ライブストリーム配信で懇切丁寧《こんせつていねい》に、コロナウイルスのスパイクタンパク質をコード化する方法を人々に教えた。そうすれば、数十人、いやおそらく数百人にそれをテストさせることができ、有効性について有益なデータを集めることができるからだ。「ぼくらのような素人にこれができるのなら、数百人にできるはずだ。そうすれば、科学をより速く前進させられるだろう」と彼は言う。「すべての人に、このDNAワクチンを作って、それがヒト細胞で抗体を作るかどうか調べる機会を与えたいんだ」。

DNAを確実に核内に運び込むには、エレクトロポレーション法やその他の技法が必要だと言う研究者もいる。わたしはザイナーに、なぜ注射するだけでDNAワクチンが機能すると思うのか、と尋ねた。「ハーバードの論文にできるだけ忠実でありたいと思ったからだ。その論文ではエレクトロポレーション法のような特別な技法は使っていなかったんだ」と彼は答えた。「それに、DNAを作るのは簡単だから、もし何らかの配送方法がその効果を二倍にするのなら、注射するDNAの量を二倍にすればいい。そうすれば同じ結果が得られるはずだ」。

自家製のワクチン注射をライブストリーミング

八月九日の日曜日、この三人のバイオハッカーは、それぞれカリフォルニア、ミシシッピ、ウクライナから、ライブストリーミングの画面に揃って登場した。この二か月間で作ったワクチンを自分の腕に注射するためだ。「ぼくら三人は、DIY環境で何ができるかを示すことで、科学を前進させようとしてきた」と、ザイナーは動画の冒頭で説明した。「だから、とにかく始めよう。さあ、行くぞ！」。そう言うと、マイケル・ジョーダン風の赤いタンクトップを着たザイナーは、長い針を腕に突き刺し、ダンツェワとイッシーがそれに続いた。彼はこう言って、オーディエンスを少し安心させた。「ぼくらが死ぬのを見ようとしてサインインした皆さん、そんなことにはならないよ」。

彼は正しかった。彼らは死ななかった。かなり顔をしかめただけだった。そして最終的に、ワクチンが効いたと思える証拠が得られた。彼の実験ではＤＮＡを核内に運びこむ特別な手法を用いなかったので、結果は明確ではなく、説得力はなかったが、九月に自ら行った血液検査で、コロナウイルスと闘う中和抗体ができていることがわかったのだ。ザイナーはその結果もネットでライブ配信した。彼はそれを「そこそこの成功」と呼びながら、生物学では、しばしば曖昧な結果が出ることを言い添えた。このことは彼に、慎重な臨床試験の重要性を再認識させた。

わたしが話を聞いた科学研究者の何人かは、ザイナーの行動にあきれていた。しかし、わたし自身はいつのまにか彼を応援するようになっていた。もし彼の影法師がお気に召さなければ、次のようにお考えいただいて、丸くおおさめを「シェイクスピア『真夏の夜の夢』エピローグ、妖精パックのセリフ」。ともかく、市民の科学への参加が増えるのはよいことだ。遺伝子コーディングがソフトウェアのコーディングのようにクラウドソース化されたり民主化されたりすることはないだろうが、生物学は、福音を守る聖職者たちの排他的な領域でありつづけるべきではない。ザイナーは親切にも自家製ワクチンをわたしに送ってくれた。わたしはそれを使わないことにしたが、この三銃士の行動には感心した。そして、彼らに刺激されて、より正式な形でだが、ワクチンの治験に参加したいと思うようになった。(11)

臨床試験、わたしの場合

わたしは市民科学に参加するために、ファイザー／ビオンテックのｍＲＮＡワクチンの治験に申し込んだ。この章の冒頭に記したとおり、それは二重盲検試験で、わたしも研究者も、誰が本物のワクチンを接種し、誰がプラセボを接種するかは知らされなかった。

ニューオリンズのオクスナー病院で申し込んだ時、この治験は最長で二年間続くことを知らされた。それを聞いて、いくつか疑問が湧いてきた。「それまでにこのワクチンが承認されたらどうなるのですか？」とコーディネーターに尋ねた。彼女によると、その場合、わたしは「非盲検」になる。つまり自分に投与されたのがプラセボかどうかを知らされ、もしプラセボなら、本物のワクチンを投与してもらえる。

「もし治験中に、他のワクチンが承認されたらどうなりますか？」「その場合、いつでも治験をやめて、承認されたワクチンを受けに行ってかまいません」と彼女は言った。続いて、わたしはさらに難しい質問をした。「そうやって途中で抜けた場合も、非盲検になるのですか？」。彼女は黙り込んだ。彼女は上司に電話をかけたが、返事は得られなかった。結局、わたしはこう告げられた。「それはまだ決まっていません」[12]。

そこでわたしはトップに聞くことにした。ワクチン研究を監督している国立衛生研究所（ＮＩＨ）のフランシス・コリンズだ（物書きをしていると、こうした利点もある）。「きみが質問した問題については、現在、ワクチン作業部会のメンバーが真剣に議論しているところだ」と、コリンズは答えた。その数日前に、メリーランド州ベセスダにあるＮＩＨ本部の生命倫理部門が、これらの問題に関する「助言《コンサルテーション》レポート」をまとめたところだった。[13] その五ページのレポートを読む前から、わたしはＮＩＨに生命倫理部門があることに感動し、ほっとした。

そのレポートは思慮深い内容だった。さまざまなシナリオを想定し、盲検試験を続けることの科学的価値と、治験参加者の健康とのバランスに配慮していた。治験中のワクチンがＦＤＡの承認を得た場合の助言はこうだ。「患者がそのワクチンを接種するかどうかを判断できるように、情報を提供する義務がある」

これらすべての意味を理解した後、わたしはそれ以上質問するのはやめて、参加を申し込むことにした。そうすれば、少しは科学の助けになるかもしれないし、この腕で直接、ＲＮＡワクチンについて学ぶことができるだろう。ワクチンや治験に対して懐疑的になっている人もいるが、わたしは過剰なほどそれらを信頼している。

ＲＮＡの勝利

二〇二〇年一二月、コロナウイルス感染症が世界各地で流行する中、二つのＲＮＡワクチンが合衆国で初めて認可され、パンデミックと闘うバイオテクノロジーの先頭に立った。地球上に生命を誕生させ、コロナウイルスという形でわたしたちを苦しめた小さく元気なＲＮＡ分子が、今度はわたしたちを救ってくれた。ジェニファー・ダウドナと同僚は、ＲＮＡをヒトゲノム編集ツールとして利用し、さらにはコロナウイルスを検出するツールとしても利用した。そして今、科学者たちは、ＲＮＡの最も基本的な機能を利用して、わたしたちの細胞をスパイクタンパク質の製造工場に変え、コロナウイルスに対する免疫力を高める方法を発見した。

本書〔本書の原書〕の表紙にある光る文字――GCACGUAGUGU……――を見てみよう。これは、スパイクタンパク質の、ヒト細胞と結合する部分を作るRNAの断片で、これらの文字は新しいワクチンで使われるコードの一部になった。かつてRNAワクチンが承認されたことはなかったが、新型コロナウイルスが最初に確認されてから一年後、ファイザー／ビオンテックとモデルナはRNAワクチンを開発し、わたしのような人を含む大規模な治験でそれらをテストし、九〇パーセントを超す効果を確認した。ファイザーのCEO、アルバート・ブーラは電話会議でその結果を知らされ、啞然とし、「もう一度言ってくれ」と言った。「一九パーセントと言ったのか、それとも九〇パーセント？」[14]。

人類の歴史を通じて、ウイルスや細菌による伝染病は、繰り返しわたしたちを襲った。初めて記録されたのは、紀元前一二〇〇年頃にバビロンで起きたインフルエンザの流行だ。紀元前四二九年のアテナイの疫病では一〇万人が死亡し、二世紀のアントニヌスの疫病（おそらく天然痘）では一〇〇〇万人、六世紀のユスティニアヌスの疫病（ペスト）では五〇〇〇万人、一四世紀のペストではヨーロッパの人口の半分近くのおよそ二億人の生命が奪われた。

二〇二〇年に一五〇万人以上を死に追いやったコロナウイルス感染症のパンデミックは、最後の伝染病にはならないだろう。しかし、新しいRNAワクチン技術のおかげで、未来のほとんどのウイルスに対するわたしたちの防御は、以前より格段に速く、効果的なものになりそうだ。「ウイルスにとっては不運な日になった」と、モデルナの会長アフェヤンは、臨床試験の結果を知らされた二〇二〇年一一月の日曜日について語る。「人類の技術にできることとウイルスにできることの進化的バランスが突然変わったのだ。もう二度とパンデミックは起きないかもしれない」。

簡単に再プログラムできるRNAワクチンの発明は、人類の知恵がもたらした超高速の勝利だったが、それは地球上の生物の、最も基本的な側面への好奇心を原動力とする数十年におよぶ研究の上に成り立っていた。すなわち、DNAでコード化された遺伝子が、どのようにRNA断片に転写され、細胞にタンパク質の製造を指示するか、ということへの探究である。同様に、クリスパー・ゲノム編集技術は、細菌がRNA断片で酵素を誘導して危険なウイルスを切り刻む仕組みを理解することからもたらされた。偉大な発明は基礎科学を追求することから生まれるのだ。

確かに、自然は実によくできている。

第54章　クリスパー治療

スタンレー・チー

マイクロソフトの元CTOネイサン・ミアヴォルド（左）
と、その息子でデジタル界と遺伝子界にて活躍する
キャメロン・ミアヴォルド（右）

ワクチンが完全な解決策ではない理由

ＲＮＡワクチンであれ、従来型であれ、ワクチンはコロナウイルスのパンデミックを防ぐ助けになるだろう。しかし、それは完全な解決策ではない。ワクチンは人の免疫システムを頼みとするので、常にリスクを伴う（新型コロナウイルス感染症による死者の大半は、過剰な免疫反応による臓器の炎症が原因だった）。(1) ワクチン製造者が繰り返し発見しているように、ヒトの免疫システムは重層構造になっていてコントロールが難しい。単純なオン・オフの切り替えスイッチによってではなく、複雑な分子間の相互関係によって機能しているので、調整が難しいのだ。(2)

回復期にある患者の血漿《けっしょう》に由来する抗体や、それをモデルに人工的に作ったモノクローナル抗体は、ウイルス感染症との戦いに役立つが、長期的に見ると、繰り返し押し寄せるウイルスの波を抑える優れた解決策にはなり得ない。なぜなら、回復期の患者から血漿を大量に採取するのも、研究室でモノクロナール抗体を作るのも容易ではないからだ。

結局のところ、ウイルスに勝つための長期的な作戦は、細菌が使っているものと同じだ。つまり、患者の免疫システムを動員するのではなく、クリスパーを使ってハサミの働きをする酵素を誘導し、ウイルスの遺伝物質を切り刻むのだ。こうして再び、ダウドナとチャンをとりまく科学者たちは、クリスパーをこの緊急任務にあたらせるための競争に身を投じることになった。

デジタル界と遺伝子界で活躍するキャメロン・ミアヴォルド

キャメロン・ミアヴォルドはデジタル・コーディングと遺伝子コーディングの両方の世界で活躍しているが、血筋を思えば、それは驚くようなことではない。彼は、マイクロソフトの最高技術責任者を長年にわたって務めたエネルギッシュな天才、ネイサン・ミアヴォルドの息子なのだ。陽気な瞳、シマリスのように頬が膨らんだ丸い顔、はじけるような笑顔、自由奔放な好奇心はすべて父親譲りだ。わたしの世代は、デジタル世界に限らず、食品科学から小惑星追跡、恐竜が尾を鞭打つスピードにいたるまで、さまざまな領域で活躍するネイサンの天才ぶりに驚かされた。キャメロンも父と同様にコンピュータ・コーディングを得意とするが、同世代の多くの若者と同じく、主な関心は遺伝子コーディングと生物学にあった。

キャメロン・ミアヴォルドは、プリンストン大学で分子生物学と計算生物学を専攻し、その後、ハーバード大学で生物学とコンピュータ科学を融合した「システム・合成・定量的生物学プログラム」で博士号を取得した。彼はこの知的挑戦を楽しんだが、生物のナノエンジニアリングに関する自分の研究は最先端すぎて、近い将来に役立つ可能性はないのでは、と懸念した。[3]

博士号を取得した後、休暇を取ってコロラド・トレイルにハイキングに出かけた。「科学のどの分野に進めばいいのか、答えを懸命に探していた」と言う。ハイキングの途中で一人の男性と出会った。その男性は彼に、科学について次々に質問を投げかけた。「彼と話しているうちに、人間の健康に直結する問題に取り組みたいという、自分の気持ちがはっきりしてきた」。

そこでミアヴォルドは、ハーバード大学の生物学者パーディス・サベティの研究室でポスドクとして働くことにした。テヘランで生まれ、幼い頃にイラン革命から逃れて家族とともにアメリカに渡ったサベティは、コンピュータ・アルゴリズムで病気の進化を説明する研究に取り組んでいた。ブロード研究所のメンバーでもある彼女は、フェン・チャンと緊密に連携している。ミアヴォルドはこう語る。「サベティの研究室に入ってフェン・チャンと一緒に研究するのは、ウイルスとの戦いに取り組む最善の方法だと思った」。こうしてミアヴォルドは、チャンを中心とするボストン・チームの一員になり、やがては、ダウドナを中心とするバークレー・チームとの、クリスパー・スターウォーズの一翼を担うことになる。

キャス13で危険なウイルスを標的とし切断するシステムを開発

ミアヴォルドは、ハーバードで博士課程の研究をしていた頃、チャンの研究室でクリスパー・キャス13に取り組んでいた大学院生のジョナサン・グーテンバーグとオマー・アブディエと親しくなった。ミアヴォルドは、シーケンサーを使うためにチャンの研究室を訪れた時に、よく彼らと議論した。「その時ぼくは、ああ、この二人は本当に特別なペアだな、と思った」と、ミアヴォルドは言う。「彼らと一緒に、キャス13を使ってさまざまなＲＮＡ配列を検出する方法を考案した。そうするうちに、これはすごいことになりそうだと思えてきた」。

ミアヴォルドはサベティに、チャンの研究室と共同研究することを提案した。彼女は大賛成だった。協力すれば大きな相乗効果を生み出せると思ったからだ。こうして、まるで映画のように多様性に富んだアメリカの小隊が誕生した。メンバーは、グーテンバーグ、アブディエ、チャン、ミアヴォルド、サベティだ。

ＲＮＡウイルスを検出するシャーロック・システムについて説明するチャンの二〇一七年の論文に、彼らは一丸となって取り組んだ。[4] 翌年には、シャーロックのプロセスをより簡単にする方法を論文にまとめた。[5] その論文が掲載されたサイエンス誌には、チェンとハリントンが開発したウイルス検出ツールをテーマとするダウドナ研究室の論文も掲載された。

プログラム可能な抗ウイルス薬を

ミアヴォルドは、キャス13でウイルスを検出するだけでなく、ウイルスを排除することにも関心を寄せるようになった。「ヒトに感染するウイルスは何百種もあるけれど、治療薬があるのはほんのわずかだ」と、彼は言う。「その理由の一つは、ウイルスが互いと大きく異なるからだ。異なるウイルスを治療するようプログラムできるシステムを考案できないだろうか、とぼくは考えた」[6]。

コロナウイルスも含め、人間に害を及ぼすウイルスのほとんどは、遺伝物質としてＲＮＡを保有する。「それらはまさに、キャス13のようなＲＮＡを標的とするクリスパー関連酵素を使いたくなるタイプのウイルスだ」と、ミアヴォルドは言う。彼は、キャス13が細菌のためにしていたことを人間のためにさせる方法を考案した。つまり、危険なウイルスを標的にして切断するのだ。クリスパーを用いる発明の、頭文字を使う命名の伝統にのっとって、彼はそのシステムをＣＡＲＶＥＲ（カーヴァー）と名づけた。「Cas13-assisted restriction of viral expression and readout」（キャス13を用いる、ウイルス発現および読み出しの制限）の略である。

二〇一六年一二月、サベティの研究室にポスドクとして参加して間もない頃、ミアヴォルドはメールでサベティに、カーヴァーを用いた初期実験の結果を報告した。それは、髄膜炎と脳炎を引き起こすウイルスを標的とするもので、彼のデータは、カーヴァーがウイルスを大幅に減少させたことを語っていた。[7]

サベティはDARPA（国防高等研究計画局）の助成金を得て、カーヴァーを使って人間の体内でウイルスを破壊する方法の研究を進めた。[8] ミアヴォルドを含むサベティ研究室のメンバーは、ヒトに感染するRNAウイルスから採取した三五〇超のゲノムをコンピュータで分析し、「保存配列」と呼ばれるものを確認した。それは、多くのウイルスに共通する配列で、長い進化の過程を変化せずに保たれてきたので、近い将来に変異する可能性が低い。ミアヴォルドのチームはこれらの配列を標的にするガイドRNAの武器庫を設計した。彼はその後、重篤なインフルエンザのウイルスを含む三種のウイルスを阻止するキャス13の能力をテストした。研究室の細胞培養では、カーヴァー・システムはウイルス濃度を大幅に下げることができた。[9]

この成果を報告する論文は、二〇一九年一〇月にオンラインで公開された。「わたしたちの結果は、キャス13がさまざまな一本鎖RNAウイルスを標的にできることを示している」と、ミアヴォルドらは記した。「プログラム可能な抗ウイルス技術によって、既存の、あるいは新たに同定された病原体を標的とする抗ウイルス薬を迅速に開発できるだろう」。[10]

この論文が出版された数週間後、中国で新型コロナウイルス感染症の最初の患者が出た。「その瞬間、ぼくは、長く研究してきたものが、自分が思っていたよりずっと重要だということに気づいた」とミアヴォルドは言う。彼はコンピュータに「新しいコロナウイルス」（novel coronavirus）を意味するｎＣｏｖという名前のフォルダを作った。その感染症にはまだ正式な名前がなかったからだ。

二〇二〇年一月下旬には、ミアヴォルドと同僚は、コロナウイルスのゲノム配列を調べ、クリスパーに基づく検出法の開発に取りかかった。同年、春までに彼らは、クリスパー・ベースのウイルス検出技術の改良に関する論文を続々と発表した。その中には、一度に一六九種のウイルスを検出できるＣＡＲＭＥＮというシステムや、[11]シャーロックの検出能力とＨＵＤＳＯＮと呼ばれるＲＮＡ抽出技術を組み合わせた、ＳＨＩＮＥと呼ばれるシングルステップの検出技術などがあった。[12]彼らはクリスパーを巧みに操るだけでなく、頭字語での命名にも長けていたようだ。

ミアヴォルドは、カーヴァーのようにウイルスを破壊する治療法の研究よりも、ウイルスを検出するツールの開発に自分は注力すべきだと判断した。二〇二一年初め、彼はプリンストン大学に研究室を移した。そこでは助教のポストが用意されていた。「長期的には治療が必要だと思う」と彼は言う。「けれども、診断は今すぐ活用できるとぼくは判断した」。

こうしてミアヴォルドは研究の焦点を治療から検出へと移したが、西海岸のジェニファー・ダウドナ圏には、コロナウイルスの治療法の開発に取り組んでいるチームがあった。ミアヴォルドが発明したカーヴァー・システムと同じく、それはクリスパーを使ってウイルスを見つけて破壊しようとするものだった。

スタンレー・チーとパックマン

スタンレー・チーは、自身が「小さな都市」と呼ぶ中国の都市で育った。北京のおよそ五〇〇キロ南東の海沿いにある濰坊《いぼう》市だ。二六〇万人もが暮らし、シカゴとほぼ同じくらいの人口だが、「それでも中国では小さいと見なされる」と彼は言う。工場で賑わってはいるが国際的レベルの大学はないので、チーは北京の清華大学に進み、数学と物理学を専攻した。物理学の研究をするためにバークレー校の大学院を受験したが、次第に生物学に惹かれるようになった。「生物学には世界の役に立つ多くの応用があるように思えたので、バークレーで二年過ごした後、物理学から生物工学に転向した」と彼は言う。(13)

バークレーではダウドナの研究室に引き寄せられ、ダウドナを指導教官の一人として、研究を続けた。チーはゲノム編集に焦点をあてるのではなく、クリスパーを使って遺伝子の発現に干渉する新しい方法を開発した。「ダウドナが時間を惜しまず、ぼくと議論してくれたことに驚いた。議論は、表面的なレベルではなく、技術的な詳細に及んだ」。二〇一九年、彼は（ミアヴォルドやダウドナと同じく）ＤＡＲＰＡのパンデミック対策プログラムから資金提供を得て、積極的にウイルスに取り組むようになった。「ぼくらはクリスパーを用いてインフルエンザと戦う手法の開発に注力し始めた」と彼は言う。その時に、コロナウイルスが襲った。二〇二〇年の一月末に、中国の状況を伝える記事を読んだチーは、チームを招集し、研究の焦点をインフルエンザからコロナウイルスに移した。

チーのアプローチはミアヴォルドのものに似ていた。侵入してきたウイルスのＲＮＡを狙って切断するガイド酵素を使うのだ。チャンやミアヴォルドと同じく、チーもキャス13を使うことにした。キャス13にはいくつかのバージョンがあり、キャス13ａとキャス13ｂは、ブロード研究所のチャンが発見した。一方チャンのもとで経験を積み、今はバークレーのダウドナ圏にいる優秀なバイオエンジニア、パトリック・シューは、別のタイプのキャス13を発見していた。[14]

台湾で生まれたシューはバークレーで学位を、ハーバードで博士号を取得した後、ハーバードのチャンの研究室で働いた。当時チャンは、ヒト細胞でクリスパーを機能させる技術をめぐって、ダウドナと競いあっていた。シューは、チャンが共同設立し、ダウドナが手を引いたクリスパー・ベースの企業エディタスで科学者として二年間を過ごした後、南カリフォルニアのソーク研究所へ行き、後にキャス13dと呼ばれることになる酵素を発見した。二〇一九年には、バークレーの助教になり、新型コロナウイルス感染症に取り組むダウドナ・チームのリーダーの一人になった。

シューが発見したキャス13dは、サイズが小さく、ターゲティング能力が優れていたので、チーはそれを、ヒトの肺細胞のコロナウイルスを標的とする酵素に選んだ。よい略称を考える競争で、チーは高スコアを出した。そのシステムをＰＡＣ‐ＭＡＮ（パックマン）と名づけたのだ。「prophylactic antiviral CRISPR in human cells」（ヒト細胞における予防的抗ウイルス・クリスパー）からの命名だ。パックマンは、昔人気があったビデオゲームに登場する、大きな口でムシャムシャ食べるキャラクターの名前だ。「ぼくはビデオゲームが好きだ」と、彼はワイアード誌のシニアライター、スティーヴン・レヴィに語った。「パックマンがクッキーを食べようとすると、ゴーストに追いかけられる。でも、パワークッキーと呼ばれる特別なクッキー、ぼくたちの場合はキャス13だけれど、それに出会うと、突然、とても強力になる。ゴーストを食べて、画面全体を一掃できるのだ」。[15]

チーと彼のチームは合成したコロナウイルスの断片でパックマンをテストした。二月中旬、彼の博士課程の学生ティム・アボットは、実験室の環境でパックマンがコロナウイルスを九〇パーセント減らしたことを示した。「キャス13ｄを用いた遺伝子ターゲティングが新型コロナウイルス（ＳＡＲＳ‐ＣｏＶ‐２）断片のＲＮＡ配列を効果的に標的にし、切断できることをわたしたちは実証した」と、チーと共同研究者は記した。「パックマンは新型コロナウイルスを含むコロナウイルスだけでなく、幅広いウイルスへの対抗が期待できる戦略である」[16]。

この論文は二〇二〇年三月一四日にオンラインで公開された。ダウドナがコロナウイルスと戦うためにベイエリアの研究者たちと最初の会合を開いた翌日のことだ。チーがダウドナにリンクをメールで送ると、一時間しないうちに返信が来て、グループへの参加と、来週のオンライン定例会議での発表を勧められた。「ぼくはダウドナに、パックマンのアイデアを発展させ、生きたコロナウイルス試料を入手して、患者の肺細胞にパックマンを送り込むシステムを確立するには、かなりの資金が必要だと伝えた」と彼は言う。「彼女は強力な支援を約束してくれた」[17]。

配送システムの開発

カーヴァーとパックマンのアイデアは素晴らしいが、公平を期して言えば、細菌は一〇億年以上も前にそれを思いついていた。ＲＮＡを切断するキャス13は、ヒト細胞内でコロナウイルスを切り刻むことができる。この酵素をうまく操作できれば、カーヴァーとパックマンは、免疫反応を起こすワクチンより効果的に働くだろう。これらのクリスパー・ベースの技術は、侵入してきたウイルスを直接攻撃するので、不安定な免疫反応に頼る必要がないのだ。

問題は、配送である。どうすればそれを患者の適切な細胞に届け、さらには細胞膜を通過させることができるだろう？　とりわけ、肺細胞への導入は難しい。つまり、二〇二一年の時点では、カーヴァーとパックマンをヒト細胞で展開する準備はまだできていなかったのだ。

三月二二日に開かれたオンライン定例会議で、ダウドナはチーを紹介し、コロナウイルスとの戦いで彼が率いるグループについてスライドで説明した。[18]彼女は自分の研究室で配送手段の開発に取り組んでいる研究者とチーを組ませ、そのプロジェクトを、資金提供してくれそうな人々に売り込むためのホワイトペーパーを準備した。「わたしたちはクリスパーの一種であるキャス13dを用いて、ウイルスのＲＮＡ配列を標的とし、切断・破壊することに成功した」とホワイトペーパーには記されている。「本研究は、新型コロナウイルスに対する遺伝子ワクチンおよび治療法としての活用が期待できる新たな戦略を提供する」[19]。

クリスパーやその他の遺伝子治療剤を細胞内に運ぶ従来の方法は、安全なウイルス――アデノ随伴ウイルスのような、病気や重篤な免疫反応を引き起こさないウイルス――を「ウイルス・ベクター」として使用する。あるいは、配送を行うウイルス様粒子を合成するという方法もあり、ジェニファー・ハミルトンをはじめとするダウドナ研究室のメンバーはそれが得意だ。また、エレクトロポレーション法では、細胞膜に電気を通して透過性を高める。これらの手法にはそれぞれ欠点がある。たとえばウイルス・ベクターはサイズが小さいので、運搬できるクリスパー・タンパク質の種類やガイドＲＮＡの数が限られる。安全で効果的な配送メカニズムを確立するために、ＩＧＩ（イノベーティブ・ゲノミクス・インスティテュート）はその名に恥じない革新的《イノベーティブ》な取り組みを行う必要があった。

配送システムを研究するパートナーとして、ダウドナはチーに、元ポスドクのロス・ウィルソンを紹介した。バークレーでダウドナの隣に研究室を構えるウィルソンは、患者の細胞の中に物質を送り込む方法の専門家だ。先に述べた通り、彼はアレックス・マーソンと共同で、DNAワクチンの配送システムの開発に取り組んでいる[20]。

ウィルソンは、パックマンやカーヴァーを細胞内に送り込むのは容易ではない、と考えている。しかし、チーは、これらのクリスパー・ベースの治療法が数年後に実用化されることを期待している。見込みがあるとされるのは、キャス13複合体をリピトイドと呼ばれるウイルスほどのサイズの合成分子に入れる方法だ。チーはすでに、バークレーのキャンパスの丘にある政府の広大な施設、ローレンス・バークレー国立研究所の生物学的ナノ構造研究機関と協力して、パックマンを肺細胞に送り込むためのリピトイドを作ってきた[21]。

チーによると、その方法の一つは、パックマン治療剤を鼻腔用スプレーなどのネブライザー［吸入器］で投与するというものだ。「ぼくの息子は喘息持ちなんだ」と、彼は言う。「だから、サッカーをしていた幼い頃には、予防措置としてネブライザーを使っていた。アレルゲンにさらされる前に、そうしておけば、肺のアレルギー反応を減らすことができるからだ」。コロナウイルスのパンデミックにおいても、予防措置として、鼻腔用スプレーでパックマンやその他のキャス13を細胞内に送り込むことができれば、人々を守ることができる。

再プログラムも可能

パックマンやカーヴァーなどのクリスパー・ベースのシステムは、配送メカニズムがうまく機能すれば、予測も扱いも難しい免疫システムに頼らなくても、治療と予防を行えるだろう。また、ウイルスの遺伝コード中の基本的な配列を標的にするようプログラムしておけば、ウイルスが変異しても、逃すことはない。さらに、これらのシステムは、新しいウイルスが現れたら、それに合わせて容易に再プログラムできる。

この「再プログラム」という概念は、もっと広い意味でもふさわしい。クリスパー・ベースの治療は、わたしたちが自然界で見つけたシステムを再プログラムすることに基づいている。「ぼくはそれに希望を感じる」と、ミアヴォルドは言う。「将来、再び大きな医学的難問に直面しても、自然界でこのような技術を見出し、それを利用できるだろう」。この言葉は、レオナルド・ダ・ヴィンチが「自然の無限の驚異」と呼んだものへの好奇心を原動力とする基礎研究の価値を思い出させる。ミアヴォルドは続ける。「ぼくたちが研究している名もないものが、いつの日か人間の健康にとって重要な意味を持つようになるかもしれないのだ」。ダウドナの言葉を借りれば、「自然は実によくできている」ということだ。

第55章 コールド・スプリング・ハーバー・バーチャル

コールド・スプリング・ハーバー研究所

ロザリンド・フランクリンの写真が
学会誌の表紙を飾った

新型コロナウイルス感染症をテーマにオンライン・クリスパー会議開催

クリスパーと新型コロナウイルスの物語は、二〇二〇年八月にコールド・スプリング・ハーバーで開かれたクリスパーの年次会議で一つに収束した。コロナウイルスとの戦いでクリスパーがどのように使われているかが会議の主なテーマで、ジェニファー・ダウドナとフェン・チャンをはじめとする、ライバル関係にある新型コロナウイルス戦士数名が発表を行った。もっとも今回、参加者は、ロングアイランド湾の入り江を臨む、なだらかな丘にあるキャンパスに集うのではなく、ＺｏｏｍとＳｌａｃｋで顔を合わせた。それまでの数か月間、コンピュータ画面に映る顔とやりとりしてきた彼らは、少し疲れているように見えた。

この会議には、本書のもう一つのストーリーも編み込まれていた。それは、ロザリンド・フランクリンの生誕百周年を記念する会議でもあったのだ。ＤＮＡ構造に関するフランクリンの先駆的な研究は、『二重らせん』を読んだ少女時代のダウドナに、女性にも科学ができることを確信させた。会議のプログラムの表紙を飾るのは、顕微鏡を覗き込むフランクリンのカラー化された大きな写真だった。

ダウドナがバークレーに開設した新型コロナウイルス検査ラボを指揮するフョードル・ウルノフは、開会の言葉でフランクリンに賛辞を贈った。いつものドラマティックな調子で口上を述べるのかと思ったら、彼はフランクリンの科学的功績を真剣に称え、タバコモザイクウイルスの構造の研究などを紹介した。しかし最後に劇的な演出が待っていた。フランクリンが亡くなった後の、主のいなくなった実験台の写真を見せて、彼はこう言った。「彼女を称える最善の方法は、彼女が直面した構造的な性差別が今も残っていることを忘れないことです。ロザリンドはゲノム編集のゴッドマザーです」。その声は少し涙声だった。

ダウドナの発表は、クリスパーとコロナウイルス感染症の自然なつながりを思い出させることから始まった。「クリスパーは、進化がウイルスに対処してきた優れた方法です。今回のパンデミックでは、わたしたちはその方法から学ぶことができるでしょう」。続いてチャンが、自らのSTOP技術を使いやすい携帯型の検査機にアップデートすることを発表した。話し終えた彼に、わたしは質問のメッセージを送った。「それはいつ空港や学校で使えるようになるのですか」と。数秒後に返信があり、その週に納入されたばかりの、最新の試作品の写真が添付されていた。「この秋には利用できるよう、頑張っているところです」と彼は書いていた。キャメロン・ミアヴォルドは、父親と同じように両手を大きく動かしながら生き生きと話し、CARMENシステムが複数のウイルスを同時に検出できるようプログラムされていることについて、詳しく説明した。次に、ダウドナの学生だったジャニス・チェンが、ルーカス・ハリントンとともにマンモス・バイオサイエンシズ社で開発したDETECTRプラットフォームについて発表した。続いてパトリック・シューは、遺伝物質を増殖させて検出できるようにする優れた方法を、ダウドナのチームと協力して開発中であることを報告した。そして、スタンレー・チーは、パックマン・システムがコロナウイルスの検出だけでなく破壊にも使えることを説明した。

バイオテクノロジー革命もまた、黒人を置き去りにするかという危惧

わたしはコロナウイルス感染症に関する討論会《パネル》の司会を依頼されていた。討論会では、まずチャンとダウドナに、パンデミックがきっかけとなって市民の生物学への関心が高まる可能性について質問した。チャンは、家庭用の検査キットが低価格で簡単に使えるようになれば、医療の民主化と分散化が進むだろう、と答え、こう続けた。「最も重要な次のステップになるのは、マイクロ流体力学における革新、つまり、即時診断を可能にするマイクロ流体デバイスです。少量の液体をそのデバイスに入れて、その情報を携帯電話に接続する。そうすれば誰でも自宅で、自分の唾液や血液を数百の医療指標に照らして検査することができる。健康状態を携帯電話でモニターし、そのデータを医師や研究者と共有できるようになるのです」。ダウドナは、パンデミックは科学と他分野との融合を加速した、と付け加えた。「科学者でない人々がわたしたちの研究に参加することで、きわめて興味深いバイオテクノロジー革命が推進されるでしょう」と彼女は予測した。まさに分子生物学の時代が到来したのだ。

討論会の終盤、ケヴィン・ビショップという聴衆が、電子的な方法で挙手した。(1) 彼は国立衛生研究所に勤務しており、自分のようなアフリカ系アメリカ人がコロナウイルス感染症ワクチンの臨床試験にほとんど申し込まない理由を知りたがっていた。そこから議論は、タスキギー梅毒実験などの経験から黒人が医療実験に不信感を抱いていることへと向かった［一九三二年から一九七二年まで続いたその実験では、無治療での梅毒の経過を観察するために、梅毒にかかった六〇〇人超の黒人に、梅毒の薬と称して偽薬を与えつづけた］。コロナウイルス感染症ワクチンの臨床試験に多様

な人種が参加することは重要だろうか、という質問が出た（医学的にも倫理的にも重要だ、というコンセンサスが得られた）。ビショップは、黒人教会や大学に協力を求め、黒人の治験参加を促すことを提案した。

多様性が問われるのは臨床試験に関してだけではないことに、わたしは衝撃を受けた。その会議の出席者リストから判断して、女性は生物学分野で大いに活躍しているようだ。しかし、アフリカ系アメリカ人は、わたしが訪れた会議でも、さまざまな研究室でも、ほとんど見かけなかった。この観点から判断すると、新たな生命科学革命は、残念ながらデジタル革命に似ている。もし適切な支援と指導がなされなければ、バイオテクノロジー革命は、ほとんどの黒人を置き去りにするもう一つの革命になるだろう。

若手研究者からの発表

新型コロナウイルス感染症との戦いでクリスパーが果たしている役割についての発表は印象的だったが、クリスパー・ゲノム編集を前進させる発見についての報告も等しく印象的だった。最も重要な発見のいくつかは、その会議の主催者の一人で、ハーバードのスーパースターであるデヴィッド・リウによるものだった。彼はケンブリッジとバークレーの両方を拠点にしている。ハーバードを首席で卒業した後、バークレーで博士号を取得し、教師としてハーバードに戻り、ブロード研究所でチャンと同僚になり、バイオテクノロジー企業、ビーム・セラピューティクスを彼と共同設立した。物腰が柔らかで、聡明で、気さくな彼は、ダウドナとチャンの両方と親しい関係を保っている。

二〇一六年の初め、リウは「塩基編集《ベースエディティング》」と呼ばれる技術の開発に取りかかった。それは、DNAの鎖を切断することなく一文字だけを変える技術で、言うなれば、ゲノム編集用の尖った鉛筆のようなものだ。二〇一九年のコールド・スプリング・ハーバーでの会議で、彼は、「プライム編集」というさらなる進歩を発表した。プライム編集ではガイドRNAに編集済みの文字列を運ばせて、標的DNAの文字列と置き換える。その際、DNA二本鎖を一気に切断するのではなく、一本切断して文字列を置き換えた後に、もう一本に取りかかる。最大八〇文字まで編集できる。(2)「クリスパー・キャス9がハサミで、塩基編集が鉛筆だとすると、プライム編集はワープロです」と、リウは説明した。(3)

二〇二〇年の会議では、塩基編集やプライム編集を巧みに活用する若手研究者による発表が数十件も行われた。リウ自身も、塩基編集ツールによるミトコンドリアDNAの編集に関する最新の発見を報告した。(4)さらに彼は、プライム編集実験を設計するための使いやすいウェブ・アプリを紹介する論文を共著した。(5)新型コロナウイルス感染症のせいで、クリスパー革命が減速することはなかった。

塩基編集の重要性は、学会誌の表紙でも顕著だった。カラー化されたロザリンド・フランクリンの写真のすぐ下に、紫のガイドRNAと青の標的DNAに結合した塩基エディターの美しい3D画像が掲載されていた。フランクリンが先駆けとなった構造生物学と画像技術を用いて作ったその画像は、一か月前にダウドナとリウの研究室が発表したもので、作業の大半を行ったのは、クリスパーでDNAを編集する方法をわたしに教えてくれたポスドクのギャビン・ノットだった。(6)

交流ラウンジ、ブラックフォード・バーをバーチャル再現

コールド・スプリング・ハーバーのキャンパスの食堂には、「ブラックフォード・バー」という名の、居心地の良い広々とした、ウッドパネル張りのラウンジがある。壁には古い写真が飾られ、何種類ものエールとラガーが用意され、テレビからは科学講義やヤンキースの試合中継が流れている。外のデッキに出ると静かな港を見渡せる。夏の夕方には、会議の参加者や近くの研究施設の研究者が訪れ、時々、グラウンドの管理人やキャンパスで働く人々もやって来る。これまでのクリスパー会議の期間、このラウンジには話し声があふれ、近い将来の発見、想像力に富むアイデア、有望な就職口、上品な噂話から下品なゴシップまで、さまざまな会話が交わされた。

二〇二〇年、会議の主催者は、#virtual-bar（バーチャル・バー）というSｌａｃｋチャンネルとZｏｏｍルームでその光景を再現しようとした。彼らによると、その目的は、「あなたがブラックフォード・バーで経験したはずの、偶然の出会いをシミュレートすること」だった。そこでわたしは試してみることにした。初日の夜、四〇人ほどが姿を見せた。人々はまるで本物のカクテル・レセプションのように、やや緊張気味に自己紹介した。司会者はわたしたちを六人ずつのグループに分け、グループごとにZｏｏｍのブレイクアウトルーム［分科会室］に送り込んだ。二〇分後、分科会が終わると、わたしたちはランダムに別のグループに振り分けられた。奇妙なことに、この進め方は、科学的問題を掘り下げるのには役立った。タンパク質合成技術や、シンセゴ社でつくられたゲノム編集を自動化するハードウェアといった興味深いテーマに関する議論がなされた。しかし、実生活で潤滑油となり、心のつながりを育むはずの、社交的な雑談をする人は

いなかった。背景にはヤンキースの試合も、デッキに座って共に眺める夕日もなかった。二ラウンド終了後、わたしは退室した。

コールド・スプリング・ハーバー研究所は、じかに会うことには不思議な力があるという信念のもと、一八九〇年に創設された。才能溢れる人々を、のどかな場所に引き寄せ、交流の機会を与えることを方針とし、居心地の良いバーもその役に立っている。自然の美しさと、形式にとらわれない交流の組み合わせは強力だ。交流がない場合でさえ——若き日のダウドナが、そのキャンパスの小道で年老いた伝説的な生物学者バーバラ・マクリントックとすれちがって畏怖の念に打たれたように——人々はその場所の、創造性を刺激する雰囲気から恩恵を受けている。

コロナウイルスのパンデミックがもたらした変化の一つは、今後、コンピュータ上で行われる会議が増えるということだ。それは残念な変化である。新型コロナウイルス感染症がわたしたちを殺さなくても、Ｚｏｏｍが殺すだろう。スティーブ・ジョブズがピクサーの本部を建設した時や、アップルの新たなキャンパスを計画した時に強調したように、新しいアイデアは偶然の出会いから生まれるものなのだ。じかに会っての交流は、新しいアイデアを思いつくためにも、人間的な絆を結ぶためにも、重要である。アリストテレスが述べたように人間は社会的な動物であり、その本能をオンラインで満足させることはできない。

それでも、コロナウイルスによって、わたしたちが協力する方法やアイデアを共有する方法が増えたことにはプラス面もある。このパンデミックは、Ｚｏｏｍ時代を加速させ、科学的協力の地平を広げ、そのグローバル化とクラウドソース化を促進している。サン・ファン旧市街の石畳の道を共に歩いたことは、ダウドナとシャルパンティエの協力のきっかけになったが、その後の半年間、彼女らと二人のポスドクが三か国を舞台にして繰り広げたクリスパー・キャス9の解明を可能にしたのは、スカイプとDropBoxだった。現在、人々はコンピュータ画面上での会議に慣れてきており、共同作業はより効率的になるだろう。きっといつかバランスがとれるだろう。効率的なオンライン会議の報酬として、コールド・スプリング・ハーバーのキャンパスのような場所で人と人が直接会って語り合う機会が得られることをわたしは願っている。

シャルパンティエとダウドナ、リモート邂逅する

その会議でのダウドナの発表の最後に、ある若い研究者が個人的な質問をした。「クリスパー・キャス9に取り組むことを決めた、最初のきっかけは何ですか?」。ダウドナは一瞬、考え込んだ。それは通常、科学の研究者が技術的な発表の後でする質問ではなかったからだ。「それは、エマニュエル・シャルパンティエとの素晴らしい共同研究として始まりました」と彼女は答えた。「その研究で彼女にどれほど助けられたかを、わたしは決して忘れないでしょう」。

それは興味深い答えだった。というのも数日前、ダウドナはわたしに、科学的にも個人的にもシャルパンティエとは疎遠になってしまったと語っていたからだ。シャルパンティエは自分に対して冷淡だと言って、ダウドナは嘆き、なぜそうなのか、あなたがシャルパンティエと交わした会話の中にその手がかりはなかったか、とわたしに尋ねた。「クリスパーの物語で最も悲しいことの一つは、わたしは本当にシャルパンティエのことが好きなのに、彼女との関係が崩壊してしまったことです」と彼女はわたしに言った。ダウドナは高校と大学でフランス語を学び、一時は専攻を化学からフランス語に変えようと思ったことさえあった。「当時わたしは、自分がフラン

ス人だったらどんな人生を送っただろうと想像していたが、エマニュエルはいろいろな点でそれを思い出させた。わたしはいくらか彼女に憧れている。仕事上も個人的にもつながりを持ち続けて、科学とその後のあらゆることを、友人として楽しむことができたらよかったのにと思っている」。

そこでわたしは、コールド・スプリング・ハーバーのオンライン会議にシャルパンティエを招待することを提案した。ダウドナはすぐ賛成し、会議の共同主催者であるマリア・ジャシンを通して、シャルパンティエに講演を依頼した。ロザリンド・フランクリンへの賛辞でも、他のどんなテーマでもいいから、と。わたしもシャルパンティエに連絡をとり、この依頼を引き受けるよう働きかけた。

最初、彼女は乗り気でなく、その時期には別のリモート会議に参加することになっていると答えた。ジャシンとダウドナは、日程はあなたの都合に合わせる、と申し出たが、シャルパンティエは断った。わたしは、彼女が遠慮しているのを察して、別のアプローチを試してみた。会議の翌日にZoomでダウドナとわたしとプライベート・チャットをしませんか、と誘ったのだ。二人の思い出話を本書の最後に載せたいから、と伝えたところ、意外にも彼女はそのアイデアを受け入れ、楽しみにしています、とダウドナにメールを送ることさえしてくれた。

こうしてわたしたちは、会議の翌日の日曜日にオンラインで顔を合わせた。わたしは質問リストを用意していたが、ダウドナとシャルパンティエは、画面で互いを見たとたん、近況を話しはじめた。最初は、しばらく会っていなかったせいで少々ぎこちなかったが、数分後にはすっかり打ち解けていた。ダウドナはシャルパンティエを「マヌエ」というニックネームで呼び、じきに二人とも笑顔になった。わたしは自分のビデオカメラをオフにして画面から姿を消し、二人が話すのをただ聞いていた。

ダウドナは息子のアンディがどれほど背が伸びたかを話し、マーティン・イーネックが送ってきた、誕生間もない彼の赤ちゃんの写真を画面に載せた。また、シャルパンティエと一緒に出席した二〇一八年のアメリカがん協会の受賞イベントで、現大統領のジョー・バイデンが、大統領選に出馬するつもりはないと語ったことを笑い話として語った。また、シャルパンティエの会社、クリスパー・セラピューティクスがナッシュビルで行った鎌状赤血球貧血症を治療する臨床試験が成功したことを祝った。「わたしたちが二〇一二年に論文を発表して、二〇二〇年にはもう誰かの病気が治ったのね」と、ダウドナは言った。シャルパンティエは笑いながらうなずき、「このスピードを、わたしたちは喜んでいいはずよ」と言った。

いつかまた一緒に研究しよう

話は次第に個人的な内容になっていった。シャルパンティエはダウドナとの出会いを振り返った。あの日、プエルトリコでの会議の後、二人は昼食を共にし、石畳の道を一緒に歩いて、最後はバーに行った。シャルパンティエが言うには、通常、科学者が他の科学者と出会ったら、この人と一緒に仕事をするのは無理だと思うものだが、ダウドナとの出会いは違っていたそうだ。「あなたとはうまくやっていけると、すぐにわかったわ」と、彼女はダウドナに言った。それから、クリスパー・キャス9の謎を解くレースに勝つために、半年間、スカイプとＤｒｏｐｂｏｘを駆使して二四時間体制で作業した日々のことを語り合った。シャルパンティエは、共著していた論文の一部をダウドナに送る時はいつも心配だった、と打ち明けた。「わたしの英語が間違っていて、あなたが訂正しなきゃいけないんじゃないかと思ったの」と彼女は言った。ダウドナは、「あなたの英語は完璧だった。それに、ミスを直してもらったのはわたしの方よ。あなたとは考え方が違うから、一緒に論文を書くのはとても楽しかった」。

ついに、二人のやりとりに間が空くようになったので、わたしは自分のビデオをオンにして、質問を始めた。「ここ数年間、お二人は科学的にも個人的にも疎遠になっていましたが、あの頃の友情が恋しくなかったですか？」。

シャルパンティエはすぐに応じ、どういう状況だったのかを熱心に説明した。「授賞式やら何やらで、旅に出ることが多くなり、忙しかったのです。さまざまな人が予定をいっぱい詰め込んできて、その合間を楽しむ余裕はなかったわ。つまり問題の一部は、単に二人とも、ものすごく忙しくなったことにあるの」。二〇一二年六月に論文を仕上げるためにバークレーでともに過ごした一週間のことを、彼女は懐かしそうに語った。「ここにわたしたちの写真があるわ。あなたの研究所の前で、わたしは変な髪型をしてるわね」と、彼女は本書の第17章冒頭の写真のことを指して言った。二人がリラックスして過ごせたのはそれが最後だった、とシャルパンティエは言う。「その後は、例の論文の影響で、とんでもなく忙しくなって、二人ですごす時間はほとんどなかったの」。

シャルパンティエの言葉にダウドナは笑顔になり、さらに心を開いて話すようになった。「彼女との共同研究は楽しかったけれど、それと同じくらい、友情を楽しんだわ」と、彼女は言った。「あなたの快活さが大好きよ。学校でフランス語を学んだときからずっと、もし自分がパリに住んでいたらどんな感じかしらって空想していた。マヌエ、あなたはわたしの代わりにそれを体現してくれたの」。

いつかまた一緒に研究をしようと語り合って、会話は終わった。シャルパンティエは、アメリカで研究するためのフェローシップ〔特別研究員の資格〕を持っている、と言った。ダウドナは、二〇二一年の春学期にコロンビアでサバティカルの休暇を過ごす予定だったが、コロナウイルス感染症のせいで断念した。二人はサバティカルを一緒に過ごすことに同意した。

「二〇二二年の春、ニューヨークではどう?」とダウドナが提案した。

「よさそうね。ぜひ、ご一緒しましょう」と、シャルパンティエは答えた。「また、あなたと協力できるわ」。

第56章　ノーベル賞に輝く

ノーベル賞発表後、自宅のキッチンで、
アンディ、ジェイミーと喜びを分かち合う

「生命の暗号を書き換える」

二〇二〇年一〇月九日、午前二時五三分、熟睡していたダウドナは、バイブ・モードにしていた携帯電話が執拗《しつよう》にうなる音で目をさました。彼女はパロ・アルトのホテルの部屋に一人でいた。そこを訪れたのは、老化の生物学に関する小会議に参加するためだったが、七か月前にコロナウイルス危機が始まって以来、直接会ってのイベントはこれが初めてだった。電話はネイチャー誌の女性記者からだった。「こんな早くにお邪魔して申し訳ないのですが」と彼女は言った。「ノーベル賞についてコメントをいただきたいと思いまして」。

「誰が受賞したのですか?」。ダウドナは少しいら立っているような声で尋ねた。

「まだお聞きになっていないんですか?」と記者は言った。「あなたとエマニュエル・シャルパンティエですよ!」。

ダウドナが携帯電話を見ると、ストックホルムからと思われる不在着信がたくさんあった。状況を理解するために、一瞬、沈黙した後、ダウドナはこう言った。「後で連絡します(1)」。

二〇二〇年のノーベル化学賞がダウドナとシャルパンティエに授与されたことは、まったく予想外というわけではなかったが、発見から受賞までのスピードは歴史的に速かった。彼女らがクリスパーの働きを発見したのは、わずか八年前のことだ。前日にノーベル物理学賞の受賞が発表されたロジャー・ペンローズの場合、受賞理由になったのは、五〇年以上前のブラックホールに関する発見だった。また、ダウドナたちの化学賞受賞には、歴史的な意味もあり、ただ業績を讃えるだけでなく、新たな時代の到来を告げてもいた。発表に際し、スウェーデン王立アカデミーの事務局長はこう宣言した。「今年の化学賞は、生命の暗号を書き換えることに関するものです。この遺伝子のハサミは、生命科学の新たな時代を切り開きました」。

また、注目すべきことは、通常は三人に与えられる賞が、二人だけに与えられたことだ。ゲノム編集ツールとしてのクリスパーの発見に関する特許争いが続いていることを思えば、三人目としてフェン・チャンが選ばれてもよかったのだが、そうすると、チャンと同じ時期に同様の発見を公表したジョージ・チャーチを無視することになる。他にも、フランシスコ・モヒカ、ロドルフ・バラングー、フィリップ・オルヴァト、エリック・ゾントハイマー、ルチアーノ・マラフィーニ、ヴァギニウス・シクシニスなど、多くの有力な候補がいた。

また、女性二人が受賞したことにも重要な歴史的意味があった。ロザリンド・フランクリンの亡霊が硬い笑みを浮かべているのを感じる人もいるだろう。フランクリンによるX線回折写真は、ジェームズ・ワトソンとフランシス・クリックによるDNA構造解明を助けたが、DNA研究の初期の歴史において彼女は脇役であり、一九六二年に両人がノーベル賞を受賞する前に世を去った。たとえ生きていたとしても、その年の三人目の受賞者になったモーリス・ウィルキンスに取って代わる可能性は低かっただろう。二〇二〇年まで、ノーベル化学賞を受賞した一八四人のうち、女性は一九一一年のマリー・キュリーをはじめとする五人だけだった。

ダウドナが、留守電に残されていたストックホルムの番号に電話をかけると、機械が応答した。しかし、数分後にはつながり、正式にその知らせを受けることができた。マーティン・イーネックやネイチャー誌の粘り強い記者など、いくつかの電話に対応した後、彼女はバッグに服を押し込むと、車に飛び乗り、一時間のドライブでバークレーに戻った。途中でジェイミーに電話をかけると、大学の広報チームがすでに自宅の中庭で撮影の準備をしているとのことだった。午前四時三〇分に自宅に到着すると、彼女は、騒音とカメラのライトでお騒がせすることを謝罪するメールを、近隣の人々に送った。

数分間だけ、ジェイミーとアンディと共にコーヒーで祝杯をあげる時間があった。その後、中庭で撮影チームのカメラに向かって挨拶した後、急きょ開かれることになった世界規模のオンライン記者会見に出るためにバークレーへ向かった。その途上で、同僚のジリアン・バンフィールドに電話をかけた。二〇〇六年に、細菌のＤＮＡで見つけた反復配列についてフリースピーチ・ムーブメント・カフェでダウドナと話し合いたいと、いきなり電話をかけてきた女性だ。あの時ダウドナは初めて、クリスパーという言葉を聞いたのだった。「共同研究者で友人でもあるあなたにとても感謝しているわ」と、彼女はバンフィールドに言った。「あなたのおかげで、とても楽しかった」。

科学は女の子のするものではないと言われたけど

記者会見では、この受賞が女性にとってどれほど画期的かということに質問が集中した。「わたしは自分が女性であることを誇りに思っています」と、ダウドナはにっこり笑って言った。「今回の受賞は、特に若い女性にとって励みになるでしょう。彼女らの多くは、自分の働きは男性ほどには評価されていないと感じていますから。わたしはこの状況が変わるのを見たいですし、この受賞は正しい方向への一歩だと思います」。その後、彼女は学校時代を振り返ってこう言った。「何度も、女の子は化学をしないものだとか、科学は女の子のすることじゃないと言われました。幸い、わたしはそれを無視しました」。

ダウドナが話している時、シャルパンティエは昼過ぎのベルリンで記者会見を行っていた。数時間前にわたしは彼女のもとに到着した。彼女はストックホルムから正式な電話を受けた直後で、いつになく感情的になっていた。「いつかこんな日が来ると言われていたけれど」と彼女はわたしに言った。「でも、電話を受けた時はとても感激して、胸がいっぱいになりました」。幼い頃、故郷のパリでパスツール研究所の前を通り過ぎながら、いつか科学者になると決意した時のことを思い出した、と言う。しかし、記者会見が開かれる頃には、彼女はモナ・リザのような微笑みの下に感情を隠した。白ワインのグラスを手に、マックス・プランク研究所のロビーに現れ、マックス・プランクの胸像の隣でポーズをとったあと、気楽に、しかし真面目に、質問に答えた。バークレーと同じく、この受賞が女性にとって何を意味するかということに質問が集中した。「ジェニファーとわたしがこの賞をいただいたことは、若い女性にとって強力なメッセージになるでしょう」と彼女は言った。「女性も賞をもらえることが明らかになったのですから」。

その日の午後、二人のライバルであるブロード研究所のエリック・ランダーは、やや上から目線のツイートをした。「シャルパンティエ博士、ダウドナ博士、クリスパーという驚くべき科学への貢献に対する@ノーベル賞受賞、おめでとう！　科学の果てしないフロンティアが広がり続け、患者に大きな影響をもたらすのを見るのは刺激的だ」。ダウドナは公には、丁重に応じ、「エリック・ランダーからの祝辞に深く感謝し、光栄に存じます」と言った。しかし、内心では、彼が「貢献」という言葉を使ったのは、特許の裁判を視野に入れて、ダウドナたちの発見は大したものではないと言おうとしたのではないかと疑った。わたしが注目したのは、むしろ「患者に大きな影響を」という言葉だった。それは、いつの日かチャンとチャーチ、そしておそらくデヴィッド・リウがノーベル生理学・医学賞を受賞し、化学賞を受賞したダウドナおよびシャルパンティエと肩を並べることになるのでは、という期待をわたしに抱かせた。

記者会見でダウドナは、「海の向こうにいるシャルパンティエに手を振っています」と言った。しかし、直接シャルパンティエと話すことを切に望んでいた。その日、シャルパンティエに何度もメールを送り、携帯電話に三回メッセージを残した。「お願い、お願いだから電話して。あまり時間はとらせないから。ただ、おめでとうって言いたいだけなのよ」。ついにシャルパンティエから返信が戻ってきた。「本当にもうくたくたなの。でも、明日、きっと電話するから」。そういうわけで、翌朝になってようやく二人は、リラックスしてゆっくり話すことができた。

記者会見の後、ダウドナは研究棟で仲間とシャンパンで祝杯をあげ、それに続くZoomパーティでは、一〇〇人ほどの友人と乾杯した。ダウドナの研究に資金提供しているマーク・ザッカーバーグとプリシラ・チャンがオンラインで参加し、ジリアン・バンフィールドやバークレーの学長や学部長など、さまざまな人が姿を見せた。中でも印象に残ったのは、ハーバードの教授、ジャック・ショスタクの祝辞だ。かつて大学院生だったダウドナの目をRNAの驚異に向けさせた彼は、二〇〇九年に（二人の女性と共同で）ノーベル生理学・医学賞を受賞していた。ボストンの風格あるレンガ造りの自宅の庭で、椅子に座った彼は、シャンパンのグラスを掲げてこう述べた。「ノーベル賞を受賞することより素晴らしいことが一つだけある。それは自分の教え子がノーベル賞を受賞することだ」。

ダウドナとジェイミーは夕食にスパニッシュ・オムレツをつくり、その後フェイスタイム［ビデオ通話アプリ］でダウドナの二人の妹と通話した。姉妹は、両親が生きていたらどれほど喜んだことかと話し合った。「二人がここにいてくれたらよかったのに、と心から思うわ」と、ダウドナは言った。「ママはとても感激したでしょうね。パパは、それほどでもない振りをするわ。そして、科学的なことをちゃんと理解した上で、次は何をするつもりなのかと、尋ねたでしょう」。

パンデミック以降、情報はオープン化

ノーベル委員会は、パンデミックのさなかに、自然界で見つかったウイルスと戦うシステムであるクリスパーを高く評価することによって、好奇心を原動力とする基礎研究が非常に有益な応用につながり得ることを、わたしたちに再認識させた。クリスパーと新型コロナウイルス感染症は、生命科学の新時代の幕開けを加速させている。分子が、新たなマイクロチップになろうとしている。

コロナウイルス危機のただなかに、ダウドナはエコノミスト誌から、現在起きている社会変化をテーマとする記事の執筆を依頼された。「最近の生活の多くの側面と同様に、科学とその実践は、急速かつ永続的に変化しつつあり、これは良い方向への変化になるだろう」と彼女は記した。(2) そして次のように予測した。一般市民が生物学と科学的手法をより理解するようになる。選挙で選ばれた代表は、基礎科学に資金を投入することの価値をより認めるようになる。そして、科学者が協力し、競争し、情報交換する方法も、永続的に変わるだろう。

パンデミック以前、研究者間のコミュニケーションや協力は制限されていた。大学は、どれほ

ど小さな発見でも、それに対する権利を主張し、大規模な法務チームを作って特許出願の妨げになる情報共有を阻止していた。「彼らは科学者同士の交流をすべて、知的財産権の取引に変えてしまった」と、バークレーの生物学者マイケル・アイゼンは言う。「わたしが他の学術機関の同僚とやりとりする際には、常に複雑な法的な合意が求められる。その目的は科学を促進することではなく、将来の発明から大学が得る利益を守ることだ。もっとも、そのような発明は、科学者が本来やるべきことをやって、つまり、互いの研究を共有して初めてもたらされるはずなのだが」。(3)

しかし、コロナウイルス感染症を倒すための競争にそのようなルールは課せられなかった。ダウドナとチャンに続いて、ほとんどの研究機関は、自らの発見をウイルスと戦う人が誰でも利用できるようにすることを宣言した。これは、研究者間のみならず国家間の協力を可能にした。ダウドナがベイエリアの研究室をまとめたコンソーシアムも、知的財産権の取り決めを気にかける必要があったら、あれほど迅速に団結することはなかっただろう。同様に、世界中の科学者がコロナウイルス配列のオープン・データベースに貢献し、二〇二〇年八月末までに、そのエントリー数は三万六〇〇〇件にのぼった。(4)

コロナウイルス感染症の危機感は、高価で査読つきで有料購読者しか読めないサイエンス誌やネイチャー誌などの学術雑誌が果たしてきた門番としての役割を後退させた。コロナウイルス危機のただなかにあって、研究者たちは、編集者と査読者が論文を掲載するかどうかを決めるのを何か月も待つ代わりに、無料で公開され、最小限の査読プロセスしか求められないmedRxivやbioRxivなどのプレプリント（査読前論文）・サーバに論文を投稿した。その数は一日に一〇〇件を超えた。これは、情報をリアルタイムで自由に共有し、ソーシャルメディア上で分析することさえ可能にした。十分に検証されていない研究を拡散することには潜在的な危険が伴うが、この迅速でオープンな流布は、うまく機能している。つまり、発見に発見を積み重ねるプロセスを加速させ、一般市民がその科学の進歩を常に把握できるようにしたのだ。コロナウイルスに関するいくつかの重要な論文は、プレプリント・サーバで発表したことにより、世界中の専門家によって審査され、その内容は洗練されていった。(5)

高潔な使命を持つ者、それが科学者である

ジョージ・チャーチはかねてより、科学を日常生活に取り込むきっかけになるような生物学的イベントがあるだろうか、と考えていたそうだ。「コロナウイルス感染症がそれだ」と彼は言う。「時々、隕石が落ちてきて、哺乳類がいきなり主導権を握るようになる」(6)。将来、わたしたちのほとんどは、ウイルスやその他の病気を検出できる装置を自宅に持つようになるだろう。また、ナノポアシーケンサーや分子トランジスタを搭載したウェアラブル機器が開発され、それがわたしたちの生体機能を監視し、情報をネットワークで共有することで、地球規模のバイオウェザー・マップを作れるようになるかもしれない。そうなれば、生物学的脅威の広がりをリアルタイムで追うことができる。こうしたことのすべてが、生物学をさらに刺激的な研究分野にしている。二〇二〇年八月には、医学部への出願数が前年より一七パーセントも増えたという。

大学も変化することになるが、それは単にオンライン授業が増えるというだけではない。これまで象牙の塔だった大学は、パンデミックから気候変動まで、さまざまな現実の問題に取り組むようになる。これらのプロジェクトは学際的なものになり、従来、独立王国として自治権を死守

してきた大学や研究室の壁を崩していくだろう。コロナウイルスと戦うには、分野を超えた協力が必要とされる。その意味では、クリスパー開発の取り組みに似ている。クリスパー開発では、微生物ハンター、遺伝学者、構造生物学者、生化学者、コンピュータおたくが連携した。また、コロナウイルスとの戦いは、特定のプロジェクトや任務のために各部門が協働する革新的なビジネスの手法にも似ている。わたしたちが直面する科学的脅威の性質ゆえに、異なる研究室が一つのプロジェクトを軸として協働する傾向は加速するだろう。

しかし、科学の基本的側面の一つは、依然として変わらないだろう。それは、ダーウィンとメンデルから、ワトソンとクリック、そしてダウドナとシャルパンティエへと受け継がれていったように、常に世代を超えた協力がなされることだ。「結局、受け継がれていくのは、発見された事実だけよ」とシャルパンティエは言う。「わたしたちは地球の上をほんの短い時間、通り過ぎていく。わたしたちが仕事をして、いなくなった後、他の人がそれを受け継いでいくのです[7]」。

本書に登場した科学者は皆、自分の主な動機はお金ではなく、名誉でもなく、自然の謎を解き明かし、それによって世界をより良い場所にすることだと言う。わたしは彼らの言葉を信じる。そして、それこそが、パンデミックがもたらした最も重要な遺産の一つだと思う。つまり、このパンデミックは、科学者に自らの使命の高潔さを思い出させたのだ。新しい世代の学生たちも、その価値観を心に深く刻み込んだに違いない。科学研究がいかに刺激的で重要かを知った彼らが、自らの進路を考える時、科学研究の道を選ぶ可能性は高くなるだろう。

エピローグ

二〇二〇年秋、ニューオリンズ、ロイヤルストリート

パンデミックは一時的に沈静化し、地球は癒えはじめた。わたしはニューオリンズ、フレンチ・クオーターのバルコニーに腰を下ろし、通りの音楽に耳を傾ける。街角のレストランからはエビを茹《ゆ》でる匂いが漂ってくる。

しかし、現在のコロナウイルスであれ、将来の新たなウイルスであれ、さらなるウイルスの波が押し寄せるのは避けがたい事実だ。従ってワクチンだけでなく、それ以上のものが必要とされる。細菌が持つシステムのように、新たなウイルスにすぐ適応して、それを打ち負かすことのできるシステムが必要なのだ。クリスパーは、それを細菌だけでなく、わたしたちにも提供できるだろう。また、いつの日かクリスパーは、遺伝性疾患を治療したり、がんを克服したり、子どもたちを強化したりするために使われ、それによってわたしたちは進化をハックし、人類の未来を舵取りできるようになるだろう。

わたしは、バイオテクノロジーは次の偉大な科学革命だと考えてこの旅を始めた。つまりバイオテクノロジーを、畏敬の念を抱かせる自然の驚異、競争的な研究、スリリングな発見、人命を救う躍進が満ちており、ジェニファー・ダウドナ、エマニュエル・シャルパンティエ、フェン・

チャンのような創造力溢れる先駆者が活躍する世界、と見なしていたのだ。しかし、感染症流行の年を経験した今、わたしはそれを過小評価していたことに気づいた。

数週間前、わたしは蔵書の中にジェームズ・ワトソンの『二重らせん』の古びた一冊を見つけた。ダウドナと同じように、父から贈られたものだ。それは淡い赤色のカバーのついた初版本で、わたしが鉛筆で書き込みをしていなければ、eBayで高値で売れたかもしれない。当時、高校二年だったわたしは、「生化学」などの未知の単語について、意味や定義をその余白に書き込んでいた。

『二重らせん』を読んだわたしは、ダウドナと同じように、生化学者になりたいと思った。しかし、彼女と違って、そうしなかった。もし人生をやり直すとしたら――本書を読んでいる学生諸君、よく聞くように――わたしは生命科学にもっと関心を寄せていただろう。もし二一世紀に成人を迎えるのであれば、なおさらだ。わたしの世代は、パーソナル・コンピュータとウェブに夢中になり、自分の子どもにプログラミングのコードの書き方を学ばせた。しかしこれからの子どもたちは生命のコードを理解する必要があるだろう。

そうなるための一つの方法は、クリスパーとコロナウイルス感染症が織りなす物語が示すように、年をとった子どもであるわたしたち全員が、生命の仕組みを理解することの有益さを認識することだ。GMO（遺伝子組換え作物）を食品に利用することに強く反対する人々がいるのは良いことだが、もし彼らの多くが、遺伝子組換え生物とは何か（そしてヨーグルト・メーカーが何を発見したか）を知っていれば、もっと良いだろう。ヒトゲノムの編集について強固な意見を持つのは良いことだが、遺伝子とは何かを知っていれば、なお良いだろう。

純粋な好奇心こそが、わたしたちを救う

生命の不思議を理解することは、ただ役に立つというだけではなく、刺激的で楽しいことだ。だからこそ、わたしたちは好奇心に恵まれていることを、幸運と見なすべきだ。

バルコニーの鉄柵を這う赤ちゃんトカゲを見ていて、わたしはそれを実感した。トカゲが蔦《つた》に移動すると、体の色が少しずつ変わる。何が皮膚の色を変えているのだろう。また、トカゲが大量発生したことと、コロナウイルス感染症の大流行には関係があるのだろうか。それを中世風に説明したくなるのを自制し、好奇心を満たすために、オンラインを検索する。これは楽しい作業だ。レオナルド・ダ・ヴィンチが文字がびっしり並ぶノートの余白に走り書きした、わたしの好きなメモが思い出される。「キツツキの舌を描写せよ」。ある朝目覚めて、キツツキの舌がどんなふうだったかをぜひとも知らなくてはと決意したのは誰だろう。情熱的でいたずらっぽい好奇心を持つレオナルド、その人である。

好奇心は、ベンジャミン・フランクリンからアルベルト・アインシュタイン、スティーブ・ジョブズ、レオナルド・ダ・ヴィンチまで、わたしを魅了した人々に共通する重要な特徴だ。好奇心はジェームズ・ワトソン、細菌を攻撃するウイルスを理解しようとしたファージ・グループ、DNAのクラスター化した反復配列に惹かれたスペインの大学院生フランシスコ・モヒカ、そして、オジギソウが触ると丸まる仕組みを知りたがったジェニファー・ダウドナを突き動かした。そしておそらくは、その本能、つまり好奇心、純粋な好奇心こそが、わたしたちを救うのだ。

わたしたちの多様性のゆくえ

一年前、バークレー校やさまざまな会議をめぐる旅を終えた後、わたしはこのバルコニーに座って、ゲノム編集について自分の考えをまとめようとしていた。その時、わたしが懸念していたのは、人類の多様性に関することだった。

わたしがニューオリンズに戻ってきた時、人々に愛された偉大な女性、リー・チェイスの葬儀が行われていた。彼女は七〇年近くトレメでレストランを営み、九六歳で亡くなった。木製のスプーンで、エビとソーセージのガンボスープのためのルー（ピーナツ油1カップと小麦粉大さじ8）をカフェオレ色になるまでかき混ぜ、さまざまな食材を一つにまとめていた。リー・チェイスはクレオールで、彼女のレストランも、黒人、白人、クレオールからなるニューオリンズの多様性を一つにまとめていた。

その週末、フレンチ・クオーターはとても賑やかだった。交通安全の推進を目的とする（奇妙なことに）全裸の自転車レースが開催された。また、リー・チェイスの葬儀に加え、ドクター・ジョンの名で知られるミュージシャン、マック・レベナックの葬送パレードも行われた。年に一度のゲイ・プライド・パレードもあり、関連する祝祭が開かれた。その上、フレンチ・マーケット・クレオール・トマト祭りも催され、トラックで野菜を売りに来る農家の人や料理人が、遺伝子組換えでない地元産のジューシーなトマトを使った数々の料理を披露していた。

わたしはバルコニーから通りを眺め往来する人々の多様性に今さらながら驚いた。背が高い人、低い人、ストレートにゲイにトランスジェンダー、太った人、痩せた人、肌の色も、白、黒、茶色とさまざまだ。ギャローデット大学［聴覚障がい者のための大学］のＴシャツを着た一団が、興奮した様子で手話を交わしているのも見えた。クリスパーに期待されるのは、将来、子どもや子孫にとって望ましいと思う特徴を選択できるようになることだ。高身長、筋肉質、ブロンド、青い目、耳が不自由でないこと――何でもお好み次第だ。

通りを行く人々の、自然のままの多様性を眺めていると、このクリスパーが約束する未来には危険もひそんでいると思えてきた。自然は何百万年という歳月をかけて、複雑で、時として不完全なやり方で、三〇億の塩基対を織り合わせ、わたしたちの種に驚くべき多様性をもたらした。そのゲノムを編集して、不完全と思える部分を排除できるようになったと考えるのは、正しいことなのだろうか？ わたしたちの多様性は失われるのだろうか？ 謙虚さや共感はどうなるのか？ 温室育ちのトマトのように、味の薄いものになってしまうのだろうか？

自然の神はその無限の叡智によって、自らゲノム修正できる種を進化させた

二〇二〇年のマルディグラ［謝肉祭］では、セント・アンのパレードがバルコニーの前を賑やかに通っていったが、中には、コロナビールの瓶を模したボディースーツを着たり、ウイルスの王冠のようなフードをかぶったりして、コロナウイルスに扮した人々もいた。その数週間後、ロックダウンの命令が出た。いつも街角の食料品店の前でバンドと共に演奏している、愛すべきクラリネット奏者ドリーン・ケッチェンズが、誰もいなくなった歩道を前に、ひとまずお別れの演奏を披露した。最後に「聖者の行進」を歌い、「太陽が輝きはじめるとき」という一節に力を込めた。

現在の雰囲気は昨年とは違ったものになっていて、クリスパーについてのわたしの考えも変化

した。人類が進化してきたように、わたしの考えも状況に応じて進化し、適応する。今では、クリスパーの危険性より有望性をよりはっきり感じるようになった。バイオテクノロジーを賢く利用すれば、わたしたちはよりうまくウイルスを撃退し、遺伝性疾患を克服し、心身を守れるようになるだろう。

あらゆる生物は、生き延びるためにありとあらゆる手を使う。わたしたちもそうすべきだ。それは自然なことなのだ。細菌はウイルスと戦うためのきわめて巧妙な技術を、何兆世代もかけて考え出した。わたしたちは、それほど長く待てない。好奇心と発明の才を結びつけて、そのプロセスをスピードアップする必要がある。

何億年にわたって、生物が「自然に」進化してきた末に、人類は、生命の暗号をハックし、自らの遺伝子の未来を設計する能力を得た。ゲノム編集を「不自然」とか「神を演じる」ことだと決めつける人々に考え直してもらうために、こう言い換えてみよう。「自然と自然の神はその無限の叡智によって、自らのゲノムを修正できる種を進化させた。その種が、たまたまわたしたち人類なのだ」。

進化がもたらすあらゆる特徴と同じく、この新たな能力は種の繁栄に役立ち、もしかすると、後継種を生み出す助けにもなるだろう。あるいは、そうならないかもしれない。進化的特徴は、時として種の存続を脅かすこともある。進化とは、そのように気まぐれなのだ。

したがって、時間をかけて進むことが望ましい。時として、フー・ジェンクイのようなならず者や、ジョサイア・ザイナーのような反逆者が、もっと速く進めと、駆り立てることもある。しかし、わたしたちが賢明であるなら、立ち止まって、より慎重に進むことを選択できるはずだ。そうすれば坂道は滑りにくくなる。

わたしたちは導き手として、科学者だけでなく人道主義者を必要とするだろう。そして何よりも、ジェニファー・ダウドナのように、その両方の世界に馴染んでいる人を必要とするだろう。だからこそ、わたしたちが足を踏み入れようとしているこのミステリアスだが希望に満ちた新しい部屋を、すべての人が理解しようとすることが有益なのだと、わたしは考えている。

今すぐすべてを決める必要はない。子どもたちにどんな世界を残したいか自問するところから始めよう。そして、手探りで一歩ずつ、願わくは手に手を携えて進んでいこう。

2020年、マルディグラ
（謝肉祭の最終日、「肥沃な火曜日」）
コロナビールの扮装をした人たち

謝辞

ジェニファー・ダウドナに、わたしを快く受け入れてくれたことを感謝したい。数十回のインタビューに応じ、絶え間ない電話の呼び出しとメールに答え、わたしが彼女の研究室で過ごすことを許可し、さまざまな会議に出席する権限をあたえ、彼女のＳｌａｃｋチャンネルに潜むことまでさせてくれた。彼女の夫、ジェイミー・ケイトにも、同じくわたしを受け入れ、支援してくれたことに感謝している。

フェン・チャンはとりわけ親切だった。本書は彼の競争相手に焦点をあてているが、彼は研究室でわたしを陽気にもてなし、何度もインタビューに答えてくれた。わたしは彼に好意と敬意を抱くようになったが、同様に気前よく時間を割いてくれた彼の同僚のエリック・ランダーに対しても同じ気持ちだ。本書を執筆するにあたって、うれしかったことの一つは、ベルリンでエマニュエル・シャルパンティエとともに過ごせたことだ。彼女はシャルモント（charmante 魅力的）だった。わたしは〝シャルモント〟の意味をうまく説明しきれないがそれがどんなものであるか、紙面を通じて読者のみなさんにも伝わってくれればうれしい。同じように、ジョージ・チャーチのそばにいることも楽しかった。彼はマッド・サイエンティストを装うチャーミングな紳士である。

イノベーティブ・ゲノミクス・インスティテュートのケヴィン・ドクセンとテュレーン大学の

スペンサー・オレスキーは本書の科学的な理解を助けてくれた。彼らはとても賢明なコメントと訂正をしてくれた。テュレーンのマックス・ウェンデル、ベンジャミン・バーンスタイン、ライアン・ブラウンも力を貸してくれた。彼らは皆すばらしかったので、もし誤りがあっても、彼らのせいではない。

わたしとともに時を過ごし、洞察をあたえ、インタビューに応じ、事実を確認してくれたすべての科学者とそのファンにも感謝する。ヌーバー・アフェヤン、リチャード・アクセル、デヴィッド・ボルティモア、ジリアン・バンフィールド、コリ・バーグマン、ロドルフ・バラングー、ジョー・ボンディ＝デノミー、ダーナ・キャロル、ジャニス・チェン、フランシス・コリンズ、ケヴィン・デイヴィス、メレディス・デサラサール、フィル・ドルミッツァー、サラ・ダウドナ、ケヴィン・ドクセン、ビクター・ザウ、エルドラ・エリソン、サラ・グッドウィン、マーガレット・ハンブルグ、ジェニファー・ハミルトン、ルーカス・ハリントン、レイチェル・ハウルウィッツ、クリスティーン・ヒーナン、ドン・ヘムズ、メーガン・ホーフシュトラッサー、パトリック・シュー、マリア・ジャシン、マーティン・イーネック、エリオット・キルシュナー、ギャビン・ノット、エリック・ランダー、ルー・ツォン、リチャード・リフトン、エンリケ・リン・シャオ、デヴィッド・リウ、ルチアーノ・マラフィーニ、アレックス・マーソン、アンディ・メイ、シルヴァン・モアノ、フランシスコ・モヒカ、キャメロン・ミアヴォルド、ロジャー・ノバク、ヴァル・パカルク、ペイ・ドゥアンチン、マシュー・ポルテウス、スタンレー・チー、アントニオ・レガラード、マット・リドレー、デーヴ・サヴェージ、ジェイコブ・シェルコウ、ヴァギニウス・シクシニス、エリック・ゾントハイマー、サム・スターンバーグ、ジャック・ショスタク、フョードル・ウルノフ、エリザベス・ワトソン、ジェームズ・ワトソン、ジョナサン・ワイスマン、ブレイク・ウィーデンヘフト、ロス・ウィルソン、ジョサイア・ザイナーに。

いつものように、四〇年来のわたしのエージェント、アマンダ・アーバンに深く感謝する。彼女の対応は思いやりがあると同時に、知的で、誠実であり、わたしを強く支えてくれている。わたしは駆け出しの頃にタイム誌でプリシラ・パイントンとともに仕事をし、互いの子どもが幼い頃には、隣人だった。それから長い年月を経て、突然、彼女はわたしの編集者として現れた。かくも甘美に世界は変わっていく。彼女は本書の再構成と詳細な仕上げの段階で、勤勉かつ賢明な仕事をしてくれた。

科学は協力して行う取り組みだ。本の製作も同じである。サイモン&シュスターで活気と洞察力に満ちたジョナサン・カープ率いるすばらしいチームとともに本書を製作できたことは、幸運だった。彼らはこの原稿を何度も読み、改善点を指摘してくれた。そのメンバーには、ステファン・ベッドフォード、ダナ・カネディー、ジョナサン・エバンス、ヴァンス、マリー・フロリオ、キンバリー・ゴールドスタイン、ジュディス・フーバー、ルース・リー＝ムイ、ハナ・パーク、ジュリア・プロッサー、リチャード・ローラー、エリス・リンゴ、ジャッキー・セオがいる。カーテイス・ブラウンのヘレン・マンダースとペッパ・ミョーネは海外の出版社とともに素晴らしい仕事をしてくれた。また、頭の回転が速く、聡明で、とても思慮深いわたしのアシスタント、リンゼイ・ビラップスにも感謝したい。日々の彼女の支援は、計り知れないほど貴重だった。

最大の感謝を、いつものように妻のキャシーに捧げる。彼女は調査を手伝い、草稿を注意深く読み、賢明な助言をあたえ、わたしの平静さを保ってくれた（少なくとも、保とうとしてくれた）。

娘のベッツィーも、原稿を読み、気の利いた提案をしてくれた。彼女らはわたしの人生の礎《いしずえ》である。

本書の始まりは、わたしの前著すべての編集者であるアリス・メイヒューだった。最初の打ち合わせで、わたしは彼女が科学を非常によく知っていることに驚かされた。本書を発見の旅にしましょう、と彼女は言いつづけた。彼女はかつて、このジャンルの古典であるホレス・フリーランド・ジャドソンの『分子生物学の夜明け——生命の秘密に挑んだ人たち』を一九七九年に編集したことがあり、四〇年経っても、そのすべてを覚えているようだった。二〇一九年のクリスマス休暇のあいだに、彼女は本書の前半部分を読み、悦びに満ちたコメントと明察を返してくれた。しかし、本書を最後まで読み終えることなく、亡くなった。サイモン＆シュスターのＣＥＯ、親愛なるキャロリン・レイディもそうだ。彼女は常に良き指導者であり、案内人であり、知る喜びを知っていた。わたしにとって人生で最大の喜びの一つは、アリスとキャロリンを笑顔にさせることだった。二人の笑顔を目にすれば、あなたにもわたしの気持ちがわかるだろう。この本がそのようなものであることを願う。彼女らとの思い出に、本書を捧げたい。

アリス・メイヒュー（上）、
キャロリン・レイディ（下）

訳者あとがき

「完璧な作家」「完璧な題材」「完璧なタイミング」が一致して誕生した、最も重要な作品

本書は当代随一のノンフィクション作家、ウォルター・アイザックソンの最新作だ。アイザックソンは世界的ベストセラーになった『スティーブ・ジョブズ』の他、アインシュタインやレオナルド・ダ・ヴィンチといった各時代を代表する革新的なイノベーターの評伝を書いてきた。今回の主役は、DNAを書き換える技術を開発し、二〇二〇年にノーベル化学賞を受賞した女性科学者ジェニファー・ダウドナである。原書は刊行直後からベストセラーになり、タイム誌、ワシントン・ポスト紙、スミソニアン誌、サイエンスニュース誌などで年間ベストブックに選ばれた。現在、米国アマゾンのレビューは一万を超え、星4・5と高評価を得ている。『コード・ブレーカー』は、完璧な作家、完璧な題材、完璧なタイミングが一つになり、今年最も重要な本になった」とスター・トリビューン紙は絶賛する。

本書が大いに注目を集めた理由の一つは、メインテーマ「クリスパー」の革新性にある。元来、クリスパー・システムは細菌がウイルスと戦うために進化させた免疫システムだ。細菌は自らのDNAに、クリスパーと呼ばれる反復配列領域を作る。その領域は、侵入してきたウイルスのDNAを記憶し破壊する。アイザックソンは「逮捕者の顔写真《マグショット》を壁に貼りつけるようなものだ」と

言う。細菌という原始的な生物が、巧妙な免疫システムを進化させたことには驚かされる。しかし、真の驚きは、クリスパー・システムが簡便で精度の高いゲノム編集ツールになることだ。編集されたゲノムは将来の子孫の全細胞に継承され、やがては人類という種を変える可能性さえある。この可能性ゆえに、クリスパー・ゲノム編集ツール（クリスパー・キャス9）の発明をめぐって、ダウドナとライバルの間で激しい特許争いが展開された。

現在、クリスパー・キャス9を利用したさまざまな治療・検出ツールが開発されつつある。鎌状赤血球貧血症、先天性の失明、遺伝性血管性浮腫、急性骨髄性白血病、家族性高コレステロール血症、男性型脱毛症など、対象となる疾患のリストは増える一方だ。

クリスパーの発見にはダウドナの他にもさまざまな背景の科学者たちが関わっており、著者は彼らにもスポットライトをあて、貢献を讃える。人と人の化学反応が起きてクリスパー研究が全体として前進していくさまは、映画のようにドラマティックだ。そしてドラマをいっそう盛り上げるのがライバルの存在である。科学者には清廉潔白《せいれんけっぱく》というイメージがあるが、とんでもない。弟子が指導教官を欺いたり、論文査読や特許の審査を早めるために裏技を使ったり、自分の陣営の若手をフォローするために敵陣営を手ひどく非難する小論を書いたり、なんでもありだ。ダウドナも泣き寝入りはせず、健全な競争心でもって対抗する。

紆余曲折を経て、大発見を成し遂げた女性科学者への祝福

クリスパーの発見と特許をめぐる論争では、専門的な単語が出てくるので、クリスパー・システムのカギになる三要素について、ごく簡略な説明をしておきたい。

――クリスパー・キャス９システムは、キャス９（酵素）、ｃｒＲＮＡ（クリスパーＲＮＡ）、ｔｒａｃｒＲＮＡ（トレイサーＲＮＡ）、という三要素からなる。ｃｒＲＮＡは、過去に攻撃してきたウイルスのＤＮＡを含む短いＲＮＡ断片だ。そのウイルスが再び侵入しようとすると、ｃｒＲＮＡはガイドになり、ハサミとして働くキャス９を切断すべき場所へ誘導する。ｔｒａｃｒＲＮＡには二つの重要な役割がある。一つは、ｃｒＲＮＡの生成を促進すること。もう一つは、侵入中のウイルスをつかむハンドルになり、ｃｒＲＮＡが切断すべき場所へキャス９を導くのを助けることだ。互いが論文発表の段階でｔｒａｃｒＲＮＡの役割をどこまで知っていたかをめぐって、各陣営は争うことになる。

本題に戻ると、本書のもう一つのテーマはもちろんダウドナの人生である。「人がやらないことをやる」を信条とする彼女は、科学者たちがヒトゲノム（ＤＮＡ）解読に熱中していた時代にＲＮＡを研究テーマに選び、紆余《うよ》曲折《きょくせつ》を経てクリスパー・システムの発見にいたる。著者はジェームズ・ワトソンの著書『二重らせん』でライバルとして描かれたロザリンド・フランクリンの姿をダウドナに重ね、時代が女性科学者を後押しするようになったことを祝福する。科学界に限らず社会でがんばっている女性たちは、ダウドナの勇気と果敢さに大いに励まされるだろう。

ダウドナは『二重らせん』を読んで感銘を受け、科学者の道に進みたいと思うようになるが、ワトソンはユニークな形で何度も登場する。もはや歴史上の人物のように思える彼の、思いがけない老後の姿を本書は明かす。統合失調症の息子をもつワトソンにとって子供の遺伝子を書き換えることは切実な問題であり、彼が繰り返した問題発言は「ヒトゲノムを操ることは許されるのか」という本書が提示する疑問に対する彼の答えになっている。アイザックソンはそんなワトソンにも暖かな目を向ける。

しかし、アイザックソンが厳しい目を向ける人物がひとりいる。クリスパー・ベビーを誕生させたフー・ジェンクイだ。ジェンクイは出世欲にとりつかれた中国人科学者で、二〇一八年にクリスパー技術を使ってＨＩＶ耐性をもつ赤ん坊を誕生させた。ダウドナはこの件とも関わりがある。クリスパーベビーの誕生が明らかになったのは、二〇一八年一一月に香港で開催されたヒトゲノム編集国際サミットの直前のことで、ダウドナはそのサミットの主催者の一人だった。サミットの舞台にジェンクイを立たせ、追求する場面は、実にスリリングだ。結局、ジェンクイは二〇一九年に有罪判決を言い渡される。

研究室での発見、法廷での論争、会議での丁々発止《ちょうちょうはっし》のやりとりなど、すべての場面をアイザックソンはそこにいたかのようにリアルに再現する。その取材力と筆力には圧倒される。また、ブロード研究所の所長エリック・ランダーやフェン・チャンといったダウドナのライバルの懐《ふところ》にも飛び込み、本音を引き出す。アイザックソンの誠実で暖かな人柄に触れると、誰でもあっさり鎧《よろい》を脱いでしまうらしい。激しい戦いを描きながらも本書の読後感が爽やかなのは、彼のそうした人柄によるのだろう。

新型コロナとの戦い、ＲＮＡワクチン開発、産学提携による一大産業の創出

本書の重要なメッセージの一つは「自然に対する純粋な好奇心が科学の原動力になる」である。

アイザックソン自身、好奇心のかたまりで、クリスパーによるゲノム編集に挑戦し、その作業がいかに簡単かを実証する。また、いち早く新型コロナのRNAワクチンの臨床試験にも参加する。

そう、本書のもう一つのテーマは新型コロナとの戦いだ。アイザックソンが本書の前半を書き終えた二〇一九年一二月、新型コロナ感染症発生のニュースが飛び込んできた。この展開は彼もまったく予想していなかったが、新型コロナはRNAウイルスであり、RNAを専門とするダウドナは当然のごとくコロナとの戦いの先頭に立つ。彼女の弟子たちは必要な物資を他の研究室から調達・奪取し、大学の会議室を数日でウイルス検査ラボに変えていく。世界が新たな感染症に怯え、硬直している間に、若い科学者たちが超人的なスピードで戦いの布陣を敷いたことは、なんとも頼もしく思える。コロナとの戦いでは、それまで熾烈《しれつ》な競争を繰り広げてきたクリスパーの研究者たちが、研究の成果を積極的に共有するようになった。その結果、クリスパーはコロナ検査法とワクチンの開発につながった。アイザックソンは「パンデミックに見舞われた二〇二〇年は、伝統的なワクチンが遺伝子ワクチンに取って代わられた年として記憶されるだろう」と言う。

モデルナがワクチン開発で一歩先んじた経緯も刺激的だ。同社は二〇二〇年一月に新型コロナウイルスのワクチンを作るプロジェクトを立ち上げ、およそ一か月後には国立衛生研究所に最初の試料《バイアル》を送った。二〇二〇年一月当時、モデルナは二〇種の薬品を開発中だったが、いずれも治験の最終段階に達していなかったという。それが今では世界有数の製薬企業だ。バイオビジネスの可能性の大きさが察せられるエピソードだ。

ダウドナをはじめ、本書に登場する科学者たちは学術研究の枠を超えて、積極的にビジネスを展開する。「デジタル分野での学術研究とビジネスとの融合はスタンフォード大学の周辺で始まったが、現在、バイオテクノロジー分野でその融合が進んでいる。大学の研究者は、発見を特許化し、ベンチャーキャピタリストと組んでビジネスを立ち上げることを奨励されるようになった」と著者。このアプローチがもたらしたダウドナたちの成功を目の当たりにして、日本ではどうなのかと興味がそそられた。

プーチンの予言、倫理問題、コロナが加速した生命科学革命

やがて、話題の中心はヒトゲノム編集の倫理面に移る。ウクライナ侵攻を予言するかのような二〇一七年のプーチン大統領の言葉が紹介されている。「遺伝暗号に足を踏み入れる機会を人間は得た。望ましい特性を備えた人間を科学者が作ることを想像する人もいるだろう。そうして生まれるのは、数学の天才や優れた音楽家かもしれないが、恐れや思いやり、慈悲や痛みを感じることなく戦うことのできる兵士かもしれない」。ゲノム編集された人間を作ることの「利益」と「危険性」について語ったとされるが、今から振り返れば、そうした兵士の誕生をプーチンは「利益」とみなしていたのだろう。

アイザックソンは問う。「今から数十年のうちに、ゲノム編集によって、生まれる子どものIQを高くしたり筋肉を強化したりできるようになったら、それを許可すべきだろうか？　目の色は？　肌の色は？　身長は？（中略）もし遺伝子のスーパーマーケットで売り出される製品が有料だとしたら、不平等は大いに増し、さらには人類に永久に刻み込まれるのではないだろうか」。この問いに、彼は安易に答えを出そうとはせず、読者が自分の問題として時間をかけて考えることを求める。

二〇世紀に起きた原子力革命とデジタル革命につづいて、「現在、第三の、さらに重要な革命、すなわち生命科学革命の時代に突入した」「クリスパーの発明とコロナの流行は、この第三の大革命の進展を早めるだろう」とアイザックソンは言う。わたしたちは当事者としてそれを経験することになった。ニューヨーク・タイムズ紙の書評にある通り、『コード・ブレーカー』は、疫病の年となった二〇二〇年のわたしたちの日記でもある。

翻訳に際しては、最初から最後まで力強く共に走ってくださった西村美佐子氏に深く感謝しています。

文藝春秋の衣川理花氏には、きわめて意義深い本書をご紹介いただき、刊行に至るまできめ細やかなご配慮とご指導をいただきました。この場をお借りして心より感謝を申し上げます。

二〇二二年一〇月

野中香方子

Novel COVID-19 Prophylactic and Therapeutics Using CRISPR Technology," 未発表, 2020年4月.
(20) 著者によるRoss Wilsonへのインタビュー; Ross Wilson, "Engineered CRISPR RNPs as Targeted Effectors for Genome Editing of Immune and Stem Cells In Vivo," 未発表, 2020年4月.
(21) Theresa Duque, "Cellular Delivery System Could Be Missing Link in Battle against SARS-CoV-2," *Berkeley Lab News*, 2020年6月4日.

第55章　コールド・スプリング・ハーバー・バーチャル

(1) Kevin Bishopとその他の人々は会議での彼らの発言を引用する許可をあたえてくれた。
(2) Andrew Anzalone . . . David Liu 他, "Search-and-Replace Genome Editing without Double-Strand Breaks or Donor DNA," *Nature*, 2019年12月5日（8月26日受付; 10月10日受理; 10月21日オンライン掲載）.
(3) Megan Molteni, "A New Crispr Technique Could Fix Almost All Genetic Diseases," *Wired*, 2019年10月21日; Sharon Begley, "New CRISPR Tool Has the Potential to Correct Almost All Disease-Causing DNA Glitches," *Stat*, 2019年10月21日; Sharon Begley, "You Had Questions for David Liu," *Stat*, 2019年11月6日.
(4) Beverly Mok . . . David Liu 他, "A Bacterial Cytidine Deaminase Toxin Enables CRISPR-Free Mitochondrial Base Editing," *Nature*, 2020年7月8日.
(5) Jonathan Hsu . . . David Liu, Keith Joung, Luca Pinello 他, "PrimeDesign Software for Rapid and Simplified Design of Prime Editing Guide RNAs," *bioRxiv*, 2020年5月4日.
(6) Audrone Lapinaite, Gavin Knott . . . David Liu, and Jennifer A. Doudna 他, "DNA Capture by a CRISPR-Cas9–Guided Adenine Base Editor," *Science*, 2020年7月31日.

第56章　ノーベル賞に輝く

(1) 著者によるHeidi Ledford, Jennifer Doudna, Emmanuelle Charpentierへのインタビュー。
(2) Jennifer Doudna, "How COVID-19 Is Spurring Science to Accelerate," *The Economist*, 2020年6月5日. 以下も参照。Jane Metcalfe, "COVID-19 Is Accelerating Human Transformation—Let's Not Waste It," *Wired*, 2020年7月5日.
(3) Michael Eisen, "Patents Are Destroying the Soul of Academic Science," *it is NOT junk*, 2017年2月20日.
(4) "SARS-CoV-2 Sequence Read Archive Submissions," National Center for Biotechnology Information, https://www.ncbi.nlm.nih.gov/sars-cov-2/, 日付不明.
(5) Simine Vazire, "Peer-Reviewed Scientific Journals Don't Really Do Their Job," *Wired*, 2020年6月25日.
(6) 著者によるGeorge Churchへのインタビュー。
(7) 著者によるEmmanuelle Charpentierへのインタビュー。

第54章　クリスパー治療

(1) David Dorward . . . and Christopher Lucas 他, "Tissue-Specific Tolerance in Fatal COVID-19," *medRxiv,* 2020年7月2日; Bicheng Zhang . . . and Jun Wan 他, "Clinical Characteristics of 82 Cases of Death from COVID-19," *Plos One*, 2020年7月9日.

(2) Ed Yong, "Immunology Is Where Intuition Goes to Die," *The Atlantic,* 2020年8月5日.

(3) 著者によるCameron Myhrvold へのインタビュー。

(4) Jonathan Gootenberg, Omar Abudayyeh . . . Cameron Myhrvold . . . Eugene Koonin . . . Pardis Sabeti . . . and Feng Zhang 他, "Nucleic Acid Detection with CRISPR-Cas13a/C2c2." *Science*, 2017年4月28日.

(5) Cameron Myhrvold, Catherine Freije, Jonathan Gootenberg, Omar Abudayyeh . . .Feng Zhang, and Pardis Sabeti 他, "Field-Deployable Viral Diagnostics Using CRISPR-Cas13," *Science*, 2018年4月27日.

(6) 著者によるCameron Myhrvold へのインタビュー。

(7) Cameron MyhrvoldからPardis Sabetiへ, 2016年12月22日.

(8) Defense Advanced Research Projects Agency (DARPA) grant D18AC00006.

(9) Susanna Hamilton, "CRISPR-Cas13 Developed as Combination Antiviral and Diagnostic System," *Broad Communications*, 2019年10月11日.

(10) Catherine Freije, Cameron Myhrvold . . . Omar Abudayyeh, Jonathan Gootenberg . . .Feng Zhang, and Pardis Sabeti 他, "Programmable Inhibition and Detection of RNA Viruses Using Cas13," *Molecular Cell*, 2019年12月5日 (2019年4月16日受付; 2019年7月18日修正; 2019年9月6日受理; 2019年10月10日オンライン掲載); Tanya Lewis, "Scientists Program CRISPR to Fight Viruses in Human Cells," *Scientific American*, 2019年10月23日.

(11) Cheri Ackerman, Cameron Myhrvold . . . and Pardis C. Sabeti 他, "Massively Multiplexed Nucleic Acid Detection with Cas13," *Nature*, 2020年4月29日 (2020年3月20日受付; 2020年4月20日受理).

(12) Jon Arizti-Sanz, Catherine Freije . . . Pardis Sabeti, and Cameron Myhrvold 他, "Integrated Sample Inactivation, Amplification, and Cas13-Based Detection of SARS-CoV-2," *bioRxiv*, 2020年5月28日.

(13) 著者によるStanley Qi へのインタビュー。

(14) Silvana Konermann . . . and Patrick Hsu 他, "Transcriptome Engineering with RNA-Targeting Type VI-D CRISPR Effectors," *Cell*, 2018年3月15日.

(15) Steven Levy, "Could CRISPR Be Humanity's Next Virus Killer?," *Wired*, 2020年3月10日.

(16) Timothy Abbott . . . and Lei [Stanley] Qi, "Development of CRISPR as a Prophylactic Strategy to Combat Novel Coronavirus and Influenza," *bioRxiv*, 2020年3月14日.

(17) 著者によるStanley Qi へのインタビュー。

(18) IGI Weekly Zoom Meeting, 2020年3月22日; 著者によるStanley QiとJennifer Doudna へのインタビュー。

(19) Stanley Qi, Jennifer Doudna, and Ross Wilson, "A White Paper for the Development of

第53章　RNAワクチン

(1) Ochsner Health System, Phase 2/3 Study by Pfizer Inc. and BioNTech SE of Investigational Vaccine, BNT162b2, against SARS-CoV-2, 2020年7月開始.
(2) 著者によるJennifer Doudnaへのインタビュー。
(3) Simantini Dey, "Meet Sarah Gilbert," *News18*, 2020年7月21日; Stephanie Baker, "Covid Vaccine Front-Runner Is Months Ahead of Her Competition," *Bloomberg*, 2020年7月15日; Clive Cookson, "Sarah Gilbert, the Researcher Leading the Race to a Covid-19 Vaccine," *Financial Times*, 2020年7月24日.
(4) 著者によるRoss Wilson, Alex Marsonへのインタビュー; IGI White Paper Seeking Funding for DNA Vaccine Delivery Systems, 2020年3月; Ross Wilson Report at IGI COVID-Response Meeting, 2020年6月11日.
(5) "A Trial Investigating the Safety and Effects of Four BNT162 Vaccines against COVID-2019 in Healthy and Immunocompromised Adults," ClinicalTrials.gov, 2020年5月, 識別子: NCT04380701; "BNT162 SARS-CoV-2 Vaccine," *Precision Vaccinations*, 2020年8月14日; Mark J. Mulligan . . . Uğur Şahin, Kathrin Jansen 他, "Phase 1/2 Study of COVID-19 RNA Vaccine BNT162b1 in Adults," *Nature*, 2020年8月12日.
(6) Joe Miller, "Uğur Şahin : The Immunologist Racing to Find a Vaccine," *Financial Times*, 2020年3月21日.
(7) 著者によるPhil Dormitzerへのインタビュー; Matthew Herper, "In the Race for a COVID-19 Vaccine, Pfizer Turns to a Scientist with a History of Defying Skeptics," *Stat*, 2020年8月24日.
(8) 著者によるNoubar Afeyan, Christine Heenanへのインタビュー。
(9) 著者によるJosiah Zaynerへのインタビューとeメール; Kristen Brown, "One Biohacker's Improbable Bid to Make a DIY Covid-19 Vaccine," *Bloomberg Business Week*, 2020年6月25日; Josiah Zayner videos, https://www.youtube.com/josiahzayner.
(10) Jingyou Yu . . . and Dan H. Barouch 他, "DNA Vaccine Protection against SARS-CoV-2 in Rhesus Macaques," *Science*, 2020年5月20日.
(11) 著者によるJosiah Zaynerへのインタビュー; Kristen Brown, "Home-Made Covid Vaccine Appeared to Work, but Questions Remained," *Bloomberg BusinessWeek*, 2020年10月10日.
(12) The Ochsner Health System Clinical Trial of Pfizer/BioNTech Vaccine BNT162b2, Led by Julia Garcia-Diaz, Director of Clinical Infectious Diseases Research, and Leonardo Seoane, Chief Academic Officer.
(13) 著者によるFrancis Collinsへのインタビュー; "Bioethics Consultation Service Consultation Report," Department of Bioethics, NIH Clinical Center, 2020年7月31日.
(14) Sharon LaFraniere, Katie Thomas, Noah Weiland, David Gelles, Sheryl Gay Stolberg and Denise Grady, "Politics, Science and the Remarkable Race for a Coronavirus Vaccine," *New York Times*, 2020年11月21日; 著者によるNoubar Afeyan, Moncef Slaoui, Philip Dormitzer, Christine Heenanへのインタビュー。

以下も参照。Abudayyeh 他, “C2c2 Is a Single-Component Programmable RNA-Guided RNA-Targeting CRISPR Effector.”
(8) 著者によるFeng Zhangへのインタビュー; Carey Goldberg, “CRISPR Comes to COVID,” WBUR, 2020年7月10日.
(9) Emily Mullin, “CRISPR Could Be the Future of Disease Diagnosis,” *OneZero*, 2019年7月25日; Emily Mullin, “CRISPR Pioneer Jennifer Doudna on the Future of Disease Detection,” *OneZero*, 2019年7月31日; Daniel Chertow, “Next-Generation Diagnostics with CRISPR,” *Science*, 2018年4月27日; Ann Gronowski “Who or What Is SHERLOCK?,” *EJIFCC*, 2018年11月.

第52章　コロナウイルス検査

(1) 著者によるFeng Zhangへのインタビュー。
(2) Feng Zhang, Omar Abudayyeh, and Jonathan Gootenberg, “A Protocol for Detection of COVID-19 Using CRISPR Diagnostics,” Broad Institute website, 2020年2月14日投稿; Carl Zimmer, “With Crispr, a Possible Quick Test for the Coronavirus,” *New York Times*, 2020年5月5日.
(3) Goldberg, “CRISPR Comes to COVID”; “Sherlock Biosciences and Binx Health Announce Global Partnership to Develop First CRISPR-Based Point-of-Care Test for COVID-19,” *PR Newswire*, 2020年7月1日.
(4) 著者によるJanice ChenとLucas Harringtonへのインタビュー; Jim Daley, “CRISPR Gene Editing May Help Scale Up Coronavirus Testing,” *Scientific American*, 2020年4月23日; John Cumbers, “With Its Coronavirus Rapid Paper Test Strip, This CRISPR Startup Wants to Help Halt a Pandemic,” *Forbes,* 2020年3月14日; Lauren Martz, “CRISPR-Based Diagnostics Are Poised to Make an Early Debut amid COVID-19 Outbreak,” *Biocentury*, 2020年2月29日.
(5) James Broughton . . . Charles Chiu, Janice Chen 他, “A Protocol for Rapid Detection of the 2019 Novel Coronavirus SARS-CoV-2 Using CRISPR Diagnostics: SARS-CoV-2 DETECTR,” Mammoth Biosciences website, 2020年2月15日投稿. 患者データとその他の詳細が記載されたMammothのフルペーパーは以下。James Broughton . . . Janice Chen, and Charles Chiu 他, “CRISPR-Cas12-Based Detection of SARS-CoV-2,” *Nature Biotechnology*, 2020年4月16日（2020年3月5日受付）. 以下も参照。Eelke Brandsma . . .and Emile van den Akker 他, “Rapid, Sensitive and Specific SARS Coronavirus-2 Detection: A Multi-center Comparison between Standard qRT-PCR and CRISPR Based DETECTR,” *medRxiv*, 2020年7月27日.
(6) Julia Joung . . . Jonathan S. Gootenberg, Omar O. Abudayyeh, and Feng Zhang 他, “Point-of-Care Testing for COVID-19 Using SHERLOCK Diagnostics,” *medRxiv,* 2020年5月5日.
(7) 著者によるFeng Zhangへのインタビュー。
(8) 著者によるJanice Chenへのインタビュー。

Adelphi Universityで教授になった。彼は熟練した馬の飼育家であり、Nikita Khrushchevがアメリカ人実業家Cyrus Eatonへの贈り物とした三頭の馬に付き添って海を渡ったこともあった。彼と妻のJulia Palievskyは*A Kindred Writer: Dickens in Russia, 1840-1990*を執筆した。彼らはWilliam Faulknerを研究する学者でもある。
(3) 著者によるJennifer Hamilton へのインタビュー; Jennifer Hamilton, "Building a COVID-19 Pop-Up Testing Lab," *CRISPR Journal*, 2020年6月.
(4) 著者によるEnrique Lin Shiao へのインタビュー。
(5) 著者によるFyodor Urnov, Jennifer Doudna, Jennifer Hamilton, Enrique Lin Shiao へのインタビュー; Hope Henderson, "IGI Launches Major Automated COVID-19 Diagnostic Testing Initiative," *IGI News*, 2020年3月30日; Megan Molteni and Gregory Barber, "How a Crispr Lab Became a Pop-Up COVID Testing Center," *Wired*, 2020年4月2日.
(6) Innovative Genomics Institute SARS-CoV-2 Testing Consortium, Dirk Hockemeyer, Fyodor Urnov, Ralph Green, and Jennifer A. Doudna, "Blueprint for a Pop-up SARS-CoV-2 Testing Lab," *medRxiv*, 2020年4月11日.
(7) 著者によるFyodor Urnov, Jennifer Hamilton, Enrique Lin Shiao へのインタビュー。

第51章　マンモスとシャーロック

(1) 著者によるLucas HarringtonとJanice Chen へのインタビュー。
(2) Janice Chen . . . Lucas B. Harrington . . . Jennifer A. Doudna 他, "CRISPR-Cas12a Target Binding Unleashes Indiscriminate Single-Stranded DNase Activity," *Science*, 2018年4月27日（2017年11月29日受付; 2018年2月5日受理; 2月15日オンライン掲載）; John Carroll, "CRISPR Legend Jennifer Doudna Helps Some Recent College Grads Launch a Diagnostics Up-start," *Endpoints*, 2018年4月26日.
(3) Sergey Shmakov, Omar Abudayyeh, Kira S. Makarova . . . Konstantin Severinov, Feng Zhang, and Eugene V. Koonin 他, "Discovery and Functional Characterization of Diverse Class 2 CRISPR-Cas Systems," *Molecular Cell*, 2015年11月5日 (2015年10月22日オンライン掲載); Omar Abudayyeh, Jonathan Gootenberg . . . Eric Lander, Eugene Koonin, and Feng Zhang 他, "C2c2 Is a Single-Component Programmable RNA-Guided RNA-Targeting CRISPR Effector," *Science*, 2016年8月5日（2016年6月2日オンライン掲載）.
(4) 著者によるFeng Zhang へのインタビュー。
(5) Alexandra East-Seletsky . . . Jamie Cate, Robert Tjian, and Jennifer Doudna 他, "Two Distinct RNase Activities of CRISPR-C2c2 Enable Guide-RNA Processing and RNA Detection," *Nature*, 2016年10月13日. CRISPR-C2c2はCRISPER-Cas13aに改名された。
(6) Jonathan Gootenberg, Omar Abudayyeh . . . Cameron Myhrvold . . . Eugene Koonin . . . Feng Zhang 他, "Nucleic Acid Detection with CRISPR-Cas13a/C2c2," *Science*, 2017年4月28日.
(7) Jonathan Gootenberg, Omar Abudayyeh . . . Feng Zhang 他, "Multiplexed and Portable Nucleic Acid Detection Platform with Cas13, Cas12a, and Csm6," *Science*, 2018年4月27日.

CoV-2 Sequences, 2020年4月14日更新.
(5) Alexandra Walls . . . David Veesler 他, "Structure, Function, and Antigenicity of the SARS-CoV-2 Spike Glycoprotein," *Cell*, 2020年3月9日; Qihui Wang . . . and Jianxun Qi 他, "Structural and Functional Basis of SARS-CoV-2 Entry by Using Human ACE2," *Cell*, 2020年3月14日; Francis Collins, "Antibody Points to Possible Weak Spot on Novel Coronavirus," NIH, 2020年4月14日; Bonnie Berkowitz, Aaron Steckelberg, and John Muyskens, "What the Structure of the Coronavirus Can Tell Us," *Washington Post*, 2020年3月23日.
(6) 著者によるMegan Hochstrasser, Jennifer Doudna, Dave Savage, Fyodor Urnov へのインタビュー。

第49章　検査をめぐる混乱

(1) Shawn Boburg, Robert O'Harrow Jr., Neena Satija, and Amy Goldstein, "Inside the Coronavirus Testing Failure," *Washington Post*, 2020年4月3日; Robert Baird, "What Went Wrong with Coronavirus Testing in the U.S.," *New Yorker*, 2020年3月16日; Michael Shear, Abby Goodnough, Sheila Kaplan, Sheri Fink, Katie Thomas, and Noah Weiland, "The Lost Month: How a Failure to Test Blinded the U.S. to COVID-19," *New York Times*, 2020年3月28日.
(2) Kary Mullis, "The Unusual Origin of the Polymerase Chain Reaction," *Scientific American*, 1990年4月.
(3) Boburg 他, "Inside the Coronavirus Testing Failure"; David Willman, "Contamination at CDC Lab Delayed Rollout of Coronavirus Tests," *Washington Post*, 2020年4月18日.
(4) JoNel Aleccia, "How Intrepid Lab Sleuths Ramped Up Tests as Coronavirus Closed In," *Kaiser Health News*, 2020年3月16日.
(5) Julia Ioffe, "The Infuriating Story of How the Government Stalled Coronavirus Testing," *GQ*, 2020年3月16日; Boburg 他, "Inside the Coronavirus Testing Failure." Greningerが友人に宛てたeメールはそのすばらしい*Washington Post*の復元物にある。
(6) Boburg 他, "Inside the Coronavirus Testing Failure"; Patrick Boyle, "Coronavirus Testing: How Academic Medical Labs Are Stepping Up to Fill a Void," *AAMC*, 2020年3月12日.
(7) 著者によるEric Lander へのインタビュー; Leah Eisenstadt, "How Broad Institute Converted a Clinical Processing Lab into a Large-Scale COVID-19 Testing Facility in a Matter of Days," *Broad Communications*, 2020年3月27日.

第50章　バークレー研究所

(1) IGI COVID-19 Rapid Response Research Meeting, 2020年3月13日. わたしは緊急対応チームとそのワーキンググループの会合に出席することを許可されたが、そのほとんどはSlackチャンネルのZoom会議で行われた。
(2) 著者によるFyodor Urnov へのインタビュー。Dmitry Urnovはニューヨークにある

(4) Charlotte Hunt-Grubbe, "The Elementary. DNA of Dr Watson," *Sunday Times* (London), 2007年10月14日; 著者によるJames Watsonへのインタビュー。
(5) 著者によるJames Watsonへのインタビュー; Roxanne Khamsi, "James Watson Retires amidst Race Controversy," *New Scientist*, 2007年10月25日.
(6) 著者によるEric Landerへのインタビュー; Sharon Begley, "As Twitter Explodes, Eric Lander Apologizes for Toasting James Watson," *Stat*, 2018年5月14日.
(7) 著者によるJames Watsonへのインタビュー。
(8) "Decoding Watson."
(9) Amy Harmon, "James Watson Had a Chance to Salvage His Reputation on Race. He Made Things Worse," *New York Times*, 2019年1月1日.
(10) Harmon, "James Watson Had a Chance to Salvage His Reputation on Race."
(11) "Decoding Watson"; Harmon, "James Watson Had a Chance to Salvage His Reputation on Race"; 著者によるJames Watsonへのインタビュー。
(12) James Watson, "Linus Pauling-In Appreciation," *Time*誌の75周年記念ディナー, 1998年3月3日.
(13) 著者によるJames Watsonへのインタビュー。わたしはこれらの引用を、他の一節と同様に、わたしの記事 "Should the Rich Be Allowed to Buy the Best Genes?" で使用した。
(14) "Decoding Watson."
(15) 著者によるJames Watson, Rufus Watson, Elizabeth Watsonとの会談。
(16) Malcolm Ritter, "Lab Revokes Honors for Controversial DNA Scientist Watson," *AP*, 2019年1月12日.

第47章　ダウドナ、ワトソンを訪問する

(1) 著者とJennifer DoudnaによるJames Watsonへの訪問。カンファレンス・ブックのデザインはDoudnaの研究室で働くMegan Hochstrasserによる。
(2) 著者によるJennifer Doudnaへのインタビュー。

第48章　召集令状

(1) Robert Sanders, "New DNA-Editing Technology Spawns Bold UC Initiative," *Berkeley News*, 2014年3月18日; "About Us," Innovative Genomics Institute website, https://innovativegenomics.org/about-us/. それは2017年1月にInnovative Genomics Instituteとして再スタートした。
(2) 著者によるDave Savageへのインタビュー; Benjamin Oakes . . . Jennifer Doudna, David Savage 他, "CRISPR-Cas9 Circular Permutants as Programmable Scaffolds for Genome Modification," *Cell*, 2019年1月10日.
(3) 著者によるDave Savage, Gavin Knott, Jennifer Doudnaへのインタビュー。
(4) Jonathan Corum and Carl Zimmer, "Bad News Wrapped in Protein: Inside the Coronavirus Genome," *New York Times*, 2020年4月3日; GenBank, National Institutes of Health, SARS-

Edit Human Genes?," *Stat*, 2015年11月17日.
(16) Russell Powell and Allen Buchanan, "Breaking Evolution's Chains," *The Journal of Medicine and Philosophy*, 2011年2月; Allen Buchanan, *Better Than Human* (Oxford, 2011); Charles DarwinからJ. D. Hookerへ, 1856年7月13日.
(17) Sandel, *The Case against Perfection*; Leon Kass, "Ageless Bodies, Happy Souls," *The New Atlantis*, 2003年1月; Michael Hauskeller, "Human Enhancement and the Giftedness of Life," *Philosophical Papers*, 2011年2月26日.

第43章　ダウドナの倫理の旅

(1) 著者によるJennifer Doudnaへのインタビュー; Doudna and Sternberg, *A Crack in Creation*, 222-40; Hannah Devlin, "Jennifer Doudna: 'I Have to Be True to Who I Am as a Scientist'," *The Observer*, 2017年7月2日.

第44章　生物学が新たなテクノロジーに

(1) Sanne Klompe . . . Samuel Sternberg 他, "Transposon-Encoded CRISPR-Cas Systems Direct RNA-Guided DNA Integration," *Nature*, 2019年7月11日（2019年3月15日受付; 6月4日受理; 6月12日オンライン掲載）; Jonathan Strecker . . . Eugene Koonin, Feng Zhang 他, "RNA-Guided DNA Insertion with CRISPR-Associated Transposases," *Science*, 2019年7月5日（2019年5月4日受付; 5月29日受理; 6月6日オンライン掲載）.
(2) 著者によるSamuel Sternberg, Martin Jinek, Jennifer Doudna, Joe Bondy-Denomyへのインタビュー。
(3) 著者によるFeng Zhangへのインタビュー。

第45章　ゲノム編集を学ぶ

(1) 著者によるGavin Knottへのインタビュー。
(2) "Alt-R CRISPR-Cas9 System: Delivery of Ribonucleoprotein Complexes into HEK-293 Cells Using the Amaxa Nucleofector System," IDTDNA.com; "CRISPR Gene-Editing Tools," GeneCopoeia.com.
(3) 著者によるJennifer Hamiltonへのインタビュー。

第46章　ワトソン、ふたたび

(1) 著者によるJames Watson, Jennifer Doudnaへのインタビュー; "The CRISPR/Cas Revolution," Cold Spring Harbor Laboratory Meeting, 2015年9月24〜27日.
(2) David Dugan, Producer, DNA, Documentary, Windfall Films for WNET/PBS and BBC4, 2003; Shaoni Bhattacharya, "Stupidity Should Be Cured, Says DNA Discoverer," *New Scientist*, 2003年2月28日. 以下も参照。Tom Abate, "Nobel Winner's Theories Raise Uproar in Berkeley," *San Francisco Chronicle*, 2000年11月13日.
(3) Michael Sandel, "The Case against Perfection." *The Atlantic*, 2004年4月.

(5) Colin Gavaghan, *Defending the Genetic Supermarket* (Routledge-Cavendish, 2007); Peter Singer, "Shopping at the Genetic Supermarket," in John Rasko, ed., *The Ethics of Inheritable Genetic Modification* (Cambridge, 2006); Chris Gyngell and Thomas Douglas, "Stocking the Genetic Supermarket," *Bioethics*, 2015年5月.

(6) Fukuyama, *Our Posthuman Future*, 第1章; George Orwell, *1984* (Harcourt, 1949); Aldous Huxley, *Brave New World* (Harper, 1932).

(7) Aldous Huxley, *Brave New World Revisited* (Harper, 1958), 120.

(8) Aldous Huxley, *Island* (Harper, 1962), 232; Derek So, "The Use and Misuse of Brave New World in the CRISPR Debate," *CRISPR Journal*, 2019年10月.

(9) Nathaniel Comfort, "Can We Cure Genetic Diseases without Slipping into Eugenics?," *The Nation*, 2015年8月3日; Nathaniel Comfort, *The Science of Human Perfection* (Yale, 2012); Mark Frankel, "Inheritable Genetic Modification and a Brave New World," *Hastings Center Report*, 2012年3月6日; Arthur Caplan, "What Should the Rules Be?," *Time*, 2001年1月14日; Françoise Baylis and Jason Scott Robert, "The Inevitability of Genetic Enhancement Technologies," *Bioethics*, 2004年2月; Daniel Kevles, "If You Could Design Your Baby's Genes, Would You?," *Politico*, 2015年12月9日; Lee M. Silver, "How Reprogenetics Will Transform the American Family," *Hofstra Law Review,* Spring 1999; Jürgen Habermas, *The Future of Human Nature* (Polity, 2003).

(10) 著者によるGeorge Church へのインタビューと、同じく以下からも引用した。Rachel Cocker, "We Should Not Fear 'Editing' Embryos to Enhance Human Intelligence," *The Telegraph*, 2019年3月16日; Lee Silver, *Remaking Eden* (Morrow, 1997); John Harris, *Enhancing Evolution* (Princeton, 2011); Ronald Green, *Babies by Design* (Yale, 2008).

(11) Julian Savulescu, "Procreative Beneficence: Why We Should Select the Best Children," *Bioethics*, 2001年10月.

(12) Antonio Regalado, "The World's First Gattaca Baby Tests Are Finally Here," *MIT Technology Review*, 2019年11月8日; Genomic Prediction company website, "Frequently Asked Questions," 2020年7月6日取得; Hannah Devlin, "IVF Couples Could Be Able to Choose the 'Smartest' Embryo," *Guardian*, 2019年5月24日; Nathan Treff . . . and Laurent Tellier 他, "Preimplantation Genetic Testing for Polygenic Disease Relative Risk Reduction," *Genes*, 2020年6月12日; Louis Lello . . . and Stephen Hsu 他, "Genomic Prediction of 16 Complex Disease Risks," *Scientific Reports*, 2019年10月25日. 2019年11月、*Nature*は、著者の数名が企業Genomic Predictionに所属していたことを明らかにしていなかったとする利益相反の修正を出した。

(13) 上記に引用したソースの他、以下を参照。Laura Hercher, "Designer Babies Aren't Futuristic. They're Already Here," *MIT Technology Review*, 2018年10月22日; Ilya Somin, "In Defense of 'Designer Babies'," *Reason*, 2018年11月11日.

(14) Francis Fukuyama, "Gene Regime," *Foreign Policy,* 2002年3月.

(15) Francis Collins in Patrick Skerrett, "Experts Debate: Are We Playing with Fire When We

(4) David Sanchezへのわたしの質問と彼の回答は、*Human Nature*のプロデューサー、Meredith DeSalazarが中継して伝えた。
(5) Rosemarie Garland-Thomson, "Welcoming the Unexpected," in Erik Parens and Josephine Johnston, eds., *Human Flourishing in an Age of Gene Editing* (Oxford, 2019); Rosemarie Garland-Thomson, "Human Biodiversity Conservation," *American Journal of Bioethics*, 2015年6月. 以下も参照。Ethan Weiss, "Should 'Broken' Genes Be Fixed?," *Stat*, 2020年2月21日.
(6) Jory Fleming, *How to Be Human* (Simon & Schuster, 2021).
(7) Liza Mundy, "A World of Their Own," *Washington Post*, 2002年3月31日; Sandel, *The Case against Perfection*; Marion Andrea Schmidt, *Eradicating Deafness*? (Manchester University Press, 2020).
(8) Craig Pickering and John Kiely, "ACTN3: More Than Just a Gene for Speed," *Frontiers in Physiology*, 2017年12月18日; David Epstein, *The Sports Gene* (Current, 2013); Haran Sivapalan, "Genetics of Marathon Runners," *Fitness Genes*, 2018年9月26日.
(9) The Americans with Disabilities Act(「障がいを持つアメリカ人法」)は、障がい者を「主要な生命機能の一つまたはそれ以上に著しい制限を課す肉体的または精神的障がいを持つ者」と定義する。
(10) Fred Hirsch, *Social Limits to Growth* (Routledge, 1977); Glenn Cohen, "What (If Anything) Is Wrong with Human Enhancement? What (If Anything) Is Right with It?," *Tulsa Law Review*, 2014年4月21日.
(11) Nancy Andreasen, "The Relationship between Creativity and Mood Disorders," *Dialogues in Clinical Neuroscience*, 2008年6月; Neel Burton, "Hide and Seek: Bipolar Disorder and Creativity," *Psychology Today*, 2012年3月19日; Nathaniel Comfort, "Better Babies," *Aeon*, 2015年11月17日.
(12) Robert Nozick, *Anarchy, State, and Utopia* (Basic Books, 1974).
(13) Erik Parens and Josephine Johnston, eds., *Human Flourishing in an Age of Gene Editing* (Oxford, 2019) を参照。
(14) Jinping Liu . . . Yan Wu 他, "The Role of NMDA Receptors in Alzheimer's Disease," *Frontiers in Neuroscience*, 2019年2月8日.

第42章　誰が決めるべきか？

(1) National Academy of Sciences, "How Does Human Gene Editing Work?" 2019, https://thesciencebehindit.org/how-does-human-gene-editing-work/, 削除済み; Marilynn Marchione, "Group Pulls Video That Stirred Talk of Designer Babies," *AP*, 2019年10月3日.
(2) Twitter thread, @FrancoiseBaylis, @pknoepfler, @UrnovFyodor, @theNASAcademies, 他, 2019年10月1日.
(3) John Rawls, *A Theory of Justice* (Harvard, 1971), 266, 92.
(4) Nozick, *Anarchy, State and Utopia*, 315n.

(10) 著者によるMargaret Hamburgへのインタビュー。以下も参照。Sara Reardon, "World Health Organization Panel Weighs In on CRISPR-Babies Debate," *Nature*, 2019年3月19日.
(11) 著者によるJennifer Doudnaへのインタビュー。Doudnaの議論に対する厳しい批判については以下を参照。Baylis, *Altered Inheritance*, 163-66.
(12) Kay Davies, Richard Lifton 他, "Heritable Human Genome Editing," International Commission on the Clinical Use of Human Germline Genome Editing, 2020年9月3日.
(13) "He Jiankui Jailed for Illegal Human Embryo Gene-Editing," Xinhua news agency, 2019年12月30日.
(14) Philip Wen and Amy Dockser Marcus, "Chinese Scientist Who Gene-Edited Babies Is Sent to Prison," *Wall Street Journal*, 2019年12月30日.

第40章　レッドライン——越えてはならない一線

(1) この章は、遺伝子編集の倫理に関する大量の著作物を引用する。これらに含まれるのは以下。Françoise Baylis, Michael Sandel, Leon Kass, Francis Fukuyama, Nathaniel Comfort, Jason Scott Robert, Eric Cohen, Bill McKibben, Marcy Darnovsky, Erik Parens, Josephine Johnston, Rosemarie Garland-Thomson, Robert Sparrow, Ronald Dworkin, Jürgen Habermas, Michael Hauskeller, Jonathan Glover, Gregory Stock, John Harris, Maxwell Mehlman, Guy Kahane, Jamie Metzl, Allen Buchanan, Julian Savulescu, Lee Silver, Nick Bostrom, Ronald Green, Nicholas Agar, Arthur Caplan, Hank Greely. また、以下の研究も参考にした。Hastings Center, the Center for Genetics and Society, the Oxford Uehiro Centre for Practical Ethics, the Nuffield Council on Bioethics.
(2) Sandel, *The Case against Perfection*; Robert Sparrow, "Genetically Engineering Humans," *Pharmaceutical Journal*, 2015年9月24日; Jamie Metzl, *Hacking Darwin* (Sourcebooks, 2019); Julian Savulescu, Ruud ter Meulen, and Guy Kahane, eds., *Enhancing Human Capacities* (Wiley, 2011).
(3) Gert de Graaf, Frank Buckley, and Brian Skotko, "Estimates of the Live Births, Natural Losses, and Elective Terminations with Down Syndrome in the United States," *American Journal of Medical Genetics*, 2015年4月.
(4) Steve Boggan, Glenda Cooper, and Charles Arthur, "Nobel Winner Backs Abortion 'for Any Reason'," *The Independent*, 1997年2月17日.

第41章　思考実験

(1) Matt Ridley, *Genome* (Harper Collins, 2000), 第4章, ハンチントン病とそれを研究するNancy Wexlerの業績を力強く描く。
(2) Baylis, *Altered Inheritance*, 30; Tina Rulli, "The Ethics of Procreation and Adoption," *Philosophy Compass*, 2016年6月6日.
(3) Adam Bolt, director, and Elliot Kirschner, executive producer, *Human Nature*, documentary, the Wonder Collaborative, 2019.

(10) The Second International Summit on Human Genome Editing, University of Hong Kong, 2018年11月27〜29日.
(11) He Jiankui Session, The Second International Summit on Human Genome Editing, Hong Kong, 2018年11月28日.
(12) Davies, *Editing Humanity*, 235.
(13) 著者によるDavid Baltimore へのインタビュー。
(14) 著者によるMatthew Porteus へのインタビュー。
(15) 著者によるJennifer Doudna へのインタビュー。
(16) 著者によるDuanqing Pei へのインタビュー。
(17) 著者によるJennifer Doudna, David Baltimore へのインタビュー。
(18) 著者によるMatthew Porteus, David Baltimore へのインタビュー。
(19) Mary Louise Kelly, "Harvard Medical School Dean Weighs In on Ethics of Gene Editing," *All Things Considered*, NPR, 2018年11月29日. 以下も参照。Baylis, *Altered Inheritance*, 140; George Daley, Robin Lovell-Badge, and Julie Steffann, "After the Storm—A Responsible Path for Genome Editing," and R. Alta Charo, "Rogues and Regulation of Germline Editing," *New England Journal of Medicine*, 2019年3月7日; David Cyranoski and Heidi Ledford, "How the Genome-Edited Babies Revelation Will Affect Research," *Nature*, 2018年11月27日.
(20) David Baltimore 他, "Statement by the Organizing Committee of the Second International Summit on Human Genome Editing," 2018年11月28日.

第39章　容認

(1) 著者によるJosiah Zayner へのインタビュー。
(2) Zayner, "CRISPR Babies Scientist He Jiankui Should Not Be Villainized."
(3) 著者によるJosiah Zayner へのインタビュー。
(4) 著者のJennifer Doudna へのインタビューと、彼女とAndrew Doudna Cateとの夕食。
(5) 著者によるJennifer Doudna, Bill Cassidy へのインタビュー。
(6) 著者によるMargaret HamburgとVictor Dzau へのインタビュー; Walter Isaacson, "Should the Rich Be Allowed to Buy the Best Genes?," *Air Mail*, 2019年7月27日.
(7) Belluck, "How to Stop Rogue Gene-Editing of Human Embryos?"
(8) Eric S. Lander 他, "Adopt a Moratorium on Heritable Genome Editing," *Nature*, 2019年3月13日.
(9) Ian Sample, "Scientists Call for Global Moratorium on Gene Editing of Embryos," *Guardian*, 2019年3月13日; Joel Achenbach, "NIH and Top Scientists Call for Moratorium on Gene-Edited Babies," *Washington Post*, 2019年3月13日; Jon Cohen, "New Call to Ban Gene-Edited Babies Divides Biologists," *Science*, 2019年3月13日; Francis Collins, "NIH Supports International Moratorium on Clinical Application of Germline Editing," National Institutes of Health statement, 2019年3月13日.

Rice University, Faculty, https://profiles.rice.edu/faculty/michael-deem; Riceウェブサイトのmichael Deem searchを参照: https://search.rice.edu/?q=michael+deem&tab=Search.
(24) Cohen, "The Untold Story."
(25) He Jiankui, Ryan Ferrell, Chen Yuanlin, Qin Jinzhou, and Chen Yangran, "Draft Ethical Principles for Therapeutic Assisted Reproductive Technologies," *CRISPR Journal*, 最初は2018年11月26日に掲載されたが、後に撤回され、ウェブサイトから削除された。以下も参照。Henry Greely, "CRISPR'd Babies," *Journal of Law and the Biosciences,* 2019年8月13日.
(26) Allen Buchanan, *Better Than Human* (Oxford, 2011), 40, 101.
(27) He Jiankui 他, "Draft Ethical Principles for Therapeutic Assisted Reproductive Technologies."
(28) He Jiankui, " 'Designer Baby' Is an Epithet" and "Why We Chose HIV and CCR5 First," The He Lab, YouTube, 2018年11月26日.
(29) He Jiankui, "HIV Immune Gene CCR5 Gene Editing in Human Embryos," Chinese Clinical Trial Registry, ChiCTR1800019378, 2018年11月8日.
(30) Jinzhou Qin . . . Michael W. Deem, Jiankui He 他, "Birth of Twins after Genome Editing for HIV Resistance," 2018年11月に*Nature*に提出（未発表;わたしはその写しを、He Jiankuiから受け取ったアメリカ人研究者よりもらった）; Qiu, "American Scientist Played More Active Role in 'CRISPR Babies' Project Than Previously Known."
(31) Greely, "CRISPR'd Babies"; Musunuru, *The Crispr Generation*; 著者によるDana Carrollへのインタビュー。
(32) Regalado, "Chinese Scientists Are Creating CRISPR Babies."
(33) Marchione, "Chinese Researcher Claims First Gene-Edited Babies"; Larson, "Gene-Editing Chinese Scientist Kept Much of His Work Secret."
(34) He Jiankui, "About Lulu and Nana," YouTube, 2018年11月26日.

第38章　香港サミット

(1) 著者によるJennifer Doudnaへのインタビュー。
(2) 著者によるDavid Baltimoreへのインタビュー。
(3) Cohen, "The Untold Story."
(4) 著者によるVictor Dzau, David Baltimore, Jennifer Doudnaへのインタビュー。
(5) 著者によるDuanqing Peiへのインタビュー。
(6) 著者によるJennifer Doudnaへのインタビュー; Robin Lovell-Badge, "CRISPR Babies," *Development*, 2019年2月6日.
(7) キャッシュにある、China's People's Dailyから削除された話, 2018年11月26日, https://www.ithome.com/html/discovery/396899.htm.
(8) 著者によるDuanqing Pei, Jennifer Doudnaへのインタビュー。
(9) 著者によるJennifer Doudna, Victor Dzauへのインタビュー。

稿（中国語）, 2017年2月19日, https://blog.sciencenet.cn/home.php?mod=space&uid=514529&do=blog&id=1034671.
(14) 著者によるJennifer Doudnaへのインタビュー。
(15) He Jiankui, "Evaluating the Safety of Germline Genome Editing in Human, Monkey, and Mouse Embryos," Cold Spring Harbor Lab Symposium, 2017年7月29日, https://www.youtube.com/watch?v=llxNRGMxyCc&t=3s; Regalado, "Chinese Scientists Are Creating CRISPR Babies."
(16) Medical Ethics Approval Application Form, HarMoniCare Shenzhen Women's and Children's Hospital, 2017年3月7日, theregreview.org/wp-content/uploads/2019/05/He-Jiankui-Documents-3.pdf; Cohen, "The Untold Story"; Kathy Young, Marilynn Marchione, Emily Wang 他, "First Gene-Edited Babies Reported in China," YouTube, 2018年11月26日, youtube.com/watch?v=C9V3mqswbv0; Gerry Shih and Carolyn Johnson, "Chinese Genomics Scientist Defends His Gene-Editing Research," *Washington Post*, 2018年11月28日.
(17) Jiankui He, "Informed Consent, Version: Female 3.0," 2017年3月, theregreview.org/wp-content/uploads/2019/05/He-Jiankui-Documents-3.pdf; Cohen, "The Untold Story"; Marilynn Marchione, "Chinese Researcher Claims First Gene-Edited Babies," AP, 2018年11月26日; Larson, "Gene-Editing Chinese Scientist Kept Much of His Work Secret."
(18) Kiran Musunuru, *The Crispr Generation* (BookBaby, 2019).
(19) Begley and Joseph, "The CRISPR Shocker." 以下も参照。Pam Belluck, "How to Stop Rogue Gene-Editing of Human Embryos?," *New York Times*, 2019年1月23日; Preetika Rana, "How a Chinese Scientist Broke the Rules to Create the First Gene-Edited Babies," *Wall Street Journal*, 2019年5月10日.
(20) 著者によるMatthew Porteusへのインタビュー。
(21) Cohen, "The Untold Story"; Begley and Joseph, "The CRISPR Shocker"; Marilynn Marchione and Christina Larson, "Could Anyone Have Stopped Gene-Edited Babies Experiment?," *AP*, 2018年12月3日.
(22) Pam Belluck, "Gene-Edited Babies: What a Chinese Scientist Told an American Mentor," *New York Times*, 2019年4月14日; "Statement on Fact-Finding Review related to Dr. Jiankui He," *Stanford News*, 2019年4月16日. BelluckはHeとQuakeによるeメールのやりとりを初めて公表した。
(23) He Jiankui, 質疑応答, The Second International Summit on Human Genome Editing, Hong Kong, 2018年11月28日; Cohen, "The Untold Story"; Marchione and Larson, "Could Anyone Have Stopped Gene-Edited Babies Experiment?"; Marchione, "Chinese Researcher Claims First Gene-Edited Babies"; Jane Qiu, "American Scientist Played More Active Role in 'CRISPR Babies' Project Than Previously Known," *Stat*, 2019年1月31日; Todd Ackerman, "Lawyers Say Rice Professor Not Involved in Controversial Gene-Edited Babies Research," *Houston Chronicle*, 2018年12月13日; 廃止されたウェブページ:

Science B, 2019年1月.

第37章　賀建奎——赤ちゃんを編集する

(1) この節は以下に基づく。Xi Xin and Xu Yue, "The Life Track of He Jiankui," *Jiemian News*, 2018年11月27日; Jon Cohen, "The Untold Story of the 'Circle of Trust' behind the World's First Gene-Edited Babies," *Science*, 2019年8月1日; Sharon Begley and Andrew Joseph, "The CRISPR Shocker," *Stat*, 2018年12月17日; Zach Coleman, "The Businesses behind the Doctor Who Manipulated Baby DNA," *Nikkei Asian Review*, 2018年11月27日; Zoe Low, "China's Gene Editing Frankenstein," *South China Morning Post*, 2018年11月27日; Yangyang Cheng, "Brave New World with Chinese Characteristics," *Bulletin of the Atomic Scientists*, 2019年1月13日; He Jiankui, "Draft Ethical Principles," YouTube, 2018年11月26日, youtube.com/watch?v=MyNHpMoPkIg; Antonio Regalado, "Chinese Scientists Are Creating CRISPR Babies," *MIT Technology Review,* 2018年11月25日; Marilynn Marchione, "Chinese Researcher Claims First Gene-Edited Babies," *AP*, 2018年11月26日; Christina Larson, "Gene-Editing Chinese Scientist Kept Much of His Work Secret," *AP*, 2018年11月28日; Davies, *Editing Humanity*.
(2) Jiankui He and Michael W. Deem, "Heterogeneous Diversity of Spacers within CRISPR," *Physical Review Letters*, 2010年9月14日.
(3) Mike Williams, "He's on a Hot Streak," *Rice News*, 2010年11月17日.
(4) Cohen, "The Untold Story"; Coleman, "The Businesses behind the Doctor."
(5) Kevin Davies, *Editing Humanity* (Simon & Schuster 2020), 209.
(6) Yuan Yuan, "The Talent Magnet," *Beijing Review*, 2018年5月31日.
(7) Luyang Zhao . . . Jiankui He 他, "Resequencing the *Escherichia coli* Genome by GenoCare Single Molecule Sequencing Platform," *bioRxiv,* 2017年7月13日オンライン投稿.
(8) Teng Jing Xuan, "CCTV's Glowing 2017 Coverage of Gene-Editing Pariah He Jiankui," *Caixin Global*, 2018年11月30日; Rob Schmitz, "Gene-Editing Scientist's 'Actions Are a Product of Modern China'," *All Things Considered*, NPR, 2019年2月5日.
(9) "Welcome to the Jiankui He Lab," http://sustc-genome.org.cn/people.html (サイト停止中); Regalado, "Chinese Scientists Are Creating CRISPR Babies."
(10) He Jiankui, "CRISPR Gene Editing Meeting," ブログ投稿（中国語）, 2016年8月24日, https://blog.sciencenet.cn/home.php?mod=space&uid=514529&do=blog&id=998292.
(11) Cohen, "The Untold Story"; Begley and Joseph, "The CRISPR Shocker"; 著者によるJennifer Doudnaへのインタビュー; Jennifer Doudna and William Hurlbut, "The Challenge and Opportunity of Gene Editing," Templeton Foundation grant 217,398.
(12) Davies, *Editing Humanity*, 221; George Church, "Future, Human, Nature: Reading, Writing, Revolution," Innovative Genomics Institute, 2017年1月26日, https://innovativegenomics.org/multimedia-library/george-church-lecture/.
(13) He Jiankui, "The Safety of Gene-Editing of Human Embryos to Be Resolved," ブログ投

Tripronuclear Zygotes," *Protein & Cell*, 2015年5月（4月18日オンライン掲載）.
（11）Rob Stein, "Critics Lash Out at Chinese Scientists Who Edited DNA in Human Embryos," *Morning Edition*, NPR, 2015年4月23日.
（12）著者によるTing Wu, George Church, Jennifer Doudna へのインタビュー; Johnny Kung, "Increasing Policymaker's Interest in Genetics," pgEd briefing paper, 2015年12月1日.
（13）Jennifer Doudna, "Embryo Editing Needs Scrutiny," *Nature*, 2015年12月3日.
（14）George Church, "Encourage the Innovators," *Nature*, 2015年12月3日.
（15）Steven Pinker, "The Moral Imperative for Bioethics," *Boston Globe*, 2015年8月1日; Paul Knoepfler, Steven Pinker interview, *The Niche*, 2015年8月10日.
（16）著者によるJennifer Doudna, David Baltimore, George Church へのインタビュー; *International Summit on Human Gene Editing, Dec. 1-3, 2015* (National Academies Press, 2015); Jef Akst, "Let's Talk Human Engineering," *The Scientist*, 2015年12月3日.
（17）R. Alta Charo, Richard Hynes 他, "Human Gene Editing: Scientific, Medical, and Ethical Considerations," National Academies of Sciences, Engineering, Medicineによる報告, 2017.
（18）Françoise Baylis, *Altered Inheritance: CRISPR and the Ethics of Human Genome Editing* (Harvard, 2019); Jocelyn Kaiser, "U.S. Panel Gives Yellow Light to Human Embryo Editing," *Science*, 2017年2月14日; Kelsey Montgomery, "Behind the Scenes of the National Academy of Sciences' Report on Human Genome Editing," *Medical Press*, 2017年2月27日.
（19）"Genome Editing and Human Reproduction," Nuffield Council on Bioethics, 2018年7月; Ian Sample, "Genetically Modified Babies Given Go Ahead by UK Ethics Body," *Guardian*, 2018年7月17日; Clive Cookson, "Editing Human Gene is Morally Permissible, Says Ethics Study," *Financial Times*, 2018年7月17日; Donna Dickenson and Marcy Darnovsky, "Did a Permissive Scientific Culture Encourage the 'CRISPR Babies' Experiment?," *Nature Biotechnology*, 2019年3月15日.
（20）Consolidated Appropriations Act of 2016, Public Law 114-113, Section 749, 2015年12月18日; Francis Collins, "Statement on NIH Funding of Research Using Gene-Editing Technologies in Human Embryos," 2015年4月28日; John Holdren, "A Note on Genome Editing," 2015年5月26日.
（21）「Putinは、科学者はユニバーサル・ソルジャー型の超人をつくることが可能だ、と言った」、YouTube, 2017年10月24日, youtube.com/watch?v=9v3TNGmbArs; "Russia's Parliament Seeks to Create Gene-Edited Babies," *EUobserver*, 2019年9月3日; Christina Daumann, "'New Type of Society'," *Asgardia*, 2019年9月4日.
（22）Achim Rosemann, Li Jiang, and Xinqing Zhang, "The Regulatory and Legal Situation of Human Embryo, Gamete and Germ Line Gene Editing Research and Clinical Applications in the People's Republic of China," Nuffield Council on Bioethics, 2017年5月; Jing-ru Li 他, "Experiments That Led to the First Gene-Edited Babies," *Journal of Zhejiang University*

日.
(21) Gregory Stock, *Redesigning Humans: Our Inevitable Genetic Future* (Houghton Mifflin, 2002), 170.
(22) Council of Europe, “Oviedo Convention and Its Protocols,” 1997年4月4日.
(23) Sheryl Gay Stolberg, “The Biotech Death of Jesse Gelsinger,” *New York Times*, 1999年11月28日.
(24) Meir Rinde, “The Death of Jesse Gelsinger,” *Science History Institute*, 2019年6月4日.
(25) Harvey Flaumenhaft, “The Career of Leon Kass,” *Journal of Contemporary Health Law& Policy*, 2003; “Leon Kass,” Conversations with Bill Kristol, 2015年12月, https://conversationswithbillkristol.org/video/leon-kass/.
(26) Leon Kass, “What Price the Perfect Baby?,” *Science*, 1971年7月9日; Leon Kass, “Review of *Fabricated Man* by Paul Ramsey,” *Theology Today*, 1971年4月1日; Leon Kass, “Making Babies: the New Biology and the Old Morality,” *Public Interest*, Winter 1972.
(27) Michael Sandel, “The Case against Perfection,” *The Atlantic*, 2004年4月; Michael Sandel, *The Case Against Perfection* (Harvard, 2007).
(28) Francis Fukuyama, *Our Posthuman Future* (Farrar, Straus and Giroux, 2002), 10.
(29) Leon Kass 他, *Beyond Therapy: Biotechnology and the Pursuit of Happiness*, President's Council on Bioethicsの報告, 2003年10月.

第36章　ダウドナ参入

(1) Jennifer A. Doudna and Sternberg, *A Crack in Creation*（Houghton Mifflin 2017）, 198; Michael Specter, “Humans 2.0,” *New Yorker*, 2015年11月16日; 著者によるJennifer Doudnaへのインタビュー。
(2) 著者によるSam SternbergとLauren Buchmanへのインタビュー。
(3) 著者によるGeorge ChurchとLauren Buchmanへのインタビュー。
(4) Doudna and Sternberg, *A Crack in Creation*, 199-220; 著者によるJennifer DoudnaとSamuel Sternbergへのインタビュー。
(5) 著者によるDavid Baltimore, Jennifer Doudna, Samuel Sternberg, Dana Carrollへのインタビュー。
(6) David Baltimore 他, “A Prudent Path Forward for Genomic Engineering and Germline Gene Modification,” *Science*, 2015年4月3日（3月19日オンライン掲載）.
(7) Nicholas Wade, “Scientists Seek Ban on Method of Editing the Human Genome,” *New York Times*, 2015年3月19日.
(8) たとえば以下を参照。Edward Lanphier, Fyodor Urnov 他, “Don't Edit the Human Germ Line,” *Nature*, 2015年3月12日.
(9) 著者によるJennifer Doudna, Sam Sternbergへのインタビュー; Doudna and Sternberg, *A Crack in Creation*, 214ff.
(10) Puping Liang . . . Junjiu Huang 他, “CRISPR/Cas9-Mediated Gene Editing in Human

(3) Joseph Fletcher, *The Ethics of Genetic Control: Ending Reproductive Roulette* (Doubleday, 1974), 158.
(4) Paul Ramsey, *Fabricated Man* (Yale, 1970), 138.
(5) Ted Howard and Jeremy Rifkin, *Who Should Play God?* (Delacorte, 1977), 14; Dick Thompson, "The Most Hated Man in Science," *Time*, 1989年12月4日.
(6) Shane Crotty, *Ahead of the Curve* (University of California, 2003), 93; Mukherjee, *The Gene*, 225.
(7) Paul Berg 他, "Potential Biohazards of Recombinant DNA Molecules, " *Science*, 1974年7月26日.
(8) 著者によるDavid Baltimore へのインタビュー; Michael Rogers, "The Pandora's Box Congress," *Rolling Stone*, 1975年6月19日; Michael Rogers, *Biohazard* (Random House, 1977); Crotty, *Ahead of the Curve*, 104-8; Mukherjee, T*he Gene*, 226-30; Donald S. Fredrickson, "Asilomar and Recombinant DNA: The End of the Beginning," in *Biomedical Politics* (National Academies Press, 1991); Richard Hindmarsh and Herbert Gottweis, "Recombinant Regulation: The Asilomar Legacy 30 Years On," *Science as Culture*, 2006年8月20日; Daniel Gregorowius, Nikola Biller-Andorno, and Anna Deplazes-Zemp, "The Role of Scientific Self-Regulation for the Control of Genome Editingin the Human Germline," *EMBO Reports*, 2017年2月20日; Jim Kozubek, *Modern Prometheus* (Cambridge, 2016), 124.
(9) 著者によるJames WatsonとDavid Baltimore へのインタビュー。
(10) Paul Berg 他, "Summary Statement of the Asilomar Conference on Recombinant DNA Molecules," *PNAS*, 1975年6月.
(11) Paul Berg, "Asilomar and Recombinant DNA," *The Scientist*, 2002年3月18日.
(12) Hindmarsh and Gottweis, "Recombinant Regulation," 301.
(13) Claire Randall, Rabbi Bernard Mandelbaum, and Bishop Thomas Kelly, "Message from Three General Secretaries to President Jimmy Carter," 1980年6月20日.
(14) Morris Abram 他, *Splicing Life*, President's Commission for the Study of Ethical Problems in Medicine and Biomedical and Behavioral Research, 1982年11月16日.
(15) Alan Handyside 他, "Birth of a Normal Girl after in vitro Fertilization and Preimplantation Diagnostic Testing for Cystic Fibrosis," *New England Journal of Medicine*, 1992年9月.
(16) Roger Ebert, *Gattaca* review, 1997年10月24日, rogerebert.com.
(17) Gregory Stock and John Campbell, eds., *Engineering the Human Germline* (Oxford, 2000), 73-95; 著者によるJames Watson へのインタビュー; Gina Kolata, "Scientists Brace for Changes in Path of Human Evolution," *New York Times*, 1998年3月21日.
(18) Steve Connor, "Nobel Scientist Happy to 'Play God' with DNA," *The Independent*, 2000年5月17日.
(19) Lee Silver, *Remaking Eden* (Avon, 1997), 4.
(20) Lee Silver, "Reprogenetics: Third Millennium Speculation," *EMBO Reports*, 2000年11月1

(2) Kate McLean and Mario Furloni, "Gut Hack," *New York Times* op-doc, 2017年4月11日；Arielle Duhaime-Ross, "A Bitter Pill," *The Verge*, 2016年5月4日.
(3) "About us," The Odin, https://www.the-odin.com/about-us/; 著者によるJosiah Zaynerへのインタビュー。
(4) 著者によるJosiah ZaynerとKevin Doxzenへのインタビュー。
(5) 著者によるJosiah Zaynerへのインタビュー。以下も参照。Josiah Zayner, "CRISPR Babies Scientist He Jiankui Should Not Be Villainized," *Stat*, 2020年1月2日.

第34章　生物兵器――米国防総省も参戦

(1) Heidi Ledford, "CRISPR, the Disruptor," *Nature*, 2015年6月3日；Danilo Maddalo . . .and Andrea Ventura 他, "In vivo Engineering of Oncogenic Chromosomal Rearrangements with the CRISPR/Cas9 System," *Nature*, 2014年10月22日；Sidi Chen, Neville E. Sanjana . . . Feng Zhang, and Phillip A. Sharp 他, "Genome-wide CRISPR Screen in a Mouse Model of Tumor Growth and Metastasis," *Cell*, 2015年3月12日.
(2) James Clapper, "Threat Assessment of the U.S. Intelligence Community," 2016年2月9日；Antonio Regalado, "The Search for the Kryptonite That Can Stop CRISPR," *MIT Technology Review*, 2019年3月2日；Robert Sanders, "Defense Department Pours $65 Million into Making CRISPR Safer," *Berkeley News*, 2017年7月19日.
(3) Defense Advanced Research Projects Agency, "Building the Safe Genes Toolkit," 2017年7月19日.
(4) 著者によるJennifer Doudnaへのインタビュー。
(5) 著者によるJoseph Bondy-Denomyへのインタビュー; Joseph Bondy-Denomy, April Pawluk . . .Alan R. Davidson 他, "Bacteriophage Genes That Inactivate the CRISPR/Cas Bacterial Immune System," *Nature*, 2013年1月17日；Elie Dolgin, "The Kill-Switch for CRISPR that Could Make Gene-Editing Safer," *Nature*, 2020年1月15日.
(6) Jiyung Shin . . . Joseph Bondy-Denomy, and Jennifer Doudna 他, "Disabling Cas9 by an Anti-CRISPR DNA Mimic," *Science Advances*, 2017年7月12日.
(7) Nicole D. Marino . . . and Joseph Bondy-Denomy 他, "Anti-CRISPR Protein Applications: Natural Brakes for CRISPR-Cas Technologies," *Nature Methods*, 2020年3月16日.
(8) 著者によるFyodor Urnovへのインタビュー; Emily Mullin, "The Government Plan to Build Radiation-Proof CRISPR Soldiers," *One Zero*, 2019年9月27日.
(9) 著者によるJennifer DoudnaとGavin Knottへのインタビュー。
(10) 著者によるJosiah Zaynerへのインタビュー。

第35章　人間を設計するという考え

(1) Robert Sinsheimer, "The Prospect of Designed Genetic Change," *Engineering and Science*, Caltech,1969年4月.
(2) Bentley Glass, Presidential Address to the AAAS, 1970年12月28日, *Science*, 1971年1月8日.

ソースノート（下巻）

第32章　治療を試みる

(1) Rob Stein, "In a First, Doctors in U.S. Use CRISPR Tool to Treat Patient with Genetic Disorder," *Morning Edition*, NPR, 2019年7月29日; Rob Stein, "A Young Mississippi Woman's Journey through a Pioneering Gene-Editing Experiment," *All Things Considered*, NPR, 2019年12月25日.
(2) "CRISPR Therapeutics and Vertex Announce New Clinical Data," CRISPR Therapeutics, 2020年6月12日.
(3) Rob Stein, "A Year In, 1st Patient to Get Gene Editing for Sickle Cell Disease Is Thriving," *Morning Edition*, NPR, 2020年6月23日.
(4) 著者によるEmmanuelle Charpentierへのインタビュー。
(5) 著者によるJennifer Doudnaへのインタビュー。
(6) "Proposal for an IGI Sickle Cell Initiative," Innovative Genomics Institute, 2020年2月.
(7) Preetika Rana, Amy Dockser Marcus, and Wenxin Fan, "China, Unhampered by Rules, Races Ahead in Gene-Editing Trials," *Wall Street Journal*, 2018年1月21日.
(8) David Cyranoski, "CRISPR Gene-Editing Tested in a Person for the First Time," *Nature*, 2016年11月15日.
(9) Jennifer Hamilton and Jennifer Doudna, "Knocking Out Barriers to Engineered Cell Activity," *Science*, 2020年2月6日; Edward Stadtmauer . . . Carl June 他, "CRISPR-Engineered T Cells in Patients with Refractory Cancer," *Science*, 2020年2月6日.
(10) "CRISPR Diagnostics in Cancer Treatment," Mammoth Biosciences website, 2019年6月11日.
(11) "Single Ascending Dose Study in Participants with LCA10," ClinicalTrials.gov, 2019年3月13日, 識別子: NCT03872479; Morgan Maeder . . . and Haiyan Jiang 他, "Development of a Gene-Editing Approach to Restore Vision Loss in Leber Congenital Amaurosis Type 10," *Nature*, 2019年1月21日.
(12) Marilynn Marchione, "Doctors Try 1st CRISPR Editing in the Body for Blindness," *AP*, 2020年3月4日.
(13) Sharon Begley, "CRISPR Babies' Lab Asked U.S. Scientist for Help to Disable Cholesterol Gene in Human Embryos," *Stat*, 2018年12月4日; Anthony King, "A CRISPR Edit for Heart Disease," *Nature*, 2018年3月7日.
(14) Matthew Porteus, "A New Class of Medicines through DNA Editing," *New England Journal of Medicine*, 2019年3月7日; Sharon Begley, "CRISPR Trackr: Latest Advances," *Stat Plus*.

第33章　バイオハッキング

(1) Josiah Zayner, "DIY Human CRISPR Myostatin Knock-Out," YouTube, 2017年10月6日; Sarah Zhang, "A Biohacker Regrets Publicly Injecting Himself with CRISPR," *The Atlantic*, 2018年2月20日; Stephanie Lee, "This Guy Says He's the First Person to Attempt Editing His DNA with CRISPR," *BuzzFeed*, 2017年10月15日.

写真・図版クレジット（下巻）

p13 : Amanda Stults, RN, Sarah Cannon Research Institute/The Children's Hospital
p23 : Courtesy of The Odin
p30 : Susan Merrell/UCSF
p39 : National Academy of Sciences, courtesy of Cold Spring Harbor Labo- ratory; Peter Breining/San Francisco Chronicle via Getty Images
p61 : Pam Risdom
p81 : Courtesy He Jiankui; ABC News/YouTube
p103: Kin Cheung/AP/Shutterstock
p118: Courtesy of UCDC
p133: Tom & Dee Ann McCarthy/Getty Images
p140: Wonder Collaborative
p176: Isaac Lawrence/AFP/Getty Images
p185: Nabor Godoy
p199 Lewis Miller; PBS
p214: Courtesy of Jennifer Doudna
p221: Irene Yi / UC Berekely
p229: Fyodor Urnov
p235: Courtesy of Innovative Genomics Institute
p244: Mammoth Biosciences; Justin Knight/McGovern Institute
p252: Omar Abudayyeh
p280 Paul Sakuma; Courtesy of Cameron Myhrvold
p293 Wikimedia Commons; Cold Spring Harbor Laboratory Archives 468: Brittany Hosea-Small/UC Berkeley E103
p322: Gordon Russell
p327: David Jacobs

著者　ウォルター・アイザックソン
1952年生まれ。ハーバード大学で歴史と文学の学位を取得。オックスフォード大学にて哲学、政治学、経済学の修士号を取得。米『TIME』誌編集長を経て、2001年にCNNのCEOに就任する。アスペン研究所CEOへと転じる一方、作家としてベンジャミン・フランクリンの評伝を出版。2004年に、スティーブ・ジョブズから「僕の伝記を書いてくれ」と直々に依頼される。2011年に刊行された『スティーブ・ジョブズＩⅡ』は、世界的な大ベストセラーとなる。イノベーティブな天才を描くことに定評があり、『レオナルド・ダ・ヴィンチ　上下』（文藝春秋）ほか、アルベルト・アインシュタインの評伝（文春文庫より刊行予定）も手掛けている。各界の天才たちから理解者として慕われ、『二重らせん』著者でノーベル賞科学者ジェームズ・ワトソン、ハーバード大学マイケル・サンデル教授なども本作に登場している。現在、トゥレーン大学の歴史学教授。

訳者　西村美佐子（にしむら　みさこ）
翻訳家。お茶の水女子大学文教育学部卒業。主な訳書に『イヌは何を考えているか』（グレゴリー・バーンズ著　化学同人／共訳）、『「役に立たない」科学が役に立つ』（エイブラハム・フレクスナー、ロベルト・ダイクラーフ著　東京大学出版会／共訳）など。

訳者　野中香方子（のなか　きょうこ）
翻訳家。お茶の水女子大学文教育学部卒業。主な訳書に『エピジェネティクス　操られる遺伝子』（リチャード・フランシス著　ダイヤモンド社）、『Humankind 希望の歴史』（ルトガー・ブレグマン著）、『ネアンデルタール人は私たちと交配した』（スヴァンテ・ペーボ著）、『進化を超える進化』（ガイア・ヴィンス著　以上、文藝春秋）など。

DTP　エヴリ・シンク
装丁　関口聖司
編集　衣川理花

コード・ブレーカー——生命《せいめい》科学《かがく》革命《かくめい》と人類《じんるい》の未来《みらい》　下巻

2022年11月10日　第1刷発行

著　者　ウォルター・アイザックソン
訳　者　西村美佐子《にしむらみさこ》　野中香方子《のなかきょうこ》
発行者　大沼貴之
発行所　株式会社文藝春秋
〒102-8008 東京都千代田区紀尾井町3-23
電話　03(3265)1211

印刷所　精興社
製本所　加藤製本

定価はカバーに表示してあります。

ISBN978-4-16-391625-5　*Printed in Japan*